군사과학총서 2
전술 차량과 장갑차

이진호(李振鎬)

1986년 ROTC 24기 병기 장교로 임관 후 경북대학교에서 기계공학 박사를
취득하였다. 1988년부터 육군3사관학교 기계공학과 교수로 재직 중이며,
충성대연구소장을 겸직하고 있다. 저서로는《무기체계》,《미래 전쟁》,
《무기 공학》,《차량 공학》 등 다수가 있으며, 저격용 소총, 차기 대공포,
차륜형 전투차량 OMS/MP, 군 가상교육체계 등 학술 및 방위산업 연구과제와
국내 유일의 탄약 기능시험장을 설계하였다. 학술논문은 〈K7 소음기관단총〉,
〈전자장비 냉각〉, 〈광센서 설계〉 등 국내외 학술지에 다수를 게재하였다.

군사과학총서 2
전술 차량과 장갑차

2021년 12월 27일 초판 인쇄
2021년 12월 31일 초판 발행

지은이 이진호 | **펴낸이** 이찬규 | **펴낸곳** 북코리아
등록번호 제03-01240호 | **전화** 02-704-7840 | **팩스** 02-704-7848
이메일 ibookorea@naver.com | **홈페이지** www.북코리아.kr
주소 13209 경기도 성남시 중원구 사기막골로 45번길 14 우림2차 A동 1007호
ISBN 978-89-6324-830-1(93390)

값 35,000원

군사과학총서 2

전술 차량과 장갑차

이진호 지음

북코리아

머리말

군사학은 전쟁의 본질과 현상, 안보정책, 군사력 운용, 군사력 건설과 유지 등을 연구하는 종합적인 학문으로서 기존의 인문사회, 이공학 등 다양한 분야의 전문영역을 군사 분야에 적용할 수 있는 융합학문이라 할 수 있다. 이러한 특성 때문에 다른 학문 분야보다 비교적 전문가를 양성하기 어렵다. 지난 20여 년간 국내 대학에 개설된 군사학과 수는 비약적으로 증가하였다. 하지만 이에 비해 교과체계와 콘텐츠 개발, 전문성 있는 교수 초빙 등 교육의 질을 결정하는 분야는 상대적으로 미흡하였다.

필자는 평소 국가에 헌신하겠다는 남다른 사명감과 경험 그리고 군사전문지식을 갖추어야 진정한 군사전문가라고 생각하고 있다. 특히 장교와 부사관은 체력과 정신력만으로는 적과 싸워 이길 수 있는 전사가 될 수 없다.

따라서 필자는 군사과학에 관심이 있는 초심자들에게 조금이나마 보탬이 될 수 있도록 기초 이론과 원리 그리고 응용 분야를 총망라하여 서술한 교재를 집필하게 되었다.

군사과학총서 1권(군사과학의 이해: 총포와 기동무기)에 이어 두 번째로 발간되는 이 책에서는 전술 차량과 장갑차에 대해 중점적으로 다루었다. 무기체계는 전투 수행 6대 기능(기동, 화력, 방호, 지휘 및 통제, 정보, 작전 지속지원)으로 특성을 분류할 수 있다. 이런 관점에서 보면 전술 차량과 장갑차는 기동 기능이 특화된 무기체계 중 하나이다. 이들 무기체계는 자율주행, 원격 조종, 전기 구동 등 신기술을 적용하겠지만 앞으로도 오랫동안 군의 핵심 무기체계 중 하나로 살아남을 것이다. 최근 전기 차량, 수소 차량, 자율주행 차량 등이 본격적으로 상용화되어 내연 기관 차량을 대신하고 있다. 이들 상용차에 적용된 기술은 전술 차량과 장갑차에도 적용될 것이다.

따라서 본서에서는 전술 차량과 장갑차의 설계 이론, 작동원리, 응용 사례, 발전추세 등에 대해 상세히 기술하였다. 이때 차량의 엔진은 가솔린 기관, 디젤 기관, 하이브리드 엔진 위주로 다루었다. 그리고 전기 차량은 작동 개념 위주로 간략히 서술하였다. 필자는 초심자도 이해하기 쉽게 기술하려고 노력하였으나 중언부언하는 내용이 있다면 독자의 넓은 양해를 부탁드리고 싶다. 그리고 2022년도에 출간할 군사과학총서 3권에서는 미사일, 로켓포 등을 소개할 계획이다. 그리고 4권에서는 특수무기, 군사용 로봇, 비살상 무기 등을 소개할 계획이다.

끝으로 바쁜 가운데 원고를 교정해주신 기계공학과 김하준 교수, 항상 최고의 양서를 고집하는 북코리아 이찬규 대표님과 편집부 직원들, 그리고 사랑하는 아내와 자랑스러운 아들에게 감사드린다. 부족하나마 본서가 '爲國獻身 軍人本分'을 가슴에 새기며 조국의 안보를 지키는 대한민국 국군의 발전에 조금이라도 보탬이 되었으면 하는 마음이다.

2021년 12월
저자 드림

차례

제6장 전술 차량

제1장
전술과 무기

제1절 고대 그리스와 로마 시대의 무기와 전술

1. 마케도니아군과 로마군의 보병대

기원전 359년에 처음 등장한 마케도니아 팔랑크스(Macedonian Phalanx)는 마케도니아의 필립(Philip) 2세가 고안한 전술이다. 그는 Troy의 영웅 이야기에서 아이디어를 얻은 것으로 추정이 된다. 당시 갑옷, 무기, 그리고 병사를 훈련할 시간이 부족했기에 중무장 보병 밀집대형에 대응할 새로운 전투대형이 필요했다.[1]

마케도니아 팔랑크스 전투대형의 핵심은 방패 사이에 공간을 남기지 않게 함으로써 병사들이 촘촘하게 뜨개질한 비싼 갑옷을 착용해야만 하는 필요성이 감소하였다. 최초의 팔랑크스 전술은 10열 종대 대형의 정사각형 모양의 대형을 갖추었다. 그리고 필립 2세가 특별히 고안한 사리사(sarissa)라고 하는 매우 긴 창을 휴대하였다. 이는 헬레니즘 전쟁에서 기동성과 방호를 동시에 강화한 획기적인 전술이었다.[2]

그림 1.1 마케도니아인의 팔랑크스 전투대형

---

1   이내주, "그리스 로마의 무기와 전술", 국방과 기술 제296호, pp. 56~63, 2003.10.

2   http://www.realmofhistory.com/2015/09/09/5-things-you-may-not-have-known-about-the-

한편 로마군은 기원전 7세기 말 전에는 무장한 군대가 조직적인 전투를 벌이는 일이 없었다. 그들은 주로 씨족 족장들이 전차를 타고 전장으로 나가 적군과 개별적으로 전투를 벌였다. 이후 기원전 6세기부터 로마의 경제와 사회가 발달하면서 씨족의 정치와 군사적 가치가 퇴색하고 로마라는 단일 도시 국가의 위상이 부상하면서 군대도 발전하였다. 그리하여 로마군은 시민군으로 구성된 중무장 보병으로 그리스의 밀집보병대와 비슷했다. 당시 군사 장비는 국가가 지급하는 것이 아니라, 개인이 각자 능력에 따라 갖추어야 했다. 이 때문에 가장 값비싼 장비를 갖춘 상위 등급인 기병과 중무장 보병이 군대에서 큰 비중을 차지하였다. 그리고 하위 계급인 경무장 보조병, 척후병 등을 맡았다.[3]

2. 마케도니아군과 로마군의 기병대

(1) 등장 배경과 발전과정

기병대(cavalry regime)를 동원한 사례는 기원전 525년 이집트군이 페르시아군과의 전투에서 있었으며, 대규모 기병대를 동원하였다. 하지만 국가의 중요한 무력으로 기병대를 활용한 것은 그리스 북부지역을 차지하고 있었던 마케도니아였다. 마케도니아의 기병대는 승마와 무기를 다루는 방법을 습득하고 값비싼 장비와 무기를 갖출 수 있는 귀족들로 구성되어 있었다. 당시 최고의 정예부대였던 기병대의 무기는 창이었으나 허리에 단검을 차고 쇠 비늘로 된 가슴받이 갑옷과 방패 그리고 투구 등을 착용하고 있었다. 당시 기병대는 주력 부대인 보병부대와 유기적으로 결합하여 운영함으로써 알렉산더대왕은 강국이었던 페르시아 다리우스 왕과의 대결에서 대승을 거둘 수 있었다.

로마군도 마케도니아의 기병대와 같은 운용방식을 도입하였으나 중무장

---

macedonian-phalanx/

3 Ward, Allen Mason, "A history of the Roman people", 2nd ed, ISBN 0138965986, 1984.

한 밀집된 보병부대 위주로 운용하였기 때문에 별다른 효과를 거두지 못하였다. 하지만 전장에서 기동성이 중시되면서 중무장 보병대의 중요성은 감소하였고, 로마군도 3세기 중반에서 5세기 중반까지 기병대를 군의 주축으로 운용하여 경무장 보병과 연합작전을 전개한 기병대가 핵심 전력으로 부상하였다. 이후 거의 1천 년 동안 유럽에서는 기병대 전력이 중심이 되어 전쟁이 벌어졌다.

로마군의 진격이 기병대 중심으로 전환된 요인은 크게 세 가지가 있다. 첫째, 로마제국의 영토가 소아시아와 흑해 연안 등과 같이 평야 지대로 확장하면서 기동성이 더욱 중요하게 되었다. 당시 강이나 하천이 드물고 광활한 평지와 초지에서 말을 중요한 이동수단으로 이용하였던 훈족과 접촉하면서 훈족의 기마 궁수병(弓手兵)의 전투력에 대한 영향을 받았다. 그리하여 말과 활을 결합한 전투기술이 자연스럽게 발달하게 되었다. 둘째, 당시 전장에서 투석기(catapult)나 발리스타(ballista), 오나거(onager) 등과 같은 투사 무기가 보편화 되면서 중무장 보병대의 백병전 기회가 줄어들었으며 그 효과도 매우 떨어졌다. 투석기는 지렛대 원리와 노끈의 반동을 이용하여 돌을 발사하는 장치로, 당시 군인들은 사용할 필수 부품만 휴대하며, 전장에서 나무를 가공하여 투석기를 조립하여 사용하였다. 그리고 발리스타는 활의 원리를 이용하는 발사체로, 목재의 틀에 동물의 힘줄이나 말의 털 또는 사람의 머리카락 등으로 만든 시위를 걸어서 그 장력으로 돌이나 나무탄알, 화살, 창 등을 발사시키는 장치이다. 셋째, 로마 말기에 이민족들이 끊임없이 침입하였다.

  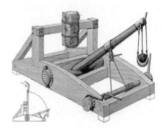

❶ 투석기(BC 330)　　❷ 발리스타(BC 50)　　❸ 오나거(AD 350)

그림 1.2 고대의 대표적인 투사 무기

그중에서도 게르만족의 기병대가 가장 위협적인 세력이었고 이에 대응하기 위해 로마군도 기병대 중심으로 부대를 편성하게 되었다.

(2) 기병의 무기와 전술

초기 기병대의 주 무기는 창이었고, 보조 무기로 칼을 사용하였다. 당시 기마병은 한 손은 말의 고삐를 잡고 다른 한 손으로는 약 3m의 창을 휘두르면서 적의 보병부대를 공격하였다. 이후 로마 말기에는 야만족의 기마병들과 싸우면서 활을 사용하게 되었다. 당시 로마군은 궁수병이 쏜 화살로 적군이 아군의 본대를 공격하기 이전에 적의 대형을 흩트려서 아군의 돌진을 수월하게 하는 전술을 사용하였다. 그리하여 기병대는 기동, 기습, 돌격에 의한 공격 전술로 전투에서 핵심 전력이 되었다. 반면에 적군에게 핵심 표적이 되었기 때문에 초기에 경무장이었던 로마군 기병은 화살을 방호할 수 있는 무거운 금속 갑옷을 착용해야 했으며 창과 방패 그리고 활로 무장하게 되었다. 그리고 말에도 보호 갑옷을 입히면서 기병대의 기동성이 떨어지게 되었다.[4]

❶ 기마병(AD 100)   ❷ 보병(AD 50~250)

그림 1.3 고대 로마군의 기마병과 보병

---

4 https://en.wikipedia.org/wiki/Phalanx#/media/File:Macedonian_Phalanx_at_the_Battle_of_the_Carts.jpg

하지만 4세기경에 게르만족의 침입으로 로마가 멸망한 후 6세기경에 이르러서 마구용 제작기술이 발전하면서 기병대는 획기적으로 발전하였다. 기병이 말을 타려면 안장(saddle), 편자(horseshoe), 재갈(bit), 고삐(bridle), 등자(stirrup) 등이 필요하다. 이들 도구 중에서 등자가 발명되기 이전에는 기마병은 안장에 앉거나 말 등에 그대로 올라탄 채 창을 휘두르면서 적진으로 돌진하였다. 등자는 말 위에 탄 기병이 안정된 자세를 취할 수 있도록 양발을 받쳐서 고정해주는 발걸이로 간단한 도구이다. 하지만 이 간단한 도구들 덕분에 기병의 공격력은 획기적으로 향상되었다. 참고로 등자는 기원전 1세기경에 인도에서 발명되어 6세기경에야 유럽에 전해진 것으로 추정된다. 로마군 기병은 안장과 등자를 이용하면서 상체를 고정한 채로 몸의 균형을 유지하고 최대 속도로 달리면서 양손을 사용하여 적을 공격할 수 있게 되었다. 그 결과 기병대의 전투력이 획기적으로 증대되어 보병이 단독으로 기병대의 공격을 막기 어렵게 되었다. 즉, 말이 오늘날 전술 차량이나 전투차량처럼 기동전에 중요한 역할을 하게 되었다.

(3) 기병대의 쇠퇴와 보병대의 부활

로마의 몰락으로 중세의 핵심 무장세력이었던 기병대의 기사계급이 몰락하고 약화하였던 보병대가 14세기경에 다시 전장의 핵심 전력으로 부상하였다. 보병대는 신무기인 장궁(長弓, longbow), 석궁(crossbow), 장창(長槍, pike)을 사용하면서 기병대의 중요성이 떨어지게 되었다. 당시에 사용하였던 대표적인 활로는 〈그림 1.4〉와 같이 장궁, 석궁, 합성궁(composite bow)이 있다. 이들 중에서 합성궁은 목재와 짐승의 뿔, 힘줄 따위의 비목재 재료를 조합하여 만들어낸 활로서 터키, 몽고, 우리나라 등이 사용하였다. 그리고 장궁은 두 가지 이상의 목재를 접착하여 만들었기 때문에 복합궁이라고 부르고 있다.[5]

한편, 영국군은 1346년 크레시 전투에서 신형 활(장궁)로 프랑스의 기병

---

5 https://www.encyclopedia.com/

❶ 장궁   ❷ 석궁   ❸ 합성궁

그림 1.4 대표적인 활의 종류

대를 괴멸시켰다. 이 신형 활은 멀리 떨어진 곳에서도 기마병의 갑옷을 관통시킬 수 있었으며 석궁도 이와 비슷한 성능을 갖고 있다. 이러한 신무기들에 대응하기 위해 기병과 말의 갑옷의 두께는 점차 두꺼워지고 무거워지기 시작하였다. 그리하여 16세기 말의 기병들의 갑옷과 무기의 무게가 무려 50kg에 이르러 기병대의 최대 강점인 적에게 가할 수 있는 충격력이 무력화되었다. 그 결과 보병대가 전장의 중심이 되고 기병대는 보병대의 보조적인 역할을 담당하게 되었다. 하지만 기병대는 19세기 후반에 내연 기관 차량이 등장하기 전까지도 보병대와 더불어 운용되었으며, 마지막으로 1차 세계대전 시 대규모 기병대가 투입되었다.

제2절 중세 시대의 무기와 전술

    화약은 중국에서 발명되어 12세기 말경에 유럽에 전해졌다. 서유럽 지역에서 화약제조법을 알아낸 사람은 영국의 성직자였던 로저 베이컨(1220~1290)이었다. 그러나 자신이 발견한 화약제조법이 알려질까 두려워 자신만 알 수 있는 암호로 기록하였다. 이후 화약을 이용한 대포인 화포와 개인화기가 등장한 시기는 15세기였다. 하지만 이들 화기는 초기에는 기존의 석궁이나 장궁 무기보다 위력이 떨어져서 17세기 말기까지 개인용 무기를 대체할 수 없었다. 16세기부터 17세기에 개인화기가 보병의 주 무기로 등장하였다. 소총병은 탄환을 재장전하거나 전투대형을 변경할 때 적 기병대의 돌격에 대응하기 위해 여전히 장창을 사용하였다. 하지만 18세기부터 개인화기에 총검(bayonet)을 장착하면서 장창을 사용할 필요가 없어졌다.[6] 대표적인 사례로는 1703년 프랑스군 보병용 소켓 총검이었다. 이 총검은 〈그림

그림 1.5 프랑스군의 소켓 총검 고정방법

---

6   https://www.historynet.com/socket-bayonet-a-musketeers-weapon-of-choice.htm

1.5〉에서 보는 바와 같이 지그재그 슬롯, 나비나사 또는 스프링식 걸쇠로 총구 위에 고정하는 방식이다. 고정방법은 그림과 같이 3단계로 간단하며, 총검을 결합한 채 사격이 가능하다. 이 총검은 그 후 1840년까지 사용하였다.[7]

16세기에는 화승총을 보병의 개인화기로 채택하면서 보병대가 주력이 되었다. 하지만 장창으로 무장한 창병 밀집부대가 소총이나 다른 무기로 무장한 보병부대를 엄호하는 보조부대의 개념으로 운용하였다. 이후 개인화기가 대량으로 생산되면서 기병을 무장하는 비용에 비해 개인화기의 가격이 매우 저렴하게 되었다. 기병을 양성하려면 장기간 훈련을 시켜야 했으나 개인화기로 무장한 보병은 단기간에 숙달시킬 수 있었다. 그 결과 보병대가 부활하였고, 부대의 대규모화와 전문성이 필요한 직업군인이 등장하게 되었다.

---

7   이내주, "중세의 무기와 전술", 국방과 기술 제298호, pp. 56~63, 2003.12.

제3절 18세기와 19세기의 무기와 전술

1. 나폴레옹 전쟁 시대

    1756년부터 프랑스군은 7년간 프로이센군과 전쟁을 치렀다. 하지만 프랑스군은 참패를 당하였고 이를 계기로 군의 개혁을 단행하였다. 그 결과 프랑스군은 화포의 제작기술과 포병 전술이 획기적으로 발전하였으며, 그 과정을 살펴보면 다음과 같다.

    먼저 18세기 초부터 프랑스군은 화포의 표준화 작업을 진행하였다. 하지만 당시 기술로는 포신의 두께를 일정하게 제작할 수 없었다. 이로 인해 포를 발사할 때 폭발력에 의해 포신이 파열되거나 가스가 유출되어 사격의 정밀도가 낮았다. 따라서 포신의 두께를 두껍게 만들어야 했으며, 포신의 부피와 무게가 증가하여 포병의 기동성을 떨어뜨리게 되었다. 그리하여 당시의 포병은 보병의 행군속도보다 느려서 방어용 무기의 역할을 해야 했다.

    하지만 1740년에 스위스 출신의 장 마리츠(jean Maritz) 부자(父子)가 포신 천공법을 개발하면서 포신의 두께를 일정하게 제작할 수 있게 되었다. 그들은 포신을 주조하여 제작한 후 드릴로 구멍을 뚫어서 포열을 가공하였고, 같은 구경을 가진 화포를 제작할 수 있게 되었다. 그 결과 고정된 다수의 포열을 가진 포대에서 일제히 또는 그룹을 지어 일정한 탄도로 발사하는 일제사격(volley fire)이 가능하게 되었다. 그리고 성능은 그대로 유지한 채 소형이면

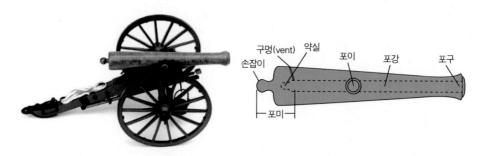

그림 1.6 나폴레옹 군대의 12파운드 화포와 포신의 구조

서 가벼운 화포를 만들 수 있게 되었다. 그 결과 기동성이 높아져서 야전에서 공격용 무기로 사용할 수 있게 되었고, 행군 시 보병부대와 보조를 맞출 수 있게 되었다.

1760년대 중반에 프랑스군의 그리보발(Grilbeauval) 장군은 야전 공격용 포병 전술을 개발하였다. 그리고 화포의 포신과 구경의 크기를 줄여서 화포를 경량화시켜서 포병부대의 기동성을 높였다. 또한, 화포의 포가(gun mount)를 개량하여 황소가 끌던 화포를 말이 두 줄로 끄는 방식으로 대체하였다. 그리고 조준장치와 사격 각도를 정확하게 변경시킬 수 있도록 개선하였고, 포탄의 무게를 각각 4, 8, 12파운드로 규격화하였다. 그 결과 발사 속도가 단축되었고 운용의 효율성이 향상되었다. 그 덕분에 당시의 포병부대는 보병과 보조를 맞출 수 있어서 전쟁에서 포병이 차지하는 비중이 높아졌다. 또한, 제철기술이 발전하여 화포의 재질은 청동 금속에서 경도와 강도가 강한 철로 대체하였으며, 제작비용도 저렴해졌다. 한편, 그리보발 장군이 군사작전 시 민간용역 인력이 했던 화포의 이동책임을 군 병력으로 변경하면서 전술도 변화하게 되었다. 또한, 체계적이고 조직적인 훈련을 통해 효과적으로 화포를 운용하면서 포병의 위상은 보병 및 기병과 대등한 위치로 위상이 높아지게 되었다. 그리고 포신의 길이와 무게를 줄이고 운반용 포차에 대형 수레바퀴를 장착시켜 포병의 기동성을 높였다. 그 결과 전략적 고지를 선점할 수 있었고 보병, 포병, 기병을 하나의 사단으로 혼합 편성하여 제병협동 전술을 발전시켰다. 한편 그리보발 장군이 이룩한 포병 개혁의 성과는 나폴레옹에게 많은 기회를 주었다. 나폴레옹은 화포 운용에 대한 뛰어난 전술적 감각으로 포병의 입지를 드높인 인물이다. 그는 유리한 위치에 다량의 화포를 집중적으로 배치한 후 적과의 접전이 시작하기 전에 적의 대형을 포격으로 와해시켰다. 대표적인 사례로 보로디노 전투(1812, Battle of Borodino)에서 2백 문의 화포를 배치하여 보병대가 공격하기 전에 집중포격하여 러시아군의 전열을 흐트러뜨리고 수시로 공격하였다. 이어서 보병부대가 진격하는 전술로 포병의 입지가 높아졌다. 당시 화포의 성능은 크게 개선되지 않았으나 화포의 전략과 전술이 중요하다는 것을 인식한 시기였다.

당시 나폴레옹 군대의 보병들은 17세기에 사용하였던 소총과 비슷한 총구 장전식 머스킷(musket) 총을 사용하였다. 이 소총의 격발방식은 부싯돌을 사용하는 수석식 소총을 수시로 부싯돌을 교체해야 사격을 할 수 있었다. 당시 소총은 분당 2발을 발사할 수 있었고, 유효사거리는 약 180m, 정밀도는 약 3m이었다. 물론 당시에도 정밀도가 향상된 강선총인 라이플총을 사용했으나 조작시간이 길고 가격이 비싸서 극히 제한적으로 보급되었다. 그리고 나폴레옹은 정찰과 엄호 임무를 수행하던 기병이 전투 초반에 적진으로 돌격하여 적군의 대형을 와해시키는 임무를 수행하도록 조직을 개편하여 독립부대로 활용하였다. 나폴레옹이 당시에 구사한 작전술의 핵심은 기동과 집중으로 화포가 전장의 주역이 되도록 하였다. 또한, 보병대와 기병대를 함께 활용하는 전술을 개발하였다.

2. 산업혁명 시대

18세기 중엽 영국에서 시작된 산업혁명으로 인해 사회와 경제 구조의 변혁이 일어났고, 이에 따라 무기산업도 발달하였다. 하지만 개인화기는 19세기 중반까지 기술적으로 큰 진전이 없었는데 개인화기의 격발장치는 개량되었으나 17세기부터 사용되었던 활강 총열(smoothbore)인 총구 장전식(front-loading type, 또는 전장식) 머스킷 소총과 200여 년간 거의 비슷한 성능의 소총을 사용하였다. 당시 활강방식 머스킷 소총보다 정밀도가 우수하고 유효사거리가 긴 강선방식 라이플 총(rifle gun)이 있었으나 가격이 비싸고 장전시간이 길었기 때문에 저격병에게만 지급되었다.

하지만 19세기 중반에 개인화기의 중요한 발전이 있었다. 프랑스군의 장교였던 미니에(Claude Etienne Minie)는 1849년에 미니에 탄환을 개발하였다.[8] 이 탄환은 총열의 구경보다 외경이 약간 작아서 총구에 쉽게 장전할 수 있도록 고안된 총구 장전식 소총용 탄환이었다. 탄환의 후미는 격발 시 장약

---

8   https://www.pinterest.co.kr/harlanglenn/cw-rifle-musket-ammunition-n-cartridges/

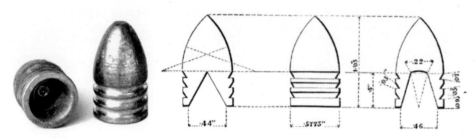

그림 1.7 머스켓 소총용 미니에 탄환의 형상(1855)

의 압력에 의해 확장되어 총열 내부에 밀착되어 안정된 탄도를 그리면서 날아갈 수 있었다. 이 탄환은 크리미아 전쟁(1853~1856)에서 그 위력이 입증되어 프랑스군은 물론 영국군과 프로이센군의 표준탄환으로 채택되었다. 이후 19세기 중반부터 개인화기의 주류는 총구 장전식 소총에서 후장식 소총(breach-loading rifle)으로 변화하기 시작하였다. 대표적인 사례로, 1866년에 후장식 소총으로 무장한 프로이센군도 총구 장전식 소총으로 무장한 오스트리아군과의 전쟁에서 크게 승리하게 되었다. 당시 프로이센군은 격발 시 탄환의 뇌관을 충격을 가하는 '바늘 총(needle gun)'을 사용하여 엎드린 자세로 탄환을 장전할 수 있었다. 하지만 오스트리아군은 총구 장전식 소총을 갖고 있어서 일어선 채 전투를 해야만 했기 때문에 전투에서 매우 불리하였다. 한편 19세기에 중반 무렵 소총의 사거리가 최대 900m까지 길어졌고 명중률도 향상되었다. 따라서 일어선 채로 전투하면 치명상을 당할 확률이 높아졌다. 이 때문에 점차 엎드린 자세로 전투를 하게 되었다. 또한, 화약 무기가 등장하면서 공격 위주의 전투방식에서 방어 중심 전투방식으로 전환되었다. 예를 들어, 원거리 조준사격을 피하기 위해 참호전을 하게 되었고 전투복도 적의 눈에 잘 보이도록 화려한 색깔에서 눈에 잘 보이지 않는 어두운 색깔로 바뀌기 시작하였다. 또한, 화력이 향상되면서 점차 보병의 밀집대형이 점차 사라지게 되었다.

산업혁명 이후 19세기 중엽에 이르러서는 수백만 명의 병력이 무장할 수 있을 수준으로 무기를 대량으로 생산할 수 있게 되었다. 또한, 철도가 발달하면서 대규모 병력을 신속히 이동하여 전장에 투입할 수 있게 되었다. 그리고 화기의 자동화로 대량 살상이 가능한 시기로 접어들게 되었다.

3. 총력전쟁을 위한 경쟁 시대

1차 세계대전(1914~1918)은 전쟁에서 승리하기 위해 정치, 경제, 사회, 문화까지 국가의 모든 역량이 동원되는 최초의 총력전쟁이었다. 이를 가능하게 한 것은 19세기 초부터 유럽에서 시작된 산업화 덕분이었다. 당시 유럽의 열강들이 산업발전과 군비경쟁을 벌인 결과 세계대전이 벌어졌다. 산업화의 위력은 1870년 보불전쟁에서 나타났다. 당시 프로이센군은 선진화된 과학기술을 바탕으로 우수한 장비로 무장하였고 월등한 기동력과 화력을 바탕으로 프랑스군을 공격하여 2개월 만에 프랑스군을 항복시켰다. 이 전쟁은 산업화가 가져온 총력전의 가능성을 보여준 최초의 전쟁이었다. 이 전쟁을 통해 대규모 병력의 확보와 무장이 중요하다는 교훈을 얻었다. 보불전쟁부터 1차 세계대전 이전까지 유럽의 인구와 산업은 급속히 팽창하였다. 19세기 초 유럽의 인구는 약 2억 9천 300만 명이었으나 20세기 초에 4억 9천만 명으로 거의 2배나 증가하였다. 이처럼 인구가 증가하면서 군대의 규모가 크게 확대되었다. 특히 독일의 병력은 보불전쟁 시 130만 명에서 1차 세계대전 직전에 500만 명으로 급증하였다. 같은 시기의 프랑스군 병력도 50만 명에서 400만 명으로 급증하였다. 자연스럽게 이들 대규모 병력을 동원하거나 이동시키기 위해서 철도가 대규모로 건설되었다. 따라서 철이나 석탄 생산량도 4배 이상 증가하면서 산업도 크게 발전하게 되었다.

1856년 영국의 발명가 베세머(Bessemer)가 개발한 용광로를 시작으로 1870년에 이르러 야금술이 크게 발전하였다. 이에 따라 군대에서 탄피가 있는 탄약을 사용하는 후장식 강선총(충격식 소총)을 보편적으로 사용하게 되었다. 그 결과 소총의 발사 속도와 살상률이 크게 향상되었다. 또한, 1400년대 이후 별다른 발전이 없는 상태로 사용되었던 흑색화약(유황, 숯, 질산칼륨의 혼합물)이 1884년에 미국의 발명가 허드슨 맥심(Hudson Maxim)이 개발한 무연화약(smokeless powder)으로 대체되면서 크게 발전하였다. 종래의 흑색화약은 화포를 발사하고 나면 화약의 절반가량이 미연소되어 가스 상태로 남았다. 이 가스는 뿌연 연기로 전장을 뒤덮어 적에게 아군의 위치를 쉽게 노출하게 되었기 때문에 화포를 발사한 후 신속하게 위치를 이동해야 했다. 또한, 당시에 사용하였던 흑색화약은 포신의 내부에 잔류물이 들러붙어 다음 사격을 할 수 없었다. 따라서 화포를 발사한 후 매번 포신 내부를 청소해야 했으나 무연화약은 이러한 문제가 발생하지 않게 되었다. 이후 무연화약은 스웨덴의 노벨, 프랑스의 폴 베이유 등 다수에 의해 폭발위력과 안정성이 크게 개선되었다. 그 결과 화포나 총의 사거리가 2배 정도 늘어났다. 또한, 소총탄이 소형화되었고 살상력도 크게 향상되었다. 그리고 프랑스는 1885년에 최초로 탄알집(8+1발)이 있는 M1886 로벨 소총을 개발하여 발사 속도를 더 높였다. 이후 유럽의 각국은 탄알집이 있는 소총을 널리 사용하게 되었다.[9]

한편 이 시기에 화포를 발사할 때 반동력을 흡수하여 다음 사격을 할 수 있도록 포신을 원위치로 복귀시킬 수 있는 주퇴장치가 개발되었다. 그 결과 화포의 위치를 매번 재조정할 필요가 없게 되었고 연속으로 정확하게 발사할 수 있게 되었다. 그뿐만 아니라 1886년 프랑스의 튀르팽(Turpin)은 포탄에 작약(bursting charge)을 넣은 고성능 포탄을 개발하였다. 그는 주조방식으로 만든 민감도가 낮은 피크르산(pircric acid)을 기폭 하기 위해 분말 피크르산을 압착 시켜 만든 전폭약(booster)으로 사용하는 방법을 고안했다. 그 결과 그가 만든 고성능 포탄은 포탄이 표적에 충돌하면서 수백 개의 파편이 분산되어 적에게 큰 피해를 줄 수 있었다. 참고로 보불전쟁에 사용하였던 포탄은 파열되면서 20~30개의 파편으로 분산하였다.

1861년 미국의 남북전쟁 초기에 후장식 강선총이 사용되면서 보병부대의 전방에 포격을 가하여 보병부대의 공격을 지원하던 포병대원도 피해가 발생하였다. 포병대원은 보병부대의 후방에 위치하였으나 강선총의 유효 사거리가 길어서 포병대원에게 조준사격이 가능하였다. 따라서 포병대원은 표적을 직접 관측하지 않고도 가시거리 밖에서 사격이 가능한 간접사격을

---

9 https://findingaids.hagley.org/repositories/3/resources/967

해야만 했다. 이를 위해 야전용 유선전화기가 전장에 등장하였고 그 결과 전방 지역에 배치된 관측병은 야전용 전화기로 후방지역에 있는 포병대원에게 적의 위치와 상황을 알려줄 수 있게 되었다. 또한, 다수의 화포를 동시에 특정한 표적에 공격할 수 있게 되었다. 이처럼 사격 통제수단이 개선되어 1차 세계대전에서 화포는 강력한 공격무기로 위력을 떨칠 수 있게 되었다. 또한, 회전식 포탑이 프랑스에서 개발되어 포탑만 땅속에 묻어 보병을 지원하는 벙커 포대로 사용하였다. 이후 1917년에는 프랑스의 르노 FT-17 경전차에도 화포가 탑재되었다.

한편, 1862년 미국의 개틀링이 〈그림 1.8〉 ❶과 같은 개틀링 총(Gatling gun)을 개발하였다. 이 총은 1개의 축 둘레에 10개의 총열이 장착되어 있었다. 그리고 수동 크랭크에 의하여 총열이 중심축 주위를 회전하면서 탄약이 장전되어 연속사격이 가능하였다. 이 총은 미국 남북전쟁 때 처음 사용되었으며 반자동식이었다. 그 후 1883년 미국의 맥심(Hiram S. Maxim)이 〈그림 1.8〉 ❷와 같은 자동식 기관총을 개발하였다. 이 기관총은 현대식 기관총의 효시이며, 사수는 표적만 바라보고 사격만 하면 되었다. 특히, 물로 총열을 냉각시키는 수랭식이며, 탄약을 탄띠로 연결한 탄띠 장전식이다. 그 결과 분당 최대 650발을 연속으로 발사시킬 수 있었으며, 숙련된 사수 50명이 발사하는 소총의 화력과 비슷한 화력을 지원할 수 있게 되었다.[10][11]

한편 1912년에는 영국군이 맥심 기관총을 개선한 비커스(Vickers) 기관총

❶ 개틀링 총   ❷ 맥심 기관총

그림 1.8 대표적인 초기의 기관총

을 생산하였다. 이 기관총은 구경 7.7mm이었고, 6명에서 8명이 운용하였다. 이들 운용 병사들은 각각 사수, 탄약수, 무기와 탄약 그리고 예비 부품을 운반하는 운반조로 편성하였다. 비커스 기관총은 공랭식도 생산하였으며, 견고성과 신뢰성이 매우 우수하였다.

10 https://en.wikipedia.org/wiki/Vickers_machine_gun

11 http://www.americancivilwarstory.com/gatling-gun.html

제4절 1차 세계대전의 무기와 전술

1914년 8월 초부터 시작된 1차 세계대전에서 독일군은 중립국이었던 벨기에를 통과하여 프랑스를 향해 파죽지세로 진격하였다. 하지만 9월 초 센강 지류에서 프랑스군의 완강한 저항 때문에 진격이 중지되었다. 이후 1917년 말까지 유럽의 서부전선에서 참호전과 이를 돌파하기 위한 돌격전과 포격전이 반복적으로 전개되었다. 그 결과 수많은 전사자가 발생하는 살육전과 엄청난 물자를 소비하는 소모전만 반복되었다. 이처럼 1차 세계대전에서는 교착상태를 고수하거나 타개하려는 무기가 개발되었다.[12]

1914년 말경부터 유럽의 서부전선에는 가시철조망과 기관총의 위력이 전장을 압도하였다. 독일군과 프랑스군은 각각 참호를 구축하고 전방에 가시철조망을 설치하여 침입을 막았다. 만일 적군이 가시철조망을 통과하려 하면 기관총으로 제압하였다. 맥심 기관총이 출현하면서 1차 세계대전 당시에는 참호 진지에서 방어 진영이 공격 진영보다 유리하였다. 이 때문에 전선의 교착상태를 타개하기 위한 공격용 무기가 등장하였다. 대표적으로 철조망을 파괴하고 기관총 진지를 제압한 후 참호를 돌파할 수 있는 전차가 1914년 영국에서 최초로 개발되었다. 그리고 영국군은 1916년 1월경에 150대의 Mark I 전차를 발주하였으며, 형상은 〈그림 1.9〉와 같다. 이 전차의 뒤쪽에 있는 바퀴처럼 생긴 장치는 조향장치이다. 이 전차의 제원을 살펴보면, 8명의 승무원이 탑승하였으며, 구경 57mm 주포 2문과 기관총 3정을 무장하여 총 28ton의 중량으로 최대 시속 6km의 속도로 주행할 수 있었다. 비록 속도는 느렸으나 참호를 통과하는 데 획기적인 무기였다. Mark I 전차는 1916년 9월에 유럽의 서부전선에서 벌어진 제1차 솜(Somme) 전투에서 독일군에게 엄청난 위협을 가하였다. 솜 전투는 1916년 7월부터 11월까지 벌어졌다. 그해 7월 1일에 영국군 보병이 독일군을 향해 돌격전을 감행하였으나 그들은 사상 최고로 하루에 1만 9천 명의 전사자와 4만 1천 명의 부상자를

---

12 이내주, "제1차 세계대전과 무기발달(1914~1918)", 국방과 기술 제306호, pp. 60~67, 2004.8.

그림 1.9 영국의 Mark I 전차(1914)

냈다. 또한, 7월 13일에 영국군 기병 부대는 대규모 돌격을 감행했으나 역시 독일군의 기관총 사격으로 손실을 크게 입었다. 이어서 9월 15일에 영국군은 세계 최초로 Mark I 전차를 출동시켰으나 독일군 전선을 돌파하는 데에는 실패하였다. 당시에 독일군은 그들의 실패에도 불구하고 접근해오는 영국군 전차를 보고서 공황상태에 빠졌다. 그러나 전차의 위력이 우려할 만할 수준이 아님을 인식하면서 독일군은 점차 전차를 경시하게 되었다. 따라서 전차 부대는 돌파 임무보다 적의 기관총이나 철조망 파괴, 돌격하는 보병을 선도하거나 엄호 등과 같은 지원 임무를 맡게 되었다.[13]

따라서 이 시기에 전선을 돌파하기 위한 무기로 박격포가 등장하였다. 양측이 참호에 들어가 있었기에 화포 사격으로는 제압하기 어려웠다. 일반 화포는 사격 각도가 낮아서 참호 속에 있는 적군을 맞출 수 없었다. 하지만 고각 사격이 가능한 박격포는 화포보다 근거리에 있는 적군도 타격할 수 있다. 또한, 같은 구경의 화포보다 가볍고, 운용이 간편하여 보병이 들고 다니며 운용할 수 있었다.

그리고 1차 세계대전에서 항공기는 비약적으로 발전하였다. 1903년에 라이트 형제가 시험비행에 성공한 항공기는 1차 세계대전까지는 실험적인

---

13 https://en.wikipedia.org/wiki/British_heavy_tanks_of_World_War_I

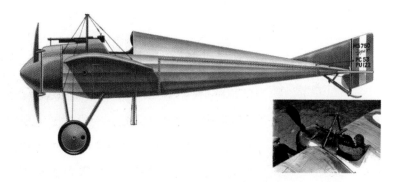

그림 1.10 프로펠러 동조장치를 장착한 독일전투기(1915~1916)

수준의 무기였다. 하지만 전쟁이 시작되면서 항공기의 유용성이 알려지면서 각국에서는 항공기 개발에 막대한 투자가 이루어졌다. 특히 참호전으로 전쟁이 전개되면서 항공기는 정찰이나 수색 그리고 포병사격에 필요한 표적 식별 등의 임무에 제한적으로 투입되었다. 하지만 기술이 발전하면서 항공기가 지상부대를 향한 기관총 공격과 폭탄을 투하할 수 있게 되면서 다양한 임무에 투입되는 등 더욱 중요한 역할을 맡게 되었다.[14][15]

대표적으로 독일군은 1915년에 〈그림 1.11〉에서 보는 바와 같이, 프로펠러 동조장치(synchronizer gear)를 전투기에 최초로 장착하여 전투력이 크게 향상되었다. 이 장치는 Sopwith와 Kauper가 개발하였으며, 장치는 〈그림 1.11〉 ❶과 같이 구성되어 있다. 이 장치의 기능은 프로펠러 회전에 맞춰서 프로펠러 날개와 탄도가 겹칠 때만 방아쇠를 멈추게 하는 장치이다. 작동원리는 〈그림 1.11〉 ❷에서 보는 바와 같이, 프로펠러 축바퀴에 캠을 달아서 밀대 연결장치로 조종사의 방아쇠와 연결하여 프로펠러 날개와 기관총의 총구가 마주칠 때는 캠이 연결 밀대를 눌러서 방아쇠가 당겨지지 않아서 탄환이 발사되지 않는다. 이 장치를 이용하여 조종사는 표적을 직접 보면서 조

---

14 https://plane-encyclopedia.com/tag/roland-garros/

15 https://www.quora.com/How-did-machine-guns-fire-through-the-propeller-arc-without-breaking-the-propeller-on-a-single-prop-airplane

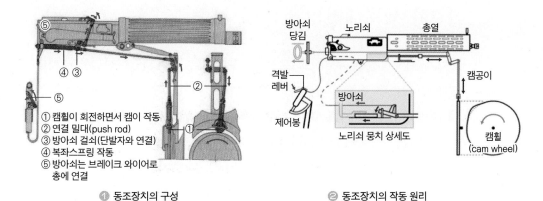

① 캠휠이 회전하면서 캠이 작동
② 연결 밀대(push rod)
③ 방아쇠 걸쇠(단발자와 연결)
④ 복좌스프링 작동
⑤ 방아쇠는 브레이크 와이어로
　총에 연결

방아쇠 당김　노리쇠　총열

격발 레버

제어봉

방아쇠

노리쇠 뭉치 상세도

캠공이

캠휠 (cam wheel)

❶ 동조장치의 구성　　　❷ 동조장치의 작동 원리

그림 1.11 프로펠러 동조장치(단속기)의 구성과 작동원리

준사격을 할 수 있게 되었다.[16]

　한편 독일군은 최초로 1915년 4월에 프랑스와 벨기에 국경지대에서 벌어졌던 이프르(Ypres) 전투에서 염소 독가스를 살포하였다. 이어서 영국과 프랑스군도 독가스를 사용하였다. 그리고 1916년에는 화포에서 발사한 포탄으로 독가스를 살포하는 방식이 개발되었다. 이후 화학전 임무만 전문적으로 수행하는 특수부대가 등장하였다.

16　https://www.historynet.com/giving-machine-guns-wings.htm

제5절 2차 세계대전의 무기와 전술

1차 세계대전은 총력전으로 참호전투 위주로 전개되었다면 2차 세계대전(1939~1945)은 전차와 폭격기에 의한 기동전이었으며, 전쟁을 치르는 동안에 많은 신무기가 개발되었다. 이 중에서 대표적인 무기는 다음과 같다.

첫째, 2차 세계대전에서 항공기는 비약적으로 발전하면서 전쟁의 핵심무기로 부상하였다. 예를 들어, 가볍고 단단한 두랄루민 금속을 이용하는 기체를 제작하게 되었으며, 엔진의 내구성과 출력이 향상되었다. 또한, 항속거리와 탑재 중량을 증대시키기 위한 개발에 집중하였다. 그 결과 B-17, 24, 29와 같은 전략폭격기가 등장하면서 전쟁 양상이 크게 바뀌었다. 전략폭격기 편대로 원거리 공습작전이 가능하게 되어 전방과 후방의 구분이 사라지고 모든 국토와 모든 국민이 폭격의 영향권에 놓이게 되었다. 예를 들어, 2차 세계대전 중에 영국군과 미군은 독일군을 향해 200만 톤의 폭탄을 항공기로 투하하여 100만 명 이상의 인명 피해를 주었다.[17][18][19]

❶ 독일의 He-178 제트 전투기(1939)   ❷ 미국의 B-29 전략폭격기(1944)

그림 1.12 2차 세계대전 시 대표적인 전투기와 폭격기

---

17 https://ww2aircraft.net/forum/threads/boeing-b-29-superfortress.42516/page-4#lg=attachment
    509701&slide=0

18 http://www.airelectro.com/blog/

19 이내주, "제2차 세계대전과 무기발달(1939~1945)", 국방과 기술 제307호, pp. 70~77, 2004.9.

둘째, 항공기가 발전하면서 항공모함이 등장하게 되었다. 그 결과 전함 중심의 함정 사이의 포격전보다 제공권 확보와 항공모함의 선제공격이 더 중요하게 되었다. 또한, 1937년 영국의 프랑크 휘틀은 터보 제트 엔진을 개발하였으나, 2차 세계대전 직전까지 내연 기관 엔진을 사용하는 프로펠러 항공기를 주로 사용하였다. 이후 터보 제트 엔진(turbo jet engine)을 사용하는 항공기가 최초로 실전에 배치된 것은 1939년에 독일이 개발한 He-178 전투기이다. 이 전투기는 기존 프로펠러기보다 빠른 최대 시속 600km의 고속으로 비행할 수 있었다.

셋째, 로켓(rocket)의 등장이다. 로켓은 전쟁의 승패를 좌우하지는 못하였으나 미래의 신무기로 일반 시민들에게 심리적으로 공포의 대상이 되었다. 최초의 로켓무기는 1943년 독일이 보복용 무기로 개발한 V1 로켓이다. 이 무기는 펄스제트 엔진(pulse-jet engine)으로 추진하는 일종의 비행폭탄이다. 이 로켓에는 850kg의 폭약이 탑재되어 있었으며, 시속 250km에서 600km의 속도로 최대 240km까지 비행할 수 있었으나 영국 공군의 레이더에 쉽게 탐지되었다. 그리하여 로켓이 목표물에 도달하기 전에 연합군 전투기 공격으로 대부분이 격추되었다. 이후 독일은 V1 로켓의 단점을 보완하여 같은 해에 V2 로켓을 개발하였다. 이 로켓은 독일군이 연합군을 무차별 공격하기 위해 개발한 로켓 폭탄으로, 유도기술 부족으로 명중률이 매우 낮았다. 하지만 오늘날 대륙간탄도미사일(ICBM, Inter Continental Ballistic Missile)의 원조라는 평가를 받고 있다. 이 로켓의 특징을 살펴보면, 추진장치는 에탄올과 물의

❶ V1로켓(1943)

❷ V2로켓(1943)

그림 1.13 독일의 V1 로켓과 V2 로켓

혼합연료와 액체산소로 추진되는 1단계 액체 로켓이다. 탄두에는 1ton의 폭약을 탑재되어 있고, 사거리는 최대 330km이었다. 특히, 최대 고도 9.6km, 시속 5760km의 초고속으로 날아갈 수 있어서 당시의 무기체계로 요격을 할 수 없었다. 그 결과 적에게 상당한 심리적 공포 효과가 있었으나 탄착 오차가 12km에서 13km로 명중률이 낮았다.

넷째, 레이더(Radar)의 출현이다. 레이더는 1935년 영국이 적의 공습을 경보하기 위해 하늘을 감시하는 장치를 개발하는 과정에서 개발되었다. 이 장치 덕분에 영국군은 수백 km나 떨어진 지점에서도 독일군 폭격기의 비행속도와 항로 그리고 편대 규모를 파악할 수 있었다.

다섯째, 원자폭탄의 등장이다. 1938년 독일의 두 명의 화학자인 오토 한과 프리츠 슈트라스만이 우라늄에 고속의 중성자를 충돌시키면 원자핵이 분열되면서 순간적으로 엄청난 에너지가 방출된다는 내용의 연구 논문을 발표하였다. 이를 계기로 미국, 영국, 독일 등의 국가에서 이 원리를 적용한 무기개발을 시작하게 되었다. 특히 미국은 1942년에 일명 맨해튼 프로젝트라는 원자폭탄 개발을 시작하여 1945년 7월에 원폭실험에 성공하였다.

여섯째, 보병의 무기로 무반동총(recoilless cannon), 대전차 로켓 발사기, 수중탐사기, 헬기 등의 신무기가 등장하였다. 무반동총은 미 육군이 처음으로 실전에서 사용하였는데 구조가 간단하고 일반 화포보다 가벼워서 보병용으로 적합하였다. 하지만 대량의 장약이 필요하고, 화약 가스가 후방으로 분출하였다. 이 때문에 후폭풍으로 인한 피해가 발생할 수 있는 위험이 있고, 적에게 발견되기 쉬웠다. 또한, 박격포처럼 참호 안에서 발사할 수 없었다. 무반동총의 탄두에는 성형작약탄이 장입되어 있으며, 직접조준 사격으로 주로 대전차 공격용으로 사용하였다. 한편, 대전차 로켓 발사기는 1940년 미국이 최초로 개발하였다. 이 발사기는 사수가 방아쇠를 당기면 배터리로 로켓이 전기식으로 점화되어 강관을 통해 로켓이 발사되었다. 바주카라는 악기를 닮아서 '바주카포'라고도 불렀다. 이후 미군은 1943년에 처음으로 적의 전차에 바주카포를 발사하였다. 이 무기는 전차뿐만 아니라 콘크리트 진지를 파괴하거나 철조망 파괴, 지뢰밭 제거에도 효과적이었다. 헬기는 미국

❶ 전면 모습

❷ 측면과 후면 모습

그림 1.14 최초의 군용 헬기인 시콜스키 R-4(1942)

이 군사용으로 1942년 최초로 시콜스키(Sikorsky) R-4 헬기를 양산하였다. 이 헬기는 최대 2명이 탑승할 수 있었으며, 엔진 출력은 200HP(horse power), 최대이륙 중량은 1.18ton, 순항속도는 시속 96.5km, 최고속도 시속 121km, 최대 고도는 2.44km, 항속거리는 209km였다. 이 헬기는 주로 정찰이나 부상자 수송 등의 임무를 수행하였으며, 성능개량이 계속된 결과 베트남 전쟁에서는 기관총과 로켓 그리고 대전차 미사일을 탑재하여 전투 임무까지 가능하게 되었다.[20][21][22]

20 https://pl.m.wikipedia.org/wiki/Sikorsky_R-4

21 https://gizmodo.com/that-time-polish-partisans-stole-a-nazi-v2-rocket-476929367

22 https://en.m.wikipedia.org/wiki/Sikorsky_R-4

제6절 현대와 미래의 무기와 전술

2차 세계대전 후에도 보병 무기의 대부분은 거의 비슷한 수준으로 머물러 있다. 예를 들어 소총, 기관총, 수류탄, 박격포 등은 큰 진전이 없었다. 하지만 레이더, 야간투시경, 통신장비 등이 개발되었고 2차 세계대전 당시 전차 중심의 기동전의 영향으로 종전 후 대전차 무기들이 많이 개발되었다. 또한, 이러한 대전차 무기에 대응하기 위해 복합장갑, 부가장갑, 능동장갑 등이 개발되었다. 그 결과 전차와 장갑차 등의 방호력이 크게 향상되었다. 이는 기갑 전술에도 많은 영향을 주었으나 보병과 협동작전을 하는 전술은 변함이 없이 이어져 왔다.

이러한 변화에 따라서 현대 전차는 승무원 수가 줄었고 디지털화된 사격통제장치와 전술 지휘/통제시스템, 능동형 방호 시스템 등이 장착되어 성능이 크게 개선되었다. 보병은 장갑차, 포병은 자주포와 다연장로켓포(MLRS, Multiple Launch Rocket System) 등이 개발되어 화력과 기동력이 크게 향상되었다. 특히 공군의 무기는 2차 세계대전에 사용하였던 무기보다 획기적으로 성능이 향상되었다. 예를 들어, 전투기의 속도와 적재량은 3배, 고도는 1.5배 이상 증가하였다. 1981년에는 레이더로 탐지가 매우 어려운 F117A 스텔스 폭격기가 미국에서 개발되었다. 그리고 스텔스 기능, 고속기동 기능, 센서통합 기능이 있는 공중전이 가능한 미국의 F-22 전투기와 스텔스 기능이 있는 B-2 전략폭격기가 1997년에 실전에 배치되었다. 2020년대에는 미국뿐만 아니라 우리나라, 러시아, 중국 등 다수의 국가에서 F-35, J-20 전투기를 실전에 배치하였다.[23]

2차 세계대전에서는 항공모함의 위력을 경험한 국가 위주로 항공모함과 잠수함 개발에 치중하였다. 잠수함은 은밀성을 갖춘 매우 위협적인 무기가 되었다. 또한, 과학기술의 발전으로 이지스함과 같은 대공, 대함정, 대잠수함, 대지 공격 및 방어력을 갖춘 전함이 개발되었다. 그리고 함정이나 지상

---

23 이진호, "미래전쟁", 북코리아, 2011. 5.

에서 운용하는 대공포는 탐지와 추적기능이 있는 레이더와 자동으로 조준 사격이 가능한 사격통제장치가 장착되어 명중률이 크게 향상되었다. 또한, 미국의 패트리엇 미사일, 러시아의 S-400 등과 같은 요격용 미사일이 실전에 배치되면서 항공기에 위협적인 존재가 되었다. 또한, 2001년에 미국에서 개발한 MQ-9 무인 공격기 등이 개발되었다. 이에 따라 전장은 점차 유인 전투에서 유무인 또는 무인 전투로 발전하고 있다. 그리고 각국에서 무인기 뿐만 아니라 무인 전투차량, 무인 함정, 무인 잠수정 등을 운용하거나 개발 중이다. 또한, 화포도 레이저포, 레일건, 전열포 등으로 대체되고 있으며, 인공지능과 빅데이터, 가상 현실 등의 기술이 적용된 유무인 무기체계가 개발되고 있다.

과학기술의 발전으로 유도무기의 정밀도가 크게 향상되었다. 대표적으로 1982년에 포클랜드 전쟁에서 그 위력을 실감한 '프랑스제 액소세(EXOCET) 미사일'이 있다. 이 미사일은 조종사가 미사일을 발사한 후 다른 임무 수행을 할 수 있는 발사 후 망각(fire and forget)방식의 정밀유도탄이다. 또한, 1983년에 미국은 다목적 토마호크 순항미사일을 개발하여 수천 km나

그림 1.15 C4I-SR 체계를 활용한 미래의 지상전 개념도

떨어진 곳에서도 정밀 폭격이 가능하게 되었다. 최근에는 순항미사일의 약점인 낮은 속도를 보완하여 초음속으로 비행할 수 있는 순항미사일이 개발되었다. 그 밖에 우주무기, 전자기펄스 탄약, 레이저 무기 등 새로운 무기가 미래 전쟁에 사용될 전망이다.

한편 1990년 걸프 전쟁을 치르면서 미국은 C3I 체계를 C4I 체계로 발전시켰다. 즉, 지휘(Command), 통제(Control), 통신(Communication), 정보(Intelligence) 기능에 컴퓨터(Computer)를 추가하여 필요한 정보를 획득하여 분석하고 처리하는 C4I 체계로 적시 적소에 제공하여 전투력을 극대화하였다. 그리고 이라크전쟁을 거치면서 C4I는 C4ISR(Command, Control, Communications, Computers, Intelligence, Surveillance and Reconnaissance)로 발전되었다. 이 시스템은 C4I 체계에 감시와 정찰을 유기적으로 결합한 시스템이다. 전자 및 통신 기술이 발전하면서 감시와 정찰기술이 더 정밀하고 다양해져 적의 상황을 먼저 보고 먼저 공격할 수 있는 감시와 정찰 기능을 C4I에 결합하게 되었다.[24][25]

24 https://unidosxisrael.org/noticias/el-domo-de-drones-rafael-intercepta-multiples-objetivos-de-maniobra-con-tecnologia-laser/

25 https://www.indracompany.com/sites/default/files/command_control_comunication_computer_and_intelligence_systems_0.pdf

제7절 무기의 치명성과 기동성[26]

인류는 오랫동안 돌, 창, 화살 또는 총알을 더 많이 발사시킬 수 있는 무기를 개발하고자 노력하였다. 따라서 보병은 사격 발수를 늘리고 재무장을 위해 복귀하는 훈련이 중요하게 되었다. 그리고 무기의 발사 속도는 무기가 가하는 피해 능력, 즉 치명성을 나타내는 여러 척도 중 하나이다. 1960년대 초에 트레버 듀푸이(Trevor Dupuy) 등[27]은 무기 치사율 증가의 역사적 경향이 전투의 본질을 변화시키고 있는지 평가했다. 이를 측정하기 위해 그들은 주어진 무기의 고유한 치사율을 평가하는 방법론인 이론적 치사율 지수(TLI, Theoretical Lethality Index)를 개발했다. TLI는 발사 속도, 공격당 표적 수, 사거리 계수, 정확도, 신뢰도의 곱으로 정의하였다. 이 방법에서 발사 속도는 이상적인 조건에서 1시간 단위로 무기가 가할 수 있는 효과적인 타격횟수로 정의하였으며, 군수지원은 제한이 없다고 가정하였다.[28]

그 결과 〈그림 1.16〉과 같이, 고대부터 현대까지 무기의 치명성과 병력의 분산도 그리고 1인당 전투의 사상자 비율의 관계를 알 수 있게 되었다. 먼저 17세기 이후 주요 전쟁에서 1인당 사상자 비율은 전투의 승패와 관계없이 비슷한 모양으로 감소하였다. 또한, 패자와 승자 간 사상자 비율의 차이는 점차 감소하게 되었다. 이는 무기의 치명성은 높아졌으나 병력의 분산도가 증가하여 사상자 수가 감소하는 하나의 요인으로 작용하였기 때문이다. 이를 자세히 살펴보면 다음과 같다.

TLI에 의해 측정된 바와 같이, 발사 속도의 증가는 실제로 무기의 치사율을 높인다. 20세기 초 반자동 소총의 TLI는 연사(연속사격) 속도가 빨라서 19세기 중반 총구 장전식 소총보다 거의 5배 더 높다. 정확도와 신뢰성이 낮음에도 불구하고 2차 세계대전 시대 기관총은 높은 발사 속도로 인해 반자

---

26 https://thestrategybridge.org/the-bridge/2015/12/20/seven-charts-that-help-explain-american-war

27 미국 Historical Evaluation Research Organization 연구소 연구원

28 이진호, "무기공학", 북코리아, 2020.12.

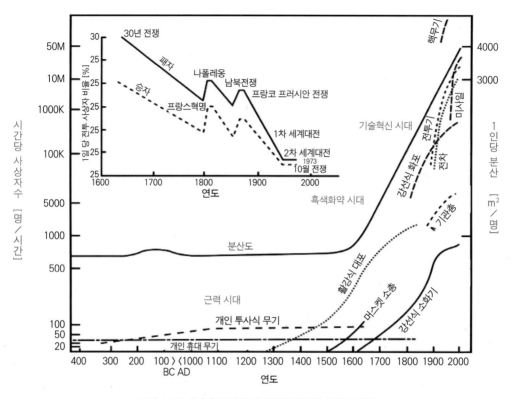

그림 1.16 시대별 무기의 치명성과 병력의 분산도 관계

동 소총보다 10배의 TLI를 가지고 있다. 그리고 소형 무기의 발사 속도는 20세기 초부터 중반까지 증가하지 않았다. 2차 세계대전 이후 현대 군대에서 채택한 돌격 소총은 21세기 초에도 표준 보병 무기로 남아 있다.

발사 속도는 무기의 치사율에 영향을 미칠 수 있는 여러 요소 중 하나일 뿐이다. 포병은 낮은 발사 속도에도 불구하고 소형 무기보다 TLI가 훨씬 높다. 이것은 포병이 소형 무기보다 사거리가 훨씬 길고, 발사 포탄 1발당 여러 목표를 타격할 수 있기 때문이다. 역사적으로 무기의 치명성은 17세기 이후부터 급격히 증가하였다. 무기의 치명성이 증가하여 전투에서 사상자 수도 증가할 것으로 예측할 수 있으나 지상 전투에서 평균 사상자 비율은 17세기 이후 감소하였다. 전투 사상자 비율은 19세기 초와 중반에 상승했지만 19세기 후반부터 20세기 말까지 다시 급격히 떨어졌다.

표 1.1 주요 전쟁에서의 병력의 분산도와 밀집도 현황

구분	고대 전쟁	나폴레옹 시대 전쟁	남북전쟁	프랑스-프러시아 전쟁	1차 세계대전	2차 세계대전	이스라엘 10월 전쟁
분산도 [km²/10만 명]	1	20.12	25.75	45	248	2,750	3,500
전면[km]	6.67	8.05	8.58	11.25	14.33	48	54
종심[km]	0.15	2.5	3.0	4.0	17.33	57	65
밀집도 [명/km²]	100,000	4,970	3,883	2,222	404	36	29

한편, 주요 전쟁에서의 병력의 분산도는 〈표 1.1〉과 같다.[29] 표에서 보는 바와 같이, 부대의 전면과 종심이 무기의 성능이 향상됨에 따라서 증대되었다. 이에 비해 10만 명이 배치된 면적은 증가하였다. 즉, 병력의 분산도는 무기의 발전으로 넓어졌다. 그 원인 중 하나가 전장에서 병력의 분산도가 높아졌고, 전술적 의사 결정을 분산시키고 기동성을 강화하였으며, 다양한 무기를 조합한 전술에 더 중점을 두었기 때문이다. 또한, 병사 10만 명이 점령한 지역은 고대부터 20세기 후반까지 약 4천 배나 증가했다. 그리고 지상군의 평균 분산은 2차 세계대전과 1973년 욤 키푸르(yom kippur) 전쟁 사이에 3분의 1로 증가했으며, 걸프전이 있었던 1990년까지 4분의 1 만큼 더 증가했다.

19세기 중반까지 낮은 연발 사격능력과 상대적으로 짧은 사거리를 보완하면서 치명적인 효과를 얻기 위해서는 보병 사격을 집중시켜야 했다. 1850년 이전에는 포병이 보병의 소형 무기보다 전장에서 더 많은 사상자를 발생시켰다. 하지만 이 비율은 1850년대와 1860년대에 사용하였던 발사 속도가 높은 강선총과 후장식 무기의 사용 비율의 증가로 변경되었다. 19세기 중후반 전쟁에서 전투 사상자의 대부분은 보병 소형 무기에 의해 가해졌다. 기관총과 결합 된 현대 소형 무기의 치명성은 20세기 초 전쟁에서 전술적 의사 결정의 분산과 병력의 분산화로 이어졌다. 1차 세계대전 중 야전용 전화기

---

29 Trevor N. Dupuy, Attrition: Forecasting Battle Casualties and Equipment Losses in Modern War (Falls Church, VA: NOVA Publications, 1995.

와 간접사격 기술의 발명과 함께 사거리가 연장되고 더 강력한 탄약을 발사할 수 있게 된 포병은 파괴력이 증가하였다. 그 결과 포병이 전장의 주도적인 역할로 다시 등장하였다.

한편 1970년대부터 미국의 정밀 무기개발에 집중하면서 소련의 대량 화력을 상쇄시키기는 대응전략을 추진하였다. 현대 정밀 무기의 목표는 "1발의 사격으로 완벽한 표적 파괴"이다. 이때 감소한 발사 속도는 더 넓은 범위와 정확도로 보상되며, 이러한 정밀 무기는 치명성이 매우 높다.

1. 전투 수행 6대 기능을 간략히 설명하고 고대 로마군의 보병대와 기병대의 무기와 전술을 구분하여 전투 수행기능 측면에서 설명하시오. 그리고 기병대의 기동무기와 현대 무기체계와 비교하여 그 차이점을 논하시오.

2. 고대 그리스와 로마 시대부터 1차 세계대전까지 기병대와 보병대의 발전과 쇠퇴의 원인을 설명하시오.

3. 18세기와 19세기의 소총, 기관총, 그리고 화포의 특징 그리고 이들 무기가 전술에 미친 영향을 설명하시오.

4. 1차, 2차 세계대전 당시에 주요 무기체계의 등장 배경과 특징 그리고 전술에 미친 영향을 설명하시오.

5. 대표적인 현대와 근미래에 출현할 미래무기의 종류와 특징 그리고 전술에 미치는 영향을 논하시오. 그리고 전술 차량과 장갑차량의 발전과정과 전망에 대해 논하시오.

6. 현대전쟁에서 지휘/통제체계의 중요성을 설명하시오. 그리고 우리 군에서 운용 중인 지휘/통제체계의 구성과 작동개념을 그림을 그려서 설명하시오.

7. 〈그림 1.16〉에 제시된 그림으로 무기의 치명성과 기동성의 변화를 근력 시대, 흑색화약 시대, 기술 혁신시대로 구분하여 설명하시오. 그리고 병력의 분산도와 무기의 치명성 및 기동성의 관계를 설명하시오.

8. 〈표 1.1〉에 제시된 자료를 갖고 고대 전쟁부터 현대전쟁까지의 기간에서 병력의 분산도와 밀집도의 변화와 이들 요소가 전술에 미치는 영향을 설명하시오. 그리고 분산도와 밀집도의 차이점의 차이점을 설명하시오.

9. 미래의 지상, 해상, 수중, 공중 기동무기의 발전 전망과 이들 무기의 등장에 따른 전술의 변화에 대해 논하시오.

제2장
차량의
운동 역학

제1절 균형과 최대 견인력

1. 차량의 균형

〈그림 2.1〉은 2축 차량에 작용하는 주요 외력을 나타낸 자유 물체도(FBD, Free Body Diagram)이다. 여기서 주행 방향과 반대 방향으로 작용하는 공기역학적 저항은 R_a이고, 앞쪽 타이어와 뒤쪽 타이어의 주행 저항은 각각 R_{rf}, R_{rr}이다. 차량의 뒤쪽에서 끌어당기는 견인력은 R_d, 경사 저항력은 R_g, ($=W\sin\theta_s$)라고 하자. 또한, 차량에 앞쪽과 뒤쪽 타이어에 작용하는 하중을 각각 W_f, W_r이라고 하고, 가속도는 a, 하중은 W, 중력가속도 g, 앞쪽과 뒤쪽 타이어의 견인력을 각각 F_f, F_r이라 가정하자.

예를 들어, 후륜 구동(rear wheel drive) 차량은 $F_f = 0$이 되고, 전륜 구동(front wheel drive)은 $F_r = 0$이다. 따라서 차량의 운동 방정식은 식 [2-1]과 같이 표현할 수 있다.

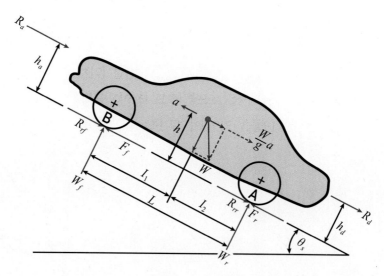

그림 2.1 2축 차량의 작용력에 대한 자유 물체도

차량에 작용하는 모든 힘 ΣF는 차량의 운동량의 변화율이기 때문에 식 [2-1]과 같다.

여기서 m은 차량의 질량, t는 시간을 의미한다.

$$\Sigma F = \frac{d(mv)}{dt} = \frac{dm}{dt}v + m\frac{dv}{dt} \quad\text{...}\quad [2\text{-}1]$$

그리고 차량의 질량 m이 일정하고, 차량의 가속도는 a, 운동 방향으로 위치를 x라 한다면, ΣF는 식 [2-2]와 같이 표현할 수 있다.

여기서 x는 차량의 위치를 나타낸다.

$$\Sigma F = m\frac{dv}{dt} = m\frac{d^2 x}{dt^2} \quad\text{...}\quad [2\text{-}2]$$

따라서 식 [2-2]를 적용하여 차량에 작용하는 힘의 합을 방정식으로 표현하면 식 [2-3]과 같이 표현할 수 있다.

$$m\frac{d^2 x}{dt^2} = \left(\frac{W}{g}\right)a = F_f + F_r - (R_a + R_{rf} + R_{rr} + R_d + R_g) \quad\text{....................}\quad [2\text{-}3]$$

식 [2-3]에서 관성력의 개념으로 유도하면 식 [2-4]와 같다. 즉,

$$F_f + F_r - \left(R_a + R_{rf} + R_{rr} + R_d + R_g + \frac{W}{g}a\right) = 0 \quad\text{....................}\quad [2\text{-}4]$$

따라서 차량이 견인하기 위한 힘 F는 앞쪽 바퀴와 뒤쪽 바퀴 견인력의 합력이므로 $F = F_f + F_r$이다. 따라서 차량의 견인력은 식 [2-5]와 같다. 즉,[12]

---

1 https://www.howacarworks.com/basics/how-the-transmission-works

2 Bir Armaan Singh Gi, "Four-Wheel Drive System: Architecture, Basic Vehicle Dynamics and Traction", International Journal of Current Engineering and Technology 8(02), 2018.4.

$$F = (R_a + R_r + R_d + R_g + \frac{W}{g}a) \quad \text{...} \quad [2\text{-}5]$$

2. 차량의 견인력 계산

일반적으로 차량 개발 시 차량의 성능을 평가하려면 최대 견인력을 결정해야 한다. 이때 도로 주행 차량의 최대 견인력은 다음과 같은 제한 요소가 있다. 첫째, 도로 접지 계수와 구동 차축 또는 차축의 정상 하중에 의해 결정된다. 둘째, 엔진과 변속기의 특성에 의해 결정된다. 이들 요소 중에서 더 작은 요소가 차량의 성능을 결정하게 된다. 차량의 타이어 접지 접점이 지탱할 수 있는 최대 견인력을 예측하려면, 차축의 정상 하중을 결정해야 한다. 그리고 점 A와 점 B에서의 모멘트의 합으로 쉽게 계산할 수 있다.

먼저 〈그림 2.1〉에 표시된 점 A에 대한 모멘트의 합을 구하면, 앞쪽 차축의 정상 하중 W_f는 식 [2-6]과 같다.

$$\Sigma M_A = 0 \; ; \; W_f = \frac{W l_2 \cos\theta_s - R_a h_a - h_a[(W/g)a] - R_d h_d \pm W h \sin\theta_s}{L} \quad [2\text{-}6]$$

여기서 l_2는 뒤쪽 차축과 차량의 무게 중심 사이의 거리, h_a는 공기역학적 저항이 작용점의 높이, h는 무게 중심의 높이, h_d는 견인바 고리(drawbar hitch)의 높이, L은 차축 거리(wheelbase), θ_s는 경사각이다. 그리고 차량이 경사로를 오를 경우, 식 [2-6]의 $W h \sin\theta_S$는 음(-)의 값으로 표현할 수 있다.

다음으로 점 B에 대한 모멘트의 합을 구하면, 뒤쪽 차축의 정상 하중 W_r은 식 [2-7]과 같다.

$$\Sigma M_B = 0 \; ; \; W_r = \frac{W l_1 \cos\theta_s + R_a h_a + h_a(W/g)a + R_d h_d \pm W h \sin\theta_s}{L} \quad \text{...} \quad [2\text{-}7]$$

여기서 l_1는 앞쪽 차축과 차량의 무게 중심 사이의 거리이다. 그리고 차량이 경사로를 오를 경우, 식 [2-7]의 $W h \sin\theta_S$는 양(+)의 값으로 표현할 수 있다.

만일 경사각이 작은 경우에는 $\cos\theta_S \simeq 1$, $\sin\theta_S \simeq 0$이 된다. 따라서 식 [2-7]에서 공기역학적 저항의 적용 지점 높이, 견인바 고리 높이, 무게 중심 높이가 같다고 가정하면 식 [2-8]과 같이 단순화할 수 있다.

$$W_f = \left(\frac{l_2}{L}\right)W - \frac{h}{L}\left[R_a + a(W/g) + R_d\right] \quad\cdots\cdots\cdots\cdots\quad [2\text{-}8a]$$

$$W_r = \left(\frac{l_1}{L}\right)W + \frac{h}{L}\left[R_a + a(W/g) + R_d\right] \quad\cdots\cdots\cdots\cdots\quad [2\text{-}8b]$$

이때 $R_g = W\sin\theta_S \simeq 0$이므로 식 [2-5]는 $F - R_r = R_a + R_d + \frac{W}{g}a$ 이다. 따라서 이 값을 식 [2-8]에 대입하면 식 [2-9]와 같이 간단한 방정식으로 나타낼 수 있다.

$$W_f = \left(\frac{l_2}{L}\right)W - \frac{h}{L}(F - R_r) \quad\cdots\cdots\cdots\cdots\cdots\cdots\cdots\quad [2\text{-}9a]$$

$$W_r = \left(\frac{l_1}{L}\right)W + \frac{h}{L}(F - R_r) \quad\cdots\cdots\cdots\cdots\cdots\cdots\cdots\quad [2\text{-}9b]$$

식 [2-9]의 우변의 첫 번째 항은 차량이 평평한 지면에 있을 때 차축에 가해지는 정적 하중이다. 그리고 두 번째 항은 정상 하중 또는 동적 하중을 전달하는 동적 구성 요소를 의미한다. 타이어와 지면에 접촉을 지지하는 최대 견인력은 도로 점착 계수(road adhesion coefficient) μ와 차량 매개 변수 측면에서 결정할 수 있다. 이때 점착 계수는 바퀴와 도로와의 접촉면 사이의 마찰계수이다. 이 수치는 바퀴의 상태(건조, 습윤, 결빙 등)에 따라서 달라지며 구동 바퀴와 지면 사이의 이 계수의 크기에 따라 견인력을 좌우하게 된다. 보통 타이어의 마찰력은 트레드 표면에 작용하는 점착 마찰력과 트레드 고무가 변형을 반복하여 발생하는 히스테리시스 마찰력(hysteresis friction)을 합한 힘이며, 이 힘은 타이어가 미끄러지지 않게 하고 지면과 맞물려 회전하는 그립(grip)을 좋게 한다.

한편 후륜 구동 차량의 최대 견인력 F_{max}는 식 [2-10]과 같이 계산할 수 있다.

$$F_{max} = \mu W_r = \mu[(\frac{l_1}{L})W + \frac{h}{L}(F_{max} - R_r)] \quad \text{[2-10]}$$

여기서 총 주행 저항(또는 구름 저항, total rolling resistance) R_r은 주행 저항계수를 f_r이라고 정의하면, 차량 무게와의 관계는 $R_r = f_r W$가 된다. 그리고 식 [2-10]에 R_r 대신에 $f_r W$를 대입한 후 F_{max}를 계산하면 식 [2-11]과 같다.

$$F_{max} = \frac{\mu W(l_1 - f_r h)/L}{1 - \mu h/L} \quad \text{[2-11]}$$

한편 전륜 구동(front wheel-drive) 차량에서도 같은 방법으로 계산하면 최대 견인력은 식 [2-12, 13]과 같다.

$$F_{max} = \mu W_f = \mu[(\frac{l_2}{L})W - \frac{h}{L}(F_{max} - R_r)] \quad \text{[2-12]}$$

$$F_{max} = \frac{\mu W(l_2 + f_r h)/L}{1 + \mu h/L} \quad \text{[2-13]}$$

참고로 이들 식은 종 방향으로 장착된 엔진의 엔진 토크에 의한 횡 방향 부하 전달이나 횡 방향으로 장착된 엔진의 엔진 토크에 의한 종 방향의 부하 전달은 무시하였다.[34567]

3   https://carbiketech.com/engine-torque/

4   https://en.wikipedia.org/wiki/Torque

5   https://www.howacarworks.com/technology/torque-and-bhp-explained

6   https://www.sciencedirect.com/topics/engineering/front-wheel-drive

7   J. L. Meriam, L. G. Kraige, "Engineering Mechanics Dynamics", 8th, wiley Collection, 2015.

2.1
exercise

전술 차량이 시속 100km를 주행하고 있다. 이 트럭은 〈그림 2.2〉와 같이 회전반경이 300m이고 경사가 10° 기울어진 커브를 주행하고 있다. 차량에 적재대 바닥과 적재된 질량 200kg의 상자 사이의 정적 마찰계수는 0.70이라고 가정할 때, 운반 상자에 작용하는 마찰력 F는 얼마인가?

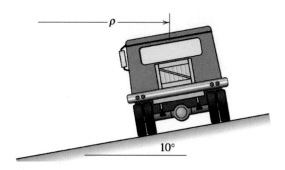

그림 2.2 횡 경사로를 선회하는 차량의 단면도

풀이

차량의 바닥과 운반 상자와의 힘을 균형을 다음 식과 같이 두 방향으로 평형이 되어야 한다. 여기서 운반 상자의 질량 m은 200kg이고 수직 방향의 가속도 a_n은 $\frac{v^2}{\rho}$ 이다.

따라서 수직과 수평 방향의 힘의 균형은 식 [2-14, 15]와 같다.

$$\Sigma F_n = ma_n \;\; ; \;\; (N \times \sin 10) + (F \times \cos 10) = \frac{m}{300}\left(100 \times \frac{10^3}{3600}\right)^2 \cdots\cdots \text{[2-14]}$$

$$\Sigma F_y = 0 \;\; ; \;\; -mg + (N \times \cos 10) - (F \times \sin 10) = 0 \cdots\cdots\cdots\cdots\cdots \text{[2-15]}$$

위의 2개의 식들을 풀면, 수직 반발력 N은 2.20kN이고, 경사면의 마찰력 F는 165.9N이다. 이때 정지 마찰계수 μ_s가 0.7이므로 최대로 버틸 수 있는 마찰 저항력 F_{max}은 식 [2-16]과 같다.

$$F_{max} = \mu_s N = 0.7 \times 2.02 = 1.42\text{kN} \;\; > \;\; \text{F} \cdots\cdots\cdots\cdots\cdots \text{[2-16]}$$

일반적으로 고속으로 차량이 선회운동을 하면서 상자가 위로 미끄러지는 경향이 있다. 그러나 주어진 조건은 식 [2-16]에서 보는 바와 같이, F_{max}가 F보다 크다. 따라서 운반 상자는 미끄러지지 않으며 차량의 속도를 더 높여도 운반 상자는 움직이지 않는다.

제2절 공기역학적 힘과 모멘트

차량 설계 시 공기역학적 설계에 고려할 영향요소는 〈그림 2.3〉과 같이 크게 네 가지가 있다. 먼저 차량의 성능과 안정성에 따라서 모멘트, 항력과 양력이 발생하면서 공기역학적 조건이 변화된다. 둘째, 엔진이나 전장부품을 냉각시킬 때 공기 유동의 변화에 따른 영향이 있다. 셋째, 주행할 때 대기 조건에 따라서 공기의 유동장(flow field) 변화에 따른 영향이다. 끝으로 차량 내부의 온도조절을 위한 가열이나 냉각 그리고 환기에 의한 공기역학적인 영향이 있다.

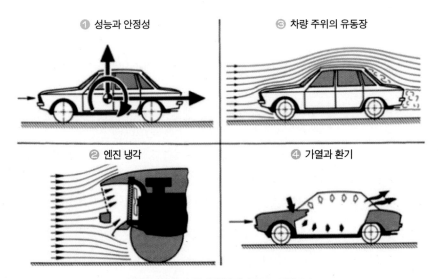

1 성능과 안정성   **3** 차량 주위의 유동장

2 엔진 냉각   **4** 가열과 환기

그림 2.3 차량의 공기역학적인 주요 영향요소

1. 공기역학적 저항

내연 기관 차량은 연비와 유해 배기가스 감소에 대한 중요성이 증가함에 따라 차량의 엔진과 형상 등의 최적화 설계의 중요성이 날로 증가하고 있다. 차량의 공기역학적 저항이나 무게에 비례하는 주행 저항과 관성 저항을 감소시켜야 연비가 향상되고 배기가스를 줄일 수 있다. 예를 들어, 일반 승

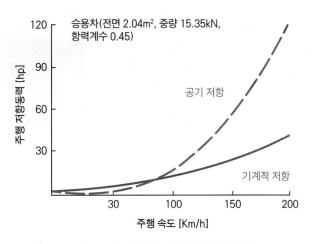

그림 2.4 속도에 따른 승용차의 소요 동력

용차의 경우 〈그림 2.4〉에서 보는 바와 같이 약 80km/h 이상의 속도로 주행하는 경우 공기저항을 극복하는 데 필요한 동력 저항력은 주행(구름) 저항을 극복하는 데 필요한 힘보다 크다.

(1) 항력의 발생 원리

공기역학적 저항은 두 가지 원인에 의해 발생한다. 하나는 차체 외부의 공기 유동에 의한 영향 때문이고, 다른 하나는 냉각, 난방 및 환기를 위한 엔진 라디에이터 시스템과 차량 내부를 통과하는 공기의 유동 저항 영향에 의해서 발생한다. 예를 들어, 승용차의 공기저항의 90% 이상은 승용차 차체 주위의 유동 저항이 차지하고 있다.

주행하는 차량은 〈그림 2.5〉에서 보는 바와 같이 전면부의 공기를 밀어내는데 공기는 순간적으로 이동할 수 없으므로 압력이 증가하여 높은 기압이 발생한다. 또한, 차량 뒤의 공기는 차량의 전진 움직임으로 인해 남은 공간을 순간적으로 채울 수 없다. 이것은 낮은 기압 영역을 만든다. 따라서 운동은 차량을 앞에서 밀고(앞에서 높은 압력) 뒤로 당겨(낮게) 차량의 움직임에 방해하는 두 개의 압력 영역을 생성한다. 결과적으로 차량에 대한 이들 압력의 결과적인 힘을 항력이라 부르고 있다.

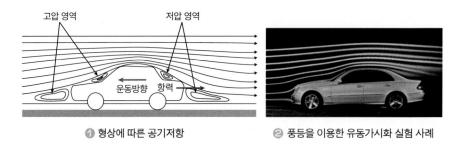

① 형상에 따른 공기저항　　　　② 풍등을 이용한 유동가시화 실험 사례

그림 2.5 공기에 의한 차량의 형상 저항

차체 표면에 가까운 공기는 거의 차량 속도로 움직이고 차량에서 멀리 떨어진 공기는 그대로 유지된다. 그 사이에서 공기 분자는 다양한 속도로 유동한다. 두 공기 분자 사이의 속도 차이는 마찰을 일으켜 공기역학적 항력의 두 번째 요인이 된다.

(2) 차량의 항력과 항력계수

외부 기류는 차체에 수직 압력과 전단 응력을 발생시킨다. 일반적으로 공기역학적 특성에 따라 외부 기류의 공기역학적 저항은 압력 항력과 표면 마찰로 알려진 두 가지 구성 요소로 구성된다. 압력에 의한 항력은 차량의 운동에 대해 작용하는 차체의 수직 압력 성분에서 발생한다. 하지만 차체 표면 마찰은 차체 외부 표면에 인접한 경계층의 전단 응력에 의해 발생한다. 두 구성 요소 중 압력 항력은 훨씬 더 크며, 차체 표면처리가 잘된 승용차의 총 외부 공기역학적 저항의 90% 이상을 전단 응력에 의한 항력이 차지한다. 그러나 버스, 트랙터, 트레일러, 기차, 트럭 등과 같이 차체 길이가 긴 차량의 경우에는 차체 표면과 공기와의 마찰이 더 심해질 수 있다. 또한, 차량의 후류에 의한 공기의 운동량이 손실되어 차량에서 발생한 와류에 의해 차량 주위의 압력 차이에 의해 생기는 압력 저항과 마찰에 의한 항력에 발생하고 있다.

$$R_a = \frac{\rho_{air}}{2} C_D A_f V_r^2 \quad \dotso \quad [2\text{-}17]$$

여기서 ρ_{air}는 공기의 밀도, C_D는 항력계수로 앞서 설명한 모든 요소가 포함된 실험값이다. 그리고 주행 방향으로 면적 A_f는 차량의 특성 면적인데 일반적으로 정면(front)에 투영되는 면적을 적용한다. V_r은 주위 공기에 대한 차량 속도이다.

공기역학적 저항은 속도의 제곱에 비례한다. 따라서 공기역학적 저항을 극복하는 데 필요한 동력은 속도의 제곱에 비례한다. 차량의 속도가 2배가 되면, 공기역학적 저항을 극복하는 데 필요한 동력은 4배 증가한다는 의미이다. 또한, 차량이 주행할 때 공기저항력 R_a는 차량의 항력계수 C_D값과 비례 관계에 있다.

일반적으로 항력계수는 〈그림 2.6〉에서 보는 바와 같이 차종과 차량의 형상에 따라서 차이가 있다. 〈그림 2.6〉 ❶에서 보는 바와 같이, 현대차량의 항력계수는 승용차, 승합차, 버스, 트레일러 또는 트럭, 견인식 트레일러로 갈수록 커진다. 따라서 설계에 항력계수를 낮추는 연구가 더 필요할 것이다. 또한, 비슷한 크기의 차량이더라도 〈그림 2.6〉 ❷에서 보는 바와 같이, 차량의 형상이 유선형이면 일반적으로 항력계수가 작다.

대기 조건은 공기의 밀도에 영향을 미치며, 결국 공기역학적 저항에도 영향을 미친다. 예를 들어, 주위 온도가 0℃에서 38℃로 높아지면 공기역학

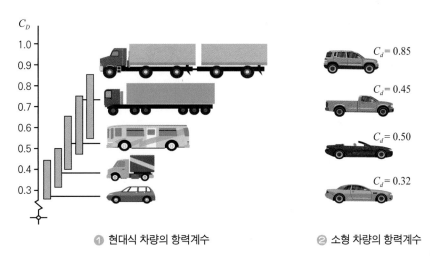

❶ 현대식 차량의 항력계수　　　　　❷ 소형 차량의 항력계수

그림 2.6 차종과 형상에 따른 항력계수 비교

적 저항이 14% 감소하고, 고도가 1,219m 높아지면 공기역학적 저항이 17% 증가한다. 따라서 공기역학적 저항에 대한 주위 대기 조건은 중요한 영향요소이다.

〈그림 2.7〉은 주행 시 차량의 램프, 창문, 지붕의 개방 여부에 따른 항력계수의 변화를 나타낸 그림이다.[8] 그림에서 보는 바와 같이 차량의 운전상태에 따라서 항력계수의 변화가 크게 다름을 알 수 있다. 따라서 공기저항을 줄이려면 주행 시 창문이나 지붕을 닫고 램프와 같은 돌출부가 없는 상태에서 주행해야 한다.

공기역학적 저항은 풍동(wind tunnel) 시험으로 측정할 수 있다. 실제 차량을 풍동에서 측정하려면 대형 풍동이 필요하며 비용이 많이 소요된다. 따라서 공학적으로 상사 법칙(similarity's law)을 적용하여 실제 차량의 축소한 모델로 측정하는 방법을 사용하는 경우가 많다.[9] 이때 실험에 사용하는 풍동시험 장치는 실제 도로주행의 조건과 비슷한 상태에서 공기저항을 측정할 수 있도록 구성되어 있다. 그리고 풍동시험 장치는 축소 모델에 대한 레이놀즈수가 실제 차량의 레이놀즈수 같도록 물리적으로 상사성을 만족해야 한다. 레

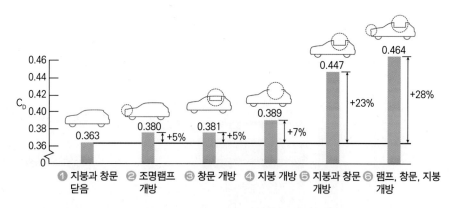

그림 2.7 차량의 작동 조건에 따른 항력계수 비교

8 L.J. Janssen and W.-H. Hucho, "The Effect of Various Parameters on the Aerodynamic Drag of Passenger Cars", in Advances in Road Vehicle Aerodynamics, BHRA Fluid Engineering, Cranfield, England, 1973.

9 https://www.witpress.com/Secure/elibrary/papers/1845640012/1845640012102FU1.pdf

이놀즈수(Reynolds number) Re는 공기의 점성력과 관성력의 비율이며 식 [2-18]과 같다.

$$Re = \frac{\rho_{air} V_{air} L}{\mu_{air}} = \frac{V L_{air}}{\nu_{air}} \dotfill [2\text{-}18]$$

여기서 V_{air}는 공기의 속도, L은 차량의 특성 길이(characteristic length), μ_{air}는 공기의 점성계수, ν_{air}는 공기의 동(動) 점성($=\mu_{air}/\rho_{air}$, kinematic viscosity) 계수이다. 식 [2-18]에서 보는 바와 같이 레이놀즈수는 공기의 동점성에 대한 공기의 유동 속도와 차량의 특성 길이를 곱한 비율이다. 즉, 레이놀즈수는 점성력과 관성력의 비를 뜻하며 이 조건에서 차량의 축소 모델과 실제 차량의 레이놀즈수를 일치시킨 후 풍동시험을 하면 실제 차량의 공기저항을 측정할 수 있다.

2. 양력과 항력의 관계

차량에 작용하는 공기역학적 양력은 차체의 하단에서 상단까지의 압력 차이로 인해 발생한다. 일반적으로 공기역학적 양력은 타이어와 지면의 접촉에 대한 수직 부하를 감소시킨다. 따라서 차량의 성능 특성과 방향 제어 및 안정성에 악영향을 미칠 수 있다. 경주용 차량의 경우 코너링 및 견인 능력을 증가시키기 위해 하향 공기역학적 힘을 생성하는 외부에 스포일러

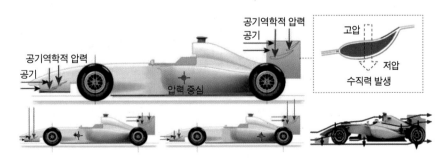

그림 2.8 경주용 차량의 스포일러에 의한 수직력 발생 개념도

(spoiler)를 장착하는 방법을 주로 사용하고 있다. 이를 통해 타이어와 지면의 접촉에 대한 수직 부하를 증가시킨다.

〈그림 2.8〉은 경주용 차량의 공기역학적 수직력과 모멘트의 발생에 대한 개념도이다. 공기는 차량이 주행하는 반대 방향으로 유동하며, 차량의 앞쪽과 뒤쪽에 공기의 속도가 느려지게 하여 아래쪽으로 압력 차이에 의한 수직력을 발생시킨다. 그 결과 압력 중심의 왼쪽과 오른쪽에 작용하는 수직력에 따른 모멘트가 발생하여 동시에 타이어와 지면 사이의 접지력을 증가시킨다. 그림의 왼쪽 아래에서 보는 바와 같이, 차량의 앞쪽이 뒤쪽보다 유속이 느리면 압력이 더 커져서 압력 중심에서 왼쪽으로 모멘트가 작용한다. 즉 앞쪽 타이어가 뒤쪽 타이어보다 접지력이 더 크게 작용하며, 접지력뿐만 아니라 차량의 균형에 영향을 주게 된다. 경주용 차량은 고속주행용 차량이기 때문에 항력보다 접지력을 크게 하도록 설계한다. 하지만 일반 차량은 접지력보다 주행 저항을 감소시킬 수 있도록 스포일러를 장착한다. 따라서 〈그림 2.9〉와 같이 차량의 뒤쪽에 스포일러를 장착하여 후방에 발생하는 저압 영역의 공간은 좁게 하면서 동시에 와류를 감소시켜서 공기에 의한 항력을 감소시키도록 설계한다.

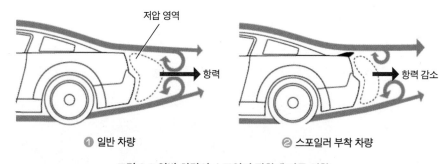

❶ 일반 차량   ❷ 스포일러 부착 차량

그림 2.9 일반 차량의 스포일러 장착에 따른 영향

일반적으로 차량에 작용하는 양력 R_L은 식 [2-19]와 같이 나타낼 수 있다.

$$R_L = \frac{\rho}{2} C_L A_f V_r^2 \quad\text{[2-19]}$$

여기서 C_L은 풍동시험을 통해 얻은 공기역학적 양력 계수이다. 승용차에 대한 C_L은 0.2에서 0.5의 범위로 다양하며, 차량의 형상과 작동 요인에 따라 다르다.[10][11][12]

3. 피칭 모멘트

공기역학적 피칭 모멘트(pitching moment)는 차량의 주행에 영향을 미칠 수 있다. 이 모멘트는 차량에서 발생하는 공기에 의한 항력과 양력에 의해 발생한다. 차량의 속도가 빠르면 한쪽 차축에서 다른 쪽 차축으로 상당한 하중을 전달하여 차량의 성능뿐만 아니라 방향 제어와 안정성에 영향을 준다. 이러한 공기역학적 피칭 모멘트 M_a는 식 [2-20]과 같이 정의하고 있다.

$$M_a = \frac{\rho}{2} C_M A_f L_c V_r^2 \quad \cdots\cdots\cdots\cdots\cdots\cdots\cdots\cdots\cdots\cdots\cdots\cdots\cdots \text{[2-20]}$$

여기서 C_M은 풍동시험으로 얻은 공기역학적 피칭 모멘트의 계수이고, L_c는 차량의 특성 길이인데 주로 축간거리 또는 차량의 전체 길이를 적용하고 있다. 보통 승용차는 축간거리는 특성 길이로 정의하며, C_M은 0.05에서 0.20 사이이다.[13][14][15]

---

10 http://www.me.unm.edu/~kalmoth/windtunnel_lab.pdf

11 https://lupinepublishers.com/mining-mechanical-engineerning/pdf/JOMME.MS.ID.000110.pdf

12 Deressa KK, Sureddy KK "Design and Analysis of a New Rear Spoiler for Su Vehicle Mahindra Bolero Using Cfd." International Research Journal of Engineering and Technology(IRJET) 3(06), pp. 914~924. 2016.

13 http://www-personal.umich.edu/~hpeng/ME542-Lecture1-2pp.pdf

14 https://en.wikipedia.org/wiki/Pitching_moment

15 https://www.euromotor.org/mod/resource/view.php?id=21709&forceview=1

제3절 경사 저항과 도로 저항

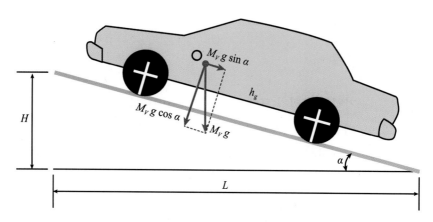

그림 2.10 경사진 도로에서의 차량

차량이 경사면을 오르거나 내려갈 때, 차량의 무게는 〈그림 2.10〉에서 보는 바와 같이 항상 수직 방향으로 작용한다. 이 힘은 차량이 전진하면서 경사로를 올라갈 경우는 운동과 반대 방향으로 작용한다. 하지만 차량이 경사로를 내려갈 경우는 차량의 전진 운동을 도와준다. 따라서 차량의 성능을 분석할 경우, 경사 저항은 오르막 주행만 고려한다. 따라서 차량이 경사로를 올라갈 때 차량의 전진 운동을 방해하는 힘을 경사 저항(grading resistance)이라 한다.[16]

먼저 경사 저항은 〈그림 2.10〉에서 보는 바와 같이, 식 [2-21]과 같이 표현할 수 있다.

$$F_g = M_v g \sin\alpha \quad\text{[2-21]}$$

---

16 Robert G. Brown, "Introductory Physics I Elementary Mechanics", Duke University Physics Department Durham, NC 27708-0305, 2013.

그리고 만일 경사로의 경사각이 작은 도로일 경우는 a는 기울기 값으로 대체된다. 즉 $\tan a = H/L \simeq \sin a$이다. 따라서 타이어 주행 저항과 경사 저항을 합한 저항을 도로 저항(road resistance)이라고 하며, 식 [2-22]와 같이 정의하고 있다.

$$F_{rd} = F_f + F_g = M_v g (f_r \cos a + \sin a) \quad \text{.............................} \quad [2\text{-}22]$$

여기서 도로 저항은 경사로의 경사각이 작은 도로일 경우는 식 [2-23]과 같이 단순화할 수 있다.

$$F_{rd} = F_f + F_g = M_v g [f_r + (H/L)] \quad \text{.............................} \quad [2\text{-}23]$$

제4절 제동 성능과 제동력

차량의 제동 성능(braking performance)은 차량 안전에 영향을 미치는 중요한 요소이다. 시내 주행에서는 제동하는 데 상당한 양의 에너지가 소모된다. 이 때문에 최근에는 전기 차량, 하이브리드차, 연료전지 차량 등과 같은 차량에서 차량을 구동하는데 전기 구동 방식을 더 많이 사용하는 추세이다. 차량의 구동 트레인을 전기화해서 제동 시 손실된 에너지 일부를 회생시킬 수 있다. 이 기술을 회생 제동(regenerative braking)이라 부르고 있다. 회생 제동이 우수한 차량은 에너지 효율성이 높고, 동시에 제동 성능이 우수하다.

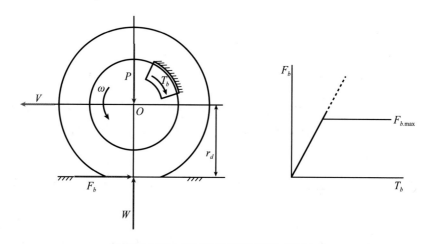

그림 2.11 제동 시 브레이크에 작용하는 힘과 토크

〈그림 2.11〉은 브레이크의 제동 시 휠에 작용하는 힘과 토크를 나타낸 그림이다. 그림에서 브레이크 패드가 브레이크 플레이트에 의해 눌러지면 브레이크 플레이트에 마찰 토크가 발생한다. 그 결과 이 제동 토크는 타이어-지면 접촉 영역에 제동력을 발생시킨다. 차량을 멈추게 하는 것은 제동력 F_b에 의해 가능하다. 이때 제동력은 식 [2-24]와 같다.[17]

---

17 Mehrdad Ehsani etc., "Modern Electric, Hybrid Electric, and Fuel Cell Vehicles", CRC PRES., 2005.

$$F_b = \frac{T_b}{r_d} \quad\text{...}\quad [2\text{-}24]$$

제동력은 제동 토크가 증가함에 따라 증가한다. 하지만 제동력이 타이어 접지 접착력이 지탱할 수 있는 최대 제동력에 도달하면, 〈그림 2.11〉의 오른 쪽 그림에서 보는 바와 같이, 제동 토크가 증가하더라도 제동력은 더 증가 하지 않는다. 타이어 접지 접착력에 의해 제한되는 이 최대 제동력은 식 [2-25]와 같이 나타낼 수 있다.

$$F_{b,\max} = \mu_b W \quad\text{...}\quad [2\text{-}25]$$

여기서 μ_b는 타이어가 지면에 접촉할 때 접착 계수(adhesive coefficient)이다. 이 계수는 타이어의 미끄러짐(slip)에 따라서 달라질 수 있다. 접착 계수는 미 끄러짐이 15~20%에서 최대가 되며 100% 상태에서는 약간 감소하게 된다.[18]

2.2
exercise

〈그림 2.12〉와 같이 대형 전술 차량의 평평한 받침대와 운반 상자 사이의 마찰계수는 0.30이다. 만일 차량이 70km/h의 속도로 주행하다가 일정하 게 감속할 때 운반 상자가 미끄러지지 않으면서 차량이 정지할 수 있는 최소 정지거리는 얼마인가?

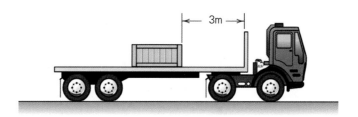

3m

그림 2.12 대형 전술 차량의 운반 상자의 적재 상태

18 Russell C. Hibbeler, "Engineering Mechanics: Dynamics in SI Units(14th Edition)", Pearson Press, 2016.

풀이 운반 상자가 미끄러지지 않으면 운반 상자와 차량의 가속도는 같아야 한다. 그리고 운반 상자가 미끄러지지 않으면 감속할 때 최소 정지거리는 최대 허용값이다.

만일 차량의 주행 방향을 x방향이라 한다면, 이때 작용하는 힘의 합은 식 [2-26]과 같다.

$$\sum F_x = ma_x \; ; \; ma_x = -\mu_s mg \qquad\qquad\qquad\qquad\qquad [2\text{-}26]$$

식 [2-26]으로부터 최소 정지거리는 주행 방향의 가속도 $a_x = -0.3g$이다. 따라서 가속도가 일정할 때 속도와 위치의 관계는 식 [2-27]과 같다.

$$\int_{v_0}^{v_f} v dv = a_x \int_{x_o}^{x_f} dx, \; v_f^2 = v_0^2 + 2a_x(x_f - x_0) \qquad\qquad\qquad [2\text{-}27]$$

이때 최소 정지거리를 계산하려면, 초기 속도와 위치는 각각 $v_c = 70\text{m/s}$, $x_0 = 0\text{m}$, 정지하는 순간의 가속도 $a_x = -0.3g = -2.946\text{m/s}^2$, 그리고 최종 속도 $v_f = 0\text{m/s}$을 적용해야 한다. 따라서 이들 조건을 식 [2-27]에 적용하면 최소 정지거리 $\varDelta S = x_f - x_0$은 식 [2-28]과 같이 계산할 수 있다. 즉,

$$0 = \left(70 \times \frac{10^3}{3600}\right)^2 + 2(-0.2946)\varDelta S \qquad\qquad\qquad\qquad [2\text{-}28]$$

따라서 차량의 최소 정지거리 $\varDelta S$는 64.2m이다.

2.3 exercise

〈예제 2.2〉에서 제시된 중형 전술차량이 50m 거리에서 초기에 70km/h 의 속도에서 일정하게 감속하여 정지하게 되면, 차량에 실린 상자가 3m 떨어진 짐받이 벽에 부딪히는지를 계산하시오. 그리고 상자가 벽에 부딪히면 충돌이 발생할 때 차량의 속도는 얼마인가? 이때 정지 마찰계수 μ_S 0.3이고, 운동마찰계수 μ_k는 0.25이다.

풀이 최소 정지거리 $\varDelta S$가 〈예제 2.2〉에서 계산할 결과 $\varDelta S$는 64.2m이다. 따라서 50m 거리에서 정지한다면 미끄럼 현상 이 발생한다. 이때 가속도와 정지시간을 계산하면 식 [2-29, 30]과 같다. 즉,

$$v_f^2 - v_0^2 = 2a(x_f - x_0) \quad \Rightarrow \quad 0 = \left(70 \times \frac{10^3}{3,600}\right)^2 + 2a_{truck} \times 50 \quad \cdots\cdots [2\text{-}29]$$

식 [2-29]를 풀면, 차량의 가속도 $a_{truck} = -3.781\text{m/s}^2$이다. 또한, 시간과 속도의 관계식은 식 [2-30]과 같으며, 초기조건 $t_0 = 0$이다.

$$v_f = v_0 + a_{truck}(t_{stop} - t_o) \quad \Rightarrow \quad 0 = \left(70 \times \frac{10^3}{3,600}\right) - 3.781 \times t_{stop} \cdots\cdots [2\text{-}30]$$

다음으로 식 [2-30]을 풀면, 차량이 정지할 때까지 소요시간 $t_{stop} = 5.14\mathrm{s}$이다. 한편 마찰력 $F_s = 0.3mg = 2.943m$이고, $F_k = 0.25mg = 2.45m$이다. 이때 차량과 운반 상자가 함께 움직인다고 가정한다면, '차량의 가속도와 운반 상자의 가속도는 같다($a_{truck} = a_b$)'고 가정하면, 질량이 일정함으로 힘의 균형은 $\Sigma F_x = ma_x$이 성립해야 한다. 먼저 차량의 마찰력 F는 식 [2-31]과 같다.

$$-F = m(-3.781) \cdots\cdots\cdots\cdots\cdots\cdots\cdots\cdots\cdots\cdots\cdots\cdots [2\text{-}31]$$

식 [2-31]에서 요구되는 마찰력은 $3.781m > F_s$의 조건을 충족해야 한다. 그리고 이 조건이 충족하지 못하면 운반 상자는 미끄러지게 된다. 다음으로 운반 상자가 미끄러진다면, 마찰력 $F = F_k$가 되며, 식 [2-32]와 같이 나타낼 수 있다. 즉,

$$-F_k = ma_b, \ a_b = -2.45\mathrm{m/s}^2 \cdots\cdots\cdots\cdots\cdots\cdots\cdots\cdots\cdots [2\text{-}32]$$

차량과 운반 상자 사이의 상대가속도 $a_b/a_{truck} = a_b - a_{truck}$이므로 식 [2-33]과 같이 계산할 수 있다.

$$a_b/a_{truck} = -2.45 - (-3.781) = 1.331\mathrm{m/s}^2 \cdots\cdots\cdots\cdots\cdots\cdots [2\text{-}33]$$

한편 운반 상자가 앞쪽으로 미끄러지면서 3m 전방에 있는 벽에 충돌 여부는 차량과 운반 상자의 상대 운동을 계산하면 알 수 있다. 즉, 차량과 운반 상자의 위치와 속도의 관계는 식 [2-34]와 같으므로, 운반 상자가 차량의 벽과 충돌할 시간 t_{strike}를 계산할 수 있다. 즉,

$$x_f = x_0 + v_0(t - t_0) + \frac{1}{2}a(t^2 - t_0^2) \cdots\cdots\cdots\cdots\cdots\cdots\cdots [2\text{-}34]$$

여기서 식 [2-34]에서 최초의 위치, 속도, 시간은 '0'이고, $t = t_{strike}$이다. 따라서 식 [2-35]와 같이 계산할 수 있다.

$$3 = 0 + 0 + \frac{1}{2} \times 1.331 \times (t_{strike}^2 - 0), \ t_{strike} = 2.123\mathrm{s} \ < \ t_{stop} \cdots\cdots [2\text{-}35]$$

끝으로 차량과 운반 상자의 상대 속도 v_b/v_{truck}은 가속도와 속도의 관계식 [2-11]을 사용하여 계산할 수 있다.

즉, $v = v_0 + a(t - t_0)$이므로 $v_b/v_{tuck} = 0 + 1.331 \times 2.123 = 2.826\mathrm{m/s}$이다.

1. 자유 물체도의 개념은 무엇이며, 〈그림 2.1〉에서 차량에 작용하는 힘과 견인력의 관계를 설명하시오. 그리고 견인력을 줄이려면 어떻게 해야 하는가?

2. 신형 전술 차량이 120km/h의 속도로 주행하고 있다. 이 차량은 회전반경이 200m이고 도로변의 횡 경사가 22° 기울어진 커브를 주행하고 있다. 차량에 적재대의 밑면과 질량이 240kg인 운반 상자 사이의 정적 마찰계수는 0.72이다. 이때 운반 상자에 작용하는 마찰력은 몇 kN인가?

3. 차량을 설계할 때 공기역학적으로 고려할 영향요소를 항력, 양력 그리고 차량의 냉각 측면에서 그림을 그려서 설명하시오. 그리고 양력과 항력 측면에서 일반 차량과 경주용 차량의 설계방법의 차이점을 설명하시오.

4. 차량의 항력과 항력계수가 구동력에 미치는 영향을 예를 들어 설명하시오. 그리고 〈그림 2.7〉에서 제시된 차량의 형상과 크기에 따라서 항력계수가 다른 이유를 공기역학적 이론으로 설명하시오.

5. 항력과 항력계수를 정의하고 차량의 항력을 감소시키려면 공기역학적으로 어떻게 어떻게 차량을 설계해야 하는가? 그리고 항력과 차량의 속도와의 관계를 설명하시오.

6. 차량의 경사 저항과 도로 저항을 정의하고 경사 저항은 오르막 도로에서만 적용하는 이유를 설명하시오.

7. 제동 성능과 제동력을 정의하고 지면의 점착 계수에 미치는 영향요소에는 어떤 요소가 있는가?

8. 차량에 스포일러를 장착하는 이유와 이 장치가 항력과 주행 안정성에 미치는 영향을 그림을 그려서 설명하시오. 일반적으로 군용차량에는 스포일러를 장착하지 않고 있다. 그 이유를 공기역학적인 관점에서 설명하시오.

9. 차량의 항력을 측정하기 위한 풍동실험의 원리를 그림을 그려서 설명하고, 레이놀즈수의 물리적 개념과 응용사례를 유체역학적으로 설명하시오.

제3장
내연 기관 차량

제1절 동력원에 따른 차량의 분류

일반적으로 동력 에너지원에 따라서 차량은 내연 기관, 전기차, 플러그인 전기차, 하이브리드차, 연료전지차로 분류할 수 있다. 그리고 이들 차량의 원리와 특성은 다음과 같다.

1. 내연 기관 차량

(1) 차량의 종류 및 특성

내연 기관(ICE, Internal Combustion Engine) 차량은 사용하는 연료의 종류에 따라서 가솔린 차량, 디젤 차량, LPG 차량, CNG 차량 등이 있다. 이 차량은 〈그림 3.1〉에서 보는 바와 같이, 차체(body)와 차대(chassis)로 구성되어 있다. 차체는 사람이 탑승하거나 화물을 적재하는 등 차량의 외형에 해당하는 부분이다. 그리고 차대는 차량의 주행에 필요한 부분을 말하며, 동력 발생장치(엔진), 동력 전달장치(power train), 조향장치, 현가장치, 제동장치, 프레임, 바퀴, 차축 등으로 구성되어 있다. 차대의 구성품은 크게 여섯 가지로 구성되어 있으며 그 기능은 다음과 같다.

첫째, 동력 발생 장치는 차량이 움직이는 데 필요한 동력을 발생시키며 통상 엔진이라고 부르고 있다. 둘째, 동력전달 장치(power train)는 엔진에서

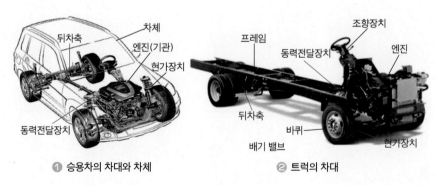

❶ 승용차의 차대와 차체 　　　❷ 트럭의 차대

그림 3.1 차체와 차대의 구성

발생한 동력을 구동축으로 전달하는 장치이다. 셋째, 조향장치는 앞바퀴의 회전축 방향을 조절하여 차량의 진행 방향을 바꾸는 장치이다. 넷째, 제동장치는 운전 속도를 조절하고 제어하거나 차체를 정지시키는 장치이다. 다섯째, 현가장치는 프레임에 바퀴를 고정해 노면의 충격이 차체나 탑승자에게 직접 전해지지 않도록 하는 완충장치로 승차감에 중요한 역할을 한다. 여섯째, 프레임(frame)은 차량의 뼈대이며 차의 골격을 이루고, 외부로부터 전달받은 힘을 지지하는 역할을 하는 구성품이다.

(2) 엔진의 유형 및 특성

내연 기관은 실린더의 배치에 따라서 〈그림 3.2〉와 같은 유형이 있으며, 특성을 살펴보면 다음과 같다.

첫째, 직렬 방식의 엔진에서 실린더는 〈그림 3.2〉 ❶과 같이, 수직 위치에 배열이 되어있으며, 직립형 방식이라고도 한다. 즉, 크랭크축의 방향이 세로 방향으로 되어있다. 이 방식은 일반적인 엔진의 설치 방법으로서, 엔진룸의 양쪽에 여유 공간이 있어서 정비하기가 쉬운 장점이 있다. 둘째, V형 방식은 〈그림 3.2〉 ❷와 같이, 실린더가 V자 모양처럼 배열된 엔진이다. 이 방

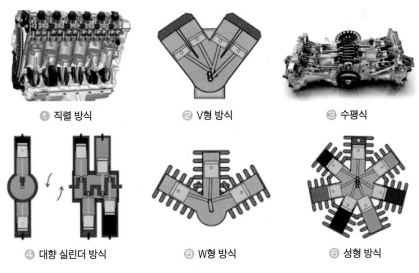

❶ 직렬 방식   ❷ V형 방식   ❸ 수평식

❹ 대향 실린더 방식   ❺ W형 방식   ❻ 성형 방식

그림 3.2 실린더 배치에 따른 엔진의 유형

식은 크랭크축에 전달되는 힘의 균형과 진동이 작은 장점이 있다. 셋째, 수평 방식은 〈그림 3.2〉 ❸과 같이, 실린더를 수평으로 배치하는 방식이다. 이 방식은 엔진의 높이가 낮아서, 바닥 아래 공간에 여유가 없는 차량이나 소형 차량에 적용하고 있다. 넷째, 대향 실린더 방식(opposed cylinder type)은 〈그림 3.2〉 ❹와 같이, 실린더가 서로 반대 위치에 있어서 피스톤과 커넥팅 로드(connecting rod)와 함께 움직이는 방식이다. 그 결과 원활하게 실행되고 균형이 더 잘 잡혀 있으나 엔진의 크기는 크다는 단점이 있다. 다섯째, W형 방식은 〈그림 3.2〉 ❺와 같이, 실린더가 3열로 배열되어 전차나 장갑차 등 대형엔진에 사용하는 12기통과 16기통 엔진에 많이 적용하는 방식이다. 끝으로 성형 방식(radial type)은 〈그림 3.2〉 ❻과 같이, 실린더가 중앙 크랭크축에서 바깥쪽으로 방사되는 왕복식 내연 기관이다. 정면에서 보면 마치 별처럼 보여서 성형 엔진 또는 방사형 엔진이라 한다. 이 방식은 가스터빈 엔진이 개발되기 이전에 항공기 엔진에 많이 사용한 방식이다.

2. 전기식 차량

내연 기관은 화석연료를 사용하기 때문에 작동 시 유해 배기가스가 발생하는 문제가 있다, 이를 해결하기 위해 개발된 차량이 전기식 차량이며, 〈그림 3.3〉에서 보는 바와 같이 전기 차량(BEV, Battery Electric Vehicle)❶, 플러그인 하이브리드차(PHEV, Plug-in Hybrid Electric Vehicle)❷, 하이브리드차(HEV, Hybrid Electric Vehicle)❸, 연료전지 전기차(FCEV, Fuel Cell Electric Vehicle)❹가 있다.[1] 이들 방식의 원리와 특성을 살펴보면 다음과 같다.[2][3][4]

---

1   https://www.omazaki.co.id/system/uploads/2019/09/Artikel-9-BEV-PHEV-HEV-FCEV.jpg

2   https://en.wikipedia.org/wiki/Plug-in_electric_vehicle

3   http://webmanual.hyundai.com/STD_GEN5W/AVNT2/EU/English/pluginhybridelectricvehicle.html

4   http://www.abc.net.au/science/articles/2002/12/20/750598.htm

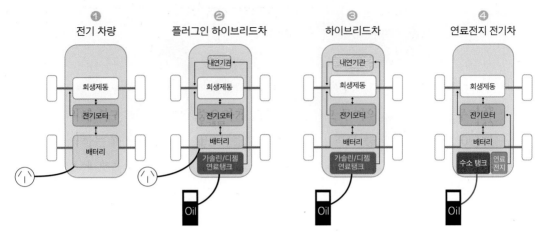

① 전기 차량
회생제동
전기모터
배터리

② 플러그인 하이브리드차
내연기관
회생제동
전기모터
배터리
가솔린/디젤 연료탱크
Oil

③ 하이브리드차
내연기관
회생제동
전기모터
배터리
가솔린/디젤 연료탱크
Oil

④ 연료전지 전기차
회생제동
전기모터
배터리
수소 탱크 연료 전지
Oil

그림 3.3 동력원에 따른 차량 분류

(1) 전기 차량(BEV)

BEV는 주행하기 전에 차량에 탑재된 전기 배터리에 전기를 충전한 후, 저장된 전기에너지로 모터를 구동시켜 주행하는 차량이다. 이 차량은 배터리만 탑재한 전기차와 내연 기관 발전으로 배터리를 충전하고 전기 동력으로만 구동되는 주행거리 연장 전기차(EREV, Extended-Range Electric Vehicle)가 있다. 그 밖에 태양열 집열판을 장착하여 보조 에너지로 활용하는 방식도 있다.

한편 BEV는 내연 기관 차량과 구조와 구성품이 크게 차이가 있다. 하지만 현가장치와 제동장치, 조향장치 등은 비슷하며, 연료전지 차량도 비슷하다. 전기 차량은 이전에는 내연 기관 차량의 차대에 엔진 대신 전기 모터, 배터리, 전력변환장치 등을 탑재하였다. 하지만 2020년대부터 BEV 시장이 급성장하면서 〈그림 3.4〉 ①에서 보는 바와 같이, 전용 플랫폼을 개발하여 차대만 변형시켜 다양한 차종을 생산하고 있다. 이 플랫폼은 실내공간의 활용도와 동력성능이 좋고, 무게 중심이 낮아서 차량의 안정성이 높으며, 하나의 플랫폼으로 다양한 차종을 생산할 수 있는 등 경제성이 우수하다. 또한, 공기조화 장치, 전자 장치 등 통합으로 관리할 수 있는 장점이 있다. 이 플랫폼은 〈그림 3.4〉 ②에서 보는 바와 같이, 차량 내의 전력을 제어하는 통합전력

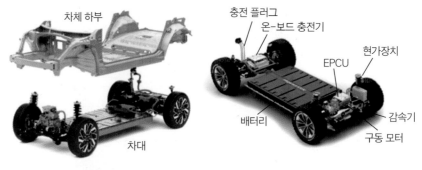

차체 하부

차대

① 전기자동차 전용 플랫폼

충전 플러그

온-보드 충전기

EPCU

현가장치

배터리

감속기

구동 모터

② 플랫폼의 주요 구성품

그림 3.4 전기 차량의 전용 플랫폼

제어장치(EPCU, Electric Power Control Unit), 모터의 특성에 맞게 속도를 조절하는 감속기, 완속 충전 시 교류를 직류 전원으로 변화하는 온-보드 충전기(On Board Charger), 전기에너지를 저장하는 배터리, 동력을 제공하거나 회생 제동 시 발전기의 기능을 하는 구동 모터(전기 모터)가 장착되어 있다.[6]

(2) 플러그인 하이브리드차(PHEV)

PHEV는 전기 모터의 동력으로 구동하는 전기차에 일반 가정에서 충전해 쓸 수 있는 배터리를 장착한 차량이다. 이 차량은 〈그림 3.5〉에서 보는 바와 같이, 전기 콘센트에 플러그를 꽂아 배터리를 충전한 뒤 배터리에서 나오는 전기로 모터를 구동시켜 주행한다. 그리고 전기를 모두 소모하였을 시점에 내연 기관을 구동하여 주행을 계속하는 방식이다.

PHEV는 일반 하이브리드차보다 연비가 높은 장점이 있다. 보통 50~60km까지의 근거리는 내연 기관을 가동하지 않고 배터리에 충전된 전기로 주행이 가능하다. 이 방식은 급속 충전시설이 필요가 없으며, 완속 충전으로도 장거리 주행이 가능하다. 하지만 이 방식은 배터리 기술이 발전하면서 전기차로 대체되고 있다.

---

5 https://www.hyundaimotorgroup.com/Index.hub

6 https://cdn.intechopen.com/pdfs/12061/InTech-Control_of_electric_vehicle.pdf

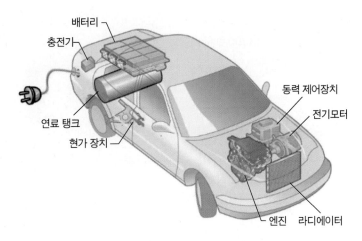

배터리
충전가
연료 탱크
현가 장치
동력 제어장치
전기모터
엔진   라디에이터

그림 3.5 플러그인 하이브리드 차량의 구조

(3) 하이브리드차(HEV)

HEV는 전기, 휘발유 등 두 종류 이상의 동력원을 사용하는 차량이다. HEV는 PHEV와 마찬가지로 엔진에서 나오는 동력을 이용하여 제동 에너지를 회생시켜 배터리에 충전하여 연료 소모량을 줄인다. 그 결과 연료비가 절약되고, 적은 연료를 사용하게 되어 공해 물질을 최대 90%까지 적게 배출하는 환경친화적인 차량이다. 하지만 구조가 복잡하고 무거워서 고장이 나면 수리가 어려운 단점이 있다.

(4) 연료전지 전기차(FCEV)

FCEV는 연료전지로부터 발생하는 전기로 모터를 구동시키는 차량이며, 수소 차량이라고 부르기도 한다. 이 방식은 내연 기관 차량이나 하이브리드차보다 연료 효율과 연료 공급의 편의성, 그리고 주행 시 정숙성 등이 좋다. 특히 수소를 연료로 사용하므로 물 이외에 배기가스가 없는 친환경 차량이다.

이 방식은 〈그림 3.6〉에서 보는 바와 같이, 전기 차량보다 트랙션 배터리(traction battery) 용량은 적다. 대신에 수소 탱크와 연료전지로 구동력을 얻는다. 트랙션 배터리는 차량의 각종 제어장치의 전원을 제공함으로써 연료전

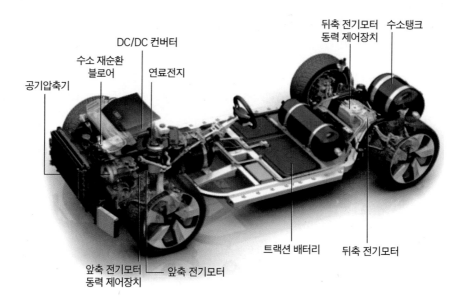

공기압축기

수소 재순환
블로어

DC/DC 컨버터

연료전지

뒤축 전기모터
동력 제어장치

수소탱크

앞축 전기모터
동력 제어장치

앞축 전기모터

트랙션 배터리

뒤축 전기모터

그림 3.6 연료전지 전기차의 전용 플랫폼

지가 작동되지 않아도 차량의 안전에는 문제가 없도록 설계되어 있다. 그 밖에 차량의 구성은 전기 차량과 유사하다.

제2절 가솔린 기관 차량

1. 엔진의 작동원리

〈그림 3.7〉은 4행정 엔진의 주요 구성품과 연소실의 단면을 나타낸 그림 이다. 일반적으로 소형 차량은 4개의 실린더가 장착된 4기통 엔진을 사용하고 있다. 하지만 대형 승용차나 전술 차량이나 장갑차 등은 고출력 엔진을 사용하기 때문에 〈그림 3.7〉 ❶과 같이, 실린더를 V자 형태로 배열한 6기통 엔진이나 8기통, 12기통, 24기통 등 다양한 엔진도 사용한다. 하지만 실린더 기통수와 무관하게 기본적인 작동과정은 같다. 그리고 이들 구성품은 연소실(실린더와 피스톤), 흡기 및 배기장치, 밸브 장치, 기타 등으로 구분할 수 있다.

한편 가솔린 기관의 작동원리는 크랭크축(crank shaft)이 2회전 하면서 피스톤이 4행정으로 이루어져 있다. 이 과정은 단계별로 알아보면 다음과 같다.

첫 번째 단계인 흡기 행정과정(〈그림 3.8〉 ❶)은 외기가 공기 필터(air filter)를 통과하면서 순수 공기만 스로틀 밸브(throttle valve)를 통과한다. 그다음 분사 노즐에서 분사된 연료와 혼합된 혼합공기가 연소실로 흡입된다. 이 과정

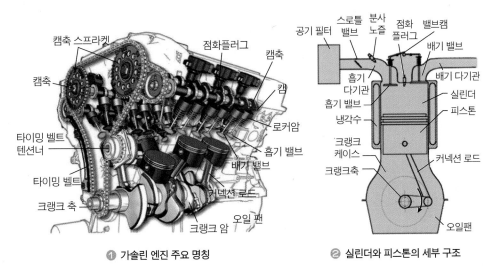

❶ 가솔린 엔진 주요 명칭   ❷ 실린더와 피스톤의 세부 구조

그림 3.7 엔진과 연소실의 구조

혼합공기 **배기가스**

① 흡기　　② 압축　　③ 폭발　　④ 배기

그림 3.8 4행정 가솔린 기관의 작동과정

에서 피스톤이 하강하면서 연료와 공기의 혼합기를 기화기(carburetor)를 통하여 연소실로 흡입한다. 이때 흡입밸브는 열려있고, 배기 밸브는 닫힌 상태이다.

두 번째 단계인 압축 행정과정(〈그림 3.8〉 ②)은 피스톤이 상승하면서 이미 연소실에 흡입된 혼합기를 압축한다. 이때 흡입 및 배기 밸브는 모두 닫힌 상태이다.

세 번째 단계인 폭발 행정과정(〈그림 3.8〉 ③)은 압축된 혼합기에 점화 플러그(spark plug)에 의해 전기불꽃으로 폭발시켜 생성된 가스의 압력으로 피스톤이 하강하면서 동력을 발생시킨다. 이때 역시 흡입 및 배기 밸브는 닫힌 상태이다.

네 번째 단계인 배기 행정과정(〈그림 3.8〉 ④)은 피스톤이 상승하면서 연소가스가 연소실 밖으로 배출된다. 이때 흡입밸브는 닫혀 있고 배기 밸브는 열려있다. 이러한 4단계 작동과정이 하나의 사이클로 반복되면서 작동하는 엔진을 4행정 기관(엔진)이다. 이들 단계를 반복하면서 엔진이 작동하는 원리이다.

2. 엔진의 주요 구성품

(1) 실린더와 피스톤

실린더는 기통(氣筒)이라고도 부르며, 실린더 안에 연료를 공기와 함께 뿜어 넣고 점화·폭발시켜, 그 폭발력으로 피스톤을 움직이는 역할을 한다. 따라서 내열·내식성(耐蝕性)이 요구되며 보통 특수주철이나 알루미늄 합금으로 제작한다. 이 부품은 고열이 되면 냉각을 위해 실린더를 2중으로 하여 그 사이에 냉각수를 흘러보내거나 핀(fin)을 장착하여 방열 표면적을 늘려서 공기로 냉각한다. 그리고 안쪽은 마모를 방지하기 위한 구조이고, 상부는 실린더 헤드를 장치하고, 연료, 공기, 배기의 출입구가 있다.

피스톤(piston)은 실린더 안을 왕복하며, 연소 행정에서 고온·고압의 가스 압력을 받아 커넥팅 로드와 연결된 크랭크축에 회전력을 발생시키는 구성품이다.

피스톤은 〈그림 3.9〉 ❶에서 보는 바와 같이, 여러 개의 구성품으로 결합되어있다. 이들 구성품 중에서 압축 링은 고온·고압의 연소 가스가 실린더와 피스톤 사이의 틈으로 누출되는 것을 방지하는 역할을 한다. 그리고 〈그림 3.9〉 ❷에서 보는 바와 같이, 오일 링(oil ring)은 엔진 오일을 실린더 내

❶ 피스톤과 크랭크축 결합체   ❷ 피스톤의 세부 구조

그림 3.9 피스톤의 세부 구조

벽에 발라서 실린더와 피스톤의 윤활작용을 하는 역할을 한다. 커넥팅 로드(connecting rod)의 소단부(small end)는 피스톤과 연결되어 있다. 그리고 대단부(big end)는 크랭크축에 연결되어 있어서 직선 왕복 운동을 회전 운동으로 전환하게 한다. 이 구성품에서 피스톤과 결합이 되어있는 부분이 소단부, 크랭크축에 결합이 되어있는 부분을 대단부이며, 대단부에 분할형 평 베어링(plain bearing)을 사용한다. 그리고 대단부의 베어링이 커넥팅 로드 베어링이며, 커넥팅 로드의 축 면에 소단부와 대단부가 통하는 엔진 오일 통로가 뚫려 있다.

피스톤 헤드(piston head)는 고온(2,000℃ 이상)의 연소 가스와 40~60kg/cm^{2}에 견디어야 하며, 상부 둘레에는 3~4개의 피스톤 링을 끼워 기밀을 유지하고, 엔진 오일(engine oil)이 연소실로 들어가는 것을 방지하는 기능을 한다. 피스톤은 실린더 내에서 고속 직선 왕복 운동을 반복하여야 하므로, 경량으로 강도가 높고 열에 의한 팽창에 강한 특수주철이나 알루미늄 합금 재질로 되어있다.

(2) 밸브 장치

1 일반 밸브 장치

연소실은 엔진의 성능을 좌우하는 중요한 요소이며 크기와 형상이 중요하다. 그리고 연소실의 형상은 밸브 장치의 위치에 따라 달라진다. 밸브 장치(valve gear)는 엔진 작동 시 흡입, 압축, 폭발, 배기를 원활히 수행할 수 있도록 적절한 시기에 개폐 기능을 하는 구성품이다.

한편 밸브 장치의 설치 위치에 따라 〈그림 3.10〉에서 보는 바와 같이, I형❶, L형❷, T형❸, F형❹ 등이 있다. I형은 오버헤드 밸브(OHV, Over Head Valve) 방식이라고도 하며 가장 많이 사용하는 방식이다. 이 방식은 흡기와 배기 밸브가 실린더 헤드에 설치하는 방식으로 실린더 헤드에 밸브 장치와 점화 플러그, 물재킷, 흡기 및 배기 통로 등이 설치되어 구조적으로 복잡하나 가장 이상적인 연소실 구조이다. 그리하여 열효율 및 체적 효율을 높일 수 있어 출력이 높은 장점이 있다. L형은 흡기와 배기 밸브가 실린더 블록에 설치하는 방식이다. 이 방식은 낮은 압축비에 의한 고효율을 얻기 어렵다. T

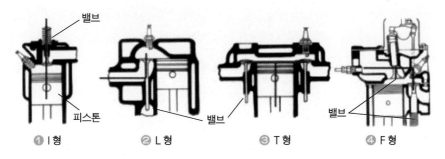

그림 3.10 밸브 장치의 설치 위치에 따른 유형

형은 L형 엔진의 일종으로 대형기관에 사용하는 방식이다. 끝으로 F형은 흡기 밸브는 실린더 헤드에 설치하고 배기 밸브는 실린더 블록에 설치되어 있다. 이 방식은 흡기와 배기 효율은 우수하나 밸브 장치의 구조가 복잡하다.

밸브 장치는 형상과 작동 방식이 다양하다. 밸브 장치의 작동기구는 〈그림 3.11〉에서 보는 바와 같이, 오버헤드 밸브(OHV)형❶, 오버헤드 캠축(OHC, Over Head Camshaft)형❷, DOHC(Double Over Head Camshaft)❸형이 있다.

OHV형은 밸브를 실린더 헤드에 설치하고 캠이 푸시로드와 로커 암을 통해 밸브를 개폐하는 방식이다. 고출력용 디젤 기관에 많이 적용하며, 크랭크축(crank shaft)에서 밸브까지의 힘은 타이밍 기어(timing gear), 캠축(cam shaft), 캠(cam), 푸시로드(push rod), 로커 암(rocker arm), 밸브 순으로 전달하게 되어있다.

그림 3.11 밸브 장치의 작동기구의 종류

OHC형은 SOHC(Single Over Head Cam)이라 부르며, 밸브와 캠축을 실린더 헤드에 설치하는 방식이며, 일반적인 가솔린 기관에 적용하고 있다. 이 방식은 크랭크축에서 밸브까지 힘을 크랭크축의 스프로킷(sprocket), 체인, 캠축의 스프로킷, 캠축, 캠, 로커암, 밸브 순으로 전달하면서 작동하게 되어있다.

DOHC형은 OHC형과 비슷하나 캠축이 두 개로 되어있고, 흡배기 밸브가 각각 2개씩 실린더당 4개가 있다. 이 때문에 흡기와 배기의 효율을 높일 수 있어서 중형 이상 차량에 주로 적용하고 있다.

한편 〈그림 3.11〉 ❶과 같이, 밸브 장치의 구성은 흡기와 배기 밸브, 그리고 이를 제어하는 캠, 캠축, 로커암, 푸시로드, 밸브스프링 등으로 되어있다.

밸브는 포핏(버섯) 밸브(poppet valve), 슬리브 밸브(sleeve valve), 회전형(rotary valve), 포트(port)형 등이 있으며, 포핏 밸브를 가장 많이 사용하고 있다. 그리고 엔진의 출력은 밸브 헤드의 지름의 크기와 밀접한 관계가 있다. 일반적으로 밸브 지름이 큰 엔진이 흡기와 배기 효율이 높다. 하지만 배기 밸브는 냉각이 곤란하므로 흡기 밸브보다 밸브의 지름을 작게 하고 있다.

밸브 스템(valve stem)은 밸브가이드와 같이 밸브의 정확한 운동을 할 수 있게 유지하며 밸브 헤드의 열을 밸브가이드로 전달하는 구성품이다. 이들 구성품은 다음과 같다.

밸브 시트(valve seat)는 밸브 페이스와 접촉하여 연소 가스가 누출되는 것을 방지하는 기밀작용과 밸브 헤드의 열을 실린더 헤드로 전달하는 작용을 하며 항시 밸브 페이스의 충격을 받으므로 이에 견딜 수 있는 충분한 경도가 필요하다. 밸브 시트는 밸브 페이스의 열팽창을 고려하여 간섭 각도를 둔다. 이는 엔진이 정상적인 작동온도에 도달하면 밸브 페이스가 팽창하여 밸브 시트와 완전하게 밀착이 될 수 있도록 한다. 또한, 밸브 시트 면이 넓으면 냉각 효과는 좋으나 접촉 압력이 낮아 블로 바이(blow-by) 현상이 발생하며, 밸브 시트 면이 좁으면 냉각 효과는 저하되나 블로 바이 현상이 발생하지 않는다. 이 현상은 압축 행정시 실린더 벽과 피스톤 사이의 틈새로 미량의 혼합가스가 새어 나오는 현상이다. 실린더 벽과 피스톤 사이의 틈을 없앨 수는 없어서 모든 차량에서 발생한다. 다만 이러한 틈새를 최소화하기 위하여 피스톤 링과 엔진 오일에 의해 최대한 밀봉을 하도록 설계되어 있다.

푸시로드는 OHV 방식에 사용되는 부품으로 밸브 리프터(valve lifter)와 로커암을 연결하는 긴 막대로 캠에 의한 밸브 리프터의 상하 운동을 로커암에 전달하는 기능이 있다.

밸브 리프터는 밸브 태핏(valve tappet)이라고도 하며, 캠축의 회전운동을 상하 운동으로 변환시키는 역할을 한다. 이 구성품은 기계식과 유압식이 있다. 먼저 기계식은 캠축이 실린더 블록에 장착된 OHV형 엔진에 주로 적용하고 있다. 이 방식은 캠축의 회전운동을 상하 직선운동으로 변환시켜 푸시로드 또는 밸브에 전달하는 방식이다. 따라서 열팽창을 고려하여 밸브 간극이 있어야 하며, 캠과 접촉면의 편마모를 방지하기 위해서 밸브 리프터와 캠의 중심에 오프셋(off-set)을 두어 접촉면이 계속해서 바뀌게 하는 방식이다. 다음으로 유압식은 엔진의 윤활장치에서 공급되는 오일의 유압을 이용한 방식이다. 이 방식은 항상 밸브 간극을 '0'으로 유지할 수 있어서 밸브의 간극을 조정할 필요가 없다. 따라서 정비의 간소화가 가능하고 작동 중 온도변화에 따른 밸브의 소음과 진동이 적다. 한편 엔진의 작동 중 밸브 기구의 열에 의한 팽창을 고려하여 밸브 간극을 둔다. 밸브 간극은 로커암과 밸브 스템 사이의 간극을 말하며, 밸브의 개폐 시기에 큰 영향을 주기 때문에 항상 온도에 따라 적절한 간극을 유지하여야 한다. 보통 밸브의 간극은 흡기 밸브보다 배기 밸브의 간극을 크게 한다. 그 이유는 배기 밸브는 연소실 내에서 항상 고온에 노출이 되기 때문이다. 만일 밸브 간극이 크면, 밸브 개폐 시간이 짧아 충분한 혼합공기의 유입과 연소 가스의 배출이 잘되지 않아 엔진의 출력이 감소하고 밸브 기구의 충격에 의한 마멸과 소음 발생의 원인이 된다. 반면에 밸브 간극이 작은 경우에는 열팽창으로 밸브 시트와 밸브 면의 접촉이 불량하게 되어 연소 가스의 누설로 인한 엔진 출력이 감소하게 된다.

밸브스프링은 캠의 형상에 따라 밸브가 정확하게 작동하도록 한다. 압축 및 폭발행정에서는 밸브 페이스와 밸브 시트를 밀착시켜 기밀을 유지한다. 밸브스프링은 스프링 강을 원형으로 감은 코일형을 사용하며 가혹한 조건에서 사용되기 때문에 적당한 탄성을 갖고 있어야 한다. 밸브스프링 장력이 규정보다 클 때는 밸브개방 시 큰 힘이 필요하므로 출력의 손실이 따르고, 밸브를 닫을 때는 시트 면에 밀착성이 좋아 기밀 유지가 좋다. 하지만 충격에 의한 마모가 빠르게 진행된다. 한편 밸브스프링 장력이 규정보다 작을 때는 밸브 면과 밸브 시트의 밀착성이 떨어져 연소 가스의 누설에 따른 엔진 출력이 저하되며 밸브의 서징(surging) 현상이 발생할 가능성이 크다.

② 가변식 밸브 장치

최근에는 로커암이 없이 캠축이 밸브를 직접 제어하는 방식을 많이 사용하고 있다. 또한, 〈그림 3.12〉에서 보는 바와 같이, 엔진의 회전속도에 따라서 밸브의 개폐 속도를 변경할 수 있는 가변식 밸브 장치를 적용하는 엔진도 개발되었다. 이는 그림과 같이 캠의 편심을 변경하여 흡입구와 배기구의 유로 단면을 조절하는 방식이다.

한편 오늘날 엔진에 사용하고 있는 밸브의 특성은 다음과 같다. 먼저 흡기 밸브(intake valve)는 공기와 연료의 혼합공기를 실린더 속으로 들어가도록 열리는 밸브이다. 이 밸브는 혼합공기가 통과하면서 계속 냉각되지만 약 500℃ 정도까지 가열된다. 이 때문에 주로 크롬-실리콘-강철의 단일 금속으로 제작한다. 그리고 밸브의 면(face)과 스템(stem) 등 구성품을 경화 처리하여 내마멸성을 높인 부품이다. 다음으로 배기 밸브(exhaust valve)는 연소 가스

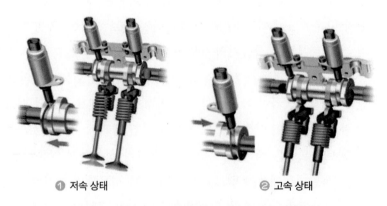

❶ 저속 상태　　　　　❷ 고속 상태

그림 3.12 엔진 속도와 연동된 가변식 밸브의 작동원리

를 실린더 밖으로 나가도록 열리는 밸브이다. 이 밸브는 고온의 열부하(헤드에서 약 900℃까지)와 화학적 부식에 노출되므로 주로 밸브의 헤드는 내열성과 내부식성(non-corrosion), 그리고 산화물층(scale) 형성에 대한 저항성(non-scaling property)이 강한 크롬-망간-강으로 제작한다. 그리고 크롬-망간-강철은 경화시킬 수 없고 열전도율이 낮다. 따라서 밸브 스템은 경화 처리가 가능한 크롬-실리콘-강철로 제작하고 있다.

한편, 밸브스프링은 서징 현상이 발생하지 않도록 해야 한다. 서징 현상이란 밸브가 캠에 의하여 약 7,000회 이상 개폐하는 경우에 밸브스프링의 고유(자유)진동과 같거나 그 정수배일 때 발생하는 현상이다. 캠에 의한 강제 진동과 밸브스프링 자체의 고유진동 때문에 공진현상이 발생하면 캠에 의한 작동과 관계없이 진동이 발생하여 밸브 개폐가 불안정하며 스프링 일부에 손상이 발생한다. 서징 현상을 방지하기 위해서는 고유진동수가 서로 다른 이중 스프링(double spring)을 사용하여 공진을 상쇄시키도록 설계할 필요가 있다.

(3) 타이밍벨트

타이밍벨트(timing belt)는 〈그림 3.13〉 ❶에서 보는 바와 같이, 크랭크축에 장착된 타이밍 기어와 캠축에 장착된 타이밍 기어를 연결해 캠축을 회전시키는 역할을 한다. 그리고 흡입 공기와 연료의 혼합기가 연소할 때 배기가스

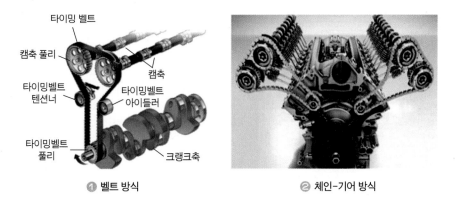

❶ 벨트 방식　　　　　　　❷ 체인-기어 방식

그림 3.13 타이밍벨트의 종류와 구성

의 흡입·배기가 잘 이루어지도록 크랭크축의 회전에 따라 일정한 각도를 유지하며, 밸브의 열림과 닫힘을 가능하게 하는 캠축을 회전시키는 구성품이다. 또한, 이 구성품은 오일펌프(oil pump)와 같은 보조기기를 구동시킨다. 종류는 고무벨트 또는 〈그림 3.13〉 ❷와 같이 체인-기어 방식이 있다.

3. 점화 장치

가솔린 기관의 점화 장치는 〈그림 3.14〉와 같이, 배터리 점화(battery ignition)방식과 축전기 점화(capacitor discharge ignition)방식이 있다. 먼저 배터리 점화방식은 배터리 전원에서 공급된 전력으로 점화코일에서 고전압을 발생시킨다. 그리고 고전압 전력이 공급된 점화 플러그에서 스파크를 발생시켜 연소실에 있는 고압의 혼합공기를 폭발시키는 장치이다. 이때 배전기에는 단속기(contact breaker)가 있어서 전기회로의 접점을 단속시켜 고압 전류를 유도하여 발생시키는 장치이다. 회전자(rotor)는 캠축의 회전력으로 회전시켜 각각의 실린더에 설치된 점화 플러그에 교대로 고전압 전기를 연결하는 역할을 하는 구성품이다.

축전기 점화방식은 발생시킨 전력이 축전기에 전기장(electric field)의 형태

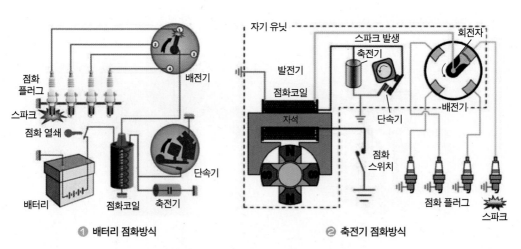

❶ 배터리 점화방식　　　　❷ 축전기 점화방식

그림 3.14 가솔린 기관의 점화 장치

로 저장된다. 축전기에 1차 전류가 축전이 되면 전기장이 형성되어 고전압 전기가 발생한다. 따라서 이 전기를 배전기에 연결하여 순차적으로 점화플러그에 전기를 분배하는 방식이다. 축전기 점화방식은 세부적으로 구분하면, 코일 점화 장치, 트랜지스터 점화 장치, 전자 점화 장치, 무(無)배전기 점화(distributor less ignition) 장치 등이 있다.

(1) 점화 플러그

점화 플러그(spark plug)의 작동과정과 구조는 〈그림 3.15〉에서 보는 바와 같다. 점화 플러그는 점화코일에서 발생한 고전압의 전류에 의한 불꽃 방전으로 압축된 혼합기에 점화시키는 기능이 있다.

이 구성품은 외기온도와 비슷한 혼합기에 접촉 후 순간적으로 2,000℃ 이상의 연소 가스에 노출되고, 2만 Volt 이상 고전압으로 강한 불꽃을 발생시켜야 하는 엔진에서 가장 가혹한 조건에 노출되는 부품이다. 일반적으로 전극의 재질에 따라서 백금(platinum) 점화 플러그, 이리듐(iridium) 점화 플러그 등이 있다.

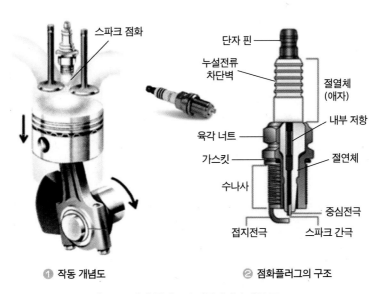

❶ 작동 개념도　　　　❷ 점화플러그의 구조

그림 3.15 점화 플러그의 작동개념과 세부 구조

(2) 점화코일

점화코일은 〈그림 3.16〉 ①에서 보는 바와 같이, 배터리 전원으로 점화 플러그에 고전압 전기를 인가시켜 고전압 전기를 발생시키는 장치이다. 점 화코일은 〈그림 3.16〉 ②에서 보는 바와 같이, 철심에 1차 코일과 2차 코일을 감아서 용기(case)에 넣은 후 절연체로 절연시킨 구조로 되어있다. 절연체는 점화코일이 작동할 때 발생하는 전열(heat transfer)을 차단하는 역할을 한다.

점화코일은 1차 코일에서의 자기유도(self induction) 작용과 2차 코일에서 의 상호유도(mutual induction) 작용을 이용하여 고압 전류를 발생시키게 된다. 여기서 자기유도 작용은 코일에 흐르는 전류를 단속하면, 코일에 유도 전압 이 발생하는 작용을 말한다. 그리고 상호유도 작용은 하나의 전기회로에 자 력선의 변화가 생겼을 때 그 변화를 방해하려고 다른 전기회로에 기전력이 발생하는 작용이다.

일반적으로 1차 코일에 흐르는 전류를 단속하면 배터리에서 나오는 저 전압(일반적으로 12Volt)에서 코일의 자기유도 작용으로 약 300Volt 정도의 전 압이 발생한다. 그리고 이 전압으로부터 2차 코일에 상호유도 작용으로 인 해 고전압(1~3만Volt, 차종에 따라 다름)이 발생한다.

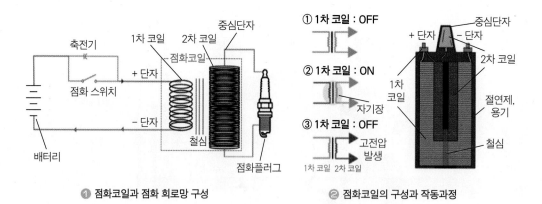

① 점화코일과 점화 회로망 구성   ② 점화코일의 구성과 작동과정

그림 3.16 점화코일의 구성과 작동원리

4. 기화장치

기화장치는 일반적으로 기화기(carburettor)라고도 부르고 있다. 이 장치는 연료를 미립자로 만들어 공기와 혼합시켜 기화하기 쉽게 하여 엔진의 운전 상태에 따라 적절한 혼합가스를 공급하는 장치이다. 이 장치는 분사 방식에 따라서 간접 분사식과 직접 분사식이 있다.

(1) 간접 분사식

1 플로팅 방식

이 방식은 〈그림 3.17〉 ❶에서 보는 바와 같이, 초크 밸브를 통하여 흡입 되는 공기 통로에 벤투리라는 가는 관을 두어 공기가 빠른 속도로 유동하 면서 적정량의 연료를 빨아들인다. 동시에 스로틀 밸브가 있어 혼합가스의 유량을 조절할 수 있다.[7] 이 장치는 크게 연료를 공급하는 플로트 챔버(float chamber), 그리고 작동기구, 계량 및 공회전 장치, 초크와 스로틀 밸브(choke

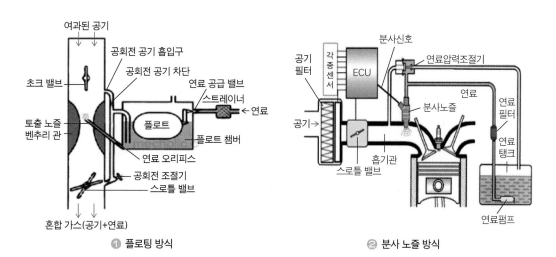

❶ 플로팅 방식   ❷ 분사 노즐 방식

그림 3.17 기화기의 종류와 작동원리

---

7 https://www.mecholic.com/2018/09/essential-parts-of-modern-carburetor.html

and throttle valve)로 구성이 되어있다. 이 장치의 작동원리는 세부적으로 알아보면 다음과 같다.

첫째, 플로트 챔버와 플로트 작동기구는 기화기의 연료 공급용 챔버(연료 탱크)를 말한다. 플로트 챔버는 일정한 압력에서 연료를 노즐로 공급한다. 플로트 챔버는 연료 공급용 챔버에서 일정한 수준의 연료를 유지하도록 설계되어 있다. 그리고 연료 레벨(fuel level)은 엔진이 작동하지 않을 때 연료가 넘치지 않도록 연료 배출 노즐 끝보다 약간 아래에 있다. 플로트 챔버에 있는 연료 공급 밸브는 플로트 작동기구에 의해 조절된다. 플로트 밸브 작동기구에는 플로트와 연료 공급 밸브 그리고 피벗(pivot)이 있다. 연료가 챔버로 유입되면 플로트가 올라간다. 플로트의 움직임은 연료 공급 밸브를 작동시킨다. 일정 수준의 연료에서 플로트 작동기구는 연료 공급을 완전히 차단한다. 연료가 기화기의 벤투리관(venturi tube)으로 유동하면 챔버의 연료 레벨이 감소하고 플로트도 내려간다. 플로트가 아래쪽으로 이동하면 연료 공급 밸브가 열리고 연료가 챔버로 유입이 된다.

둘째, 계량 및 공회전 장치(main metering and idling system)는 정속 주행이나 최대 속도로 작동할 때 완전 스로틀 작동을 위한 연료 공급을 제어한다. 이 장치는 연료 배출 노즐의 한쪽 끝에 있는 연료계량 오리피스와 연료 배출 노즐, 그리고 공회전 장치로 구성이 되어있다. 연료계량 장치는 공기와 연료의 혼합비율, 토출 노즐(discharge nozzle)의 압력을 낮추거나 완전(full) 스로틀에서 공기 흐름을 제어하는 기능이 있다.

셋째, 공회전 장치는 엔진이 매우 저속으로 작동 중에 스로틀이 닫히거나 약간 열린 위치에 있게 한다. 매우 적은 양의 공기가 공회전 중에 노즐을 통과하므로 연료 토출 노즐 전체에 압력 강하가 거의 발생하지 않는다. 이 압력 강하는 플로트 챔버에서 연료를 흡입하기에 충분하지 않다. 공회전 중에 충분한 혼합물을 공급하기 위해 대부분의 최신 기화기는 공회전 기구가 있다. 〈그림 3.17〉❶ 중앙에서 보는 바와 같이, 공회전 연료 통로와 공회전 포트(port)로 구성이 되어있다. 공회전 운전에서 흡입 행정은 스로틀의 하류쪽 압력을 감소시킨다. 이 압력 강하는 공회전 관의 연료를 상승시키고 공회전 토출구를 통해 배출하기에 충분하다. 소량의 공기도 공회전 공기 배출을 통해 흡입되고 공회전 통로를 통과할 때 연료와 공기가 혼합되며, 이때 기화 및 분무 작용이 생긴다. 공회전을 위해 원하는 공연비를 조절하고 유지하기 위해 약간의 공회전 조정이 있을 것이다.

넷째, 차량을 장기간 정지 상태로 유지하거나 겨울철 엔진 시동을 걸면 약간의 어려움이 있을 수 있다. 시동 시 및 초저속 주행 엔진에는 연소를 시작하고 유지하기 위해 충분한 공기-연료 혼합물이 필요하다. 이를 위해 초크 밸브가 사용된다. 초크 밸브를 수동으로 당기면 각도를 회전시켜 엔진 실린더로의 공기 흐름을 제한하여 충분한 공기-연료 혼합물을 공급한다. 일반적으로 초크 밸브는 기화기의 상류에 장착된 버터플라이 밸브(butterfly valve)이다. 초크 밸브가 부분적으로 닫히면 기화기 내부에서 더 높은 부분 진공이 생성되어 주 배출 노즐에서 나오는 연료 흐름의 양이 증가한다. 초크 밸브를 열면 기화기의 정상작동이 복원된다.

끝으로 스로틀은 엔진 속도를 제어하는 주 밸브이다. 이 밸브는 가속기와 기계적으로 연결하거나 공압식을 사용하여 작동한다. 스로틀 밸브는 실린더로 들어가는 혼합기의 유량을 조절한다. 스로틀 밸브가 많이 열릴수록 더 많은 공기-연료 혼합물이 엔진 실린더로 유입되어 엔진 출력이 증가한다. 스로틀이 부분적으로 닫히면 엔진으로의 충전 흐름에 더 많은 방해가 발생하고 엔진 출력이 감소할 것이다.

② 분사 노즐 방식

이 방식은 〈그림 3.17〉 ②에서 보는 바와 같이 차량의 전자 제어유닛으로 공기와 연료의 유량을 실시간 제어하는 방식으로 기계식보다 혼합공기를 정밀하게 제어할 수 있다. 그 결과 연비를 높고 엔진 출력을 빠르게 조절할 수 있는 장점이 있다.

(2) 직접 분사식[8]

직접 분사식 가솔린 기관(GDI, Gasoline Direct Injection)은 연료의 정밀 제어가 어려운 기화기의 대안으로 가솔린 기관에 연료를 분사하는 장치이다. 대표적인 사례가 〈그림 3.18〉 ❶에서 보는 바와 같다. 이 방식은 1898년 독일의 Deutz 회사가 등유를 사용하는 엔진에 최초로 적용하였다. 하지만 항공기 엔진이나 2행정 엔진 등 다양한 시도는 있었으나 기술적 한계로 기화기를 이용한 방식을 사용해 왔다. 이후 직접 분사 방식의 4행정 가솔린 기관은 1955년 독일의 벤츠 회사가 개발한 스포츠카 300SL 엔진이며, 직접 분사 방식의 표준으로 적용되었다. 한편 차량 산업의 획기적인 확장으로 인한 환경오염의 문제로 직접 분사 방식이 채택되기 시작하였다.

이 방식은 원래 디젤 기관에서 쓰이는 기술로 연료를 흡기구가 아닌 실린더 내로 직접 분사해 연소시키는 엔진형식이었다. 즉 디젤과 가솔린 기관의 장점만을 모은 것으로 가솔린 연료를 사용하면서도 연료를 직접 연소실에 분사해 초-희박 연소(ultra lean-burn) 연소를 함으로써 연비와 출력을 동시에 향상한 엔진이다. 여기서 희박 연소는 이론 공연비 14.7 : 1에 대해 희박 혼합비 16 : 1 이상을 말한다. 희박 혼합공기를 완전 연소시키면 공기의 비

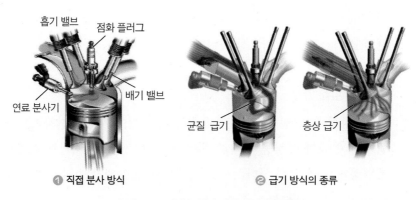

흡기 밸브
점화 플러그
연료 분사기
배기 밸브
균질 급기
층상 급기

❶ 직접 분사 방식   ❷ 급기 방식의 종류

그림 3.18 직접 분사식 엔진의 구조와 종류

---

8   https://www.intechopen.com/books/advances-in-internal-combustion-engines-and-fuel-tech-nologies/combustion-process-in-the-spark-ignition-engine-with-dual-injection-system

율이 크기 때문에 일산화탄소(CO)나 탄화수소(HC) 가스 발생이 적다. 그리고 최고 연소온도도 높아지지 않는다. 그리하여 질소산화물(NO_x) 발생은 감소하면서도 연비는 오히려 증가하게 된다. 희박 연소 방식은 보통 농후 연소 방식보다 출력이 낮다.

한편 희박 연소를 시키기 위한 혼합공기의 공급 방식은 〈그림 3.18〉 ❷와 같이, 균질 급기(homogeneous charge) 방식과 층상 급기(stratified charge) 방식이 있다. 이들 방식은 희박 혼합공기를 공급하고 이것을 쉽게 연소시키는 방식 중 하나이다. 이 방식은 점화 플러그 부근의 예연소실(pre-combustion chamber)에 희박 혼합공기와 별도로 약간 진한 혼합공기를 공급하고, 이것을 점화시켜 연소실(main combustion chamber)의 희박 혼합공기를 확실히 연소시키는 방식이다.

한편 GDI 엔진은 하나의 장치에 점화 장치와 통합되어 있으며, 가변식 밸브와 배기가스 재순환 장치도 동시에 제어할 수 있도록 설계되어 있다. 엔진의 전자 제어 장치는 ABS, 트랙션 제어, 전자 안정성 프로그램과 같은 다른 제어 모듈과 네트워크로 연결되어 있다. 최근에 개발된 GDI 엔진은 각 실린더에 대해 두 개의 연료 분사기(fuel injector)로 연료를 분사하는 방식으로 엔진의 성능을 높이고 연료 소비를 줄이는 방식을 적용하고 있다.

5. 배기가스 저감장치

(1) 3원 촉매장치[9]

3원 촉매장치(3 way catalytic converter)는 〈그림 3.19〉와 같은 구조로 되어있다. 촉매반응이 일어나는 반응조(monolith)는 세라믹, 산화알루미늄(Al_2O_3), 산화 세슘(CeO_2) 및 산화 지르코니아(ZrO_2) 등을 사용하고 있다. 그리고 이 반응기의 표면에 코팅시키는 촉매 물질은 백금(Pt), 팔라듐(Pd) 및 로듐(Rh) 등의 물질을 사용하고 있다.

9　https://roosystems.com.au/4wd-services/diesel-oxidation-catalysts/

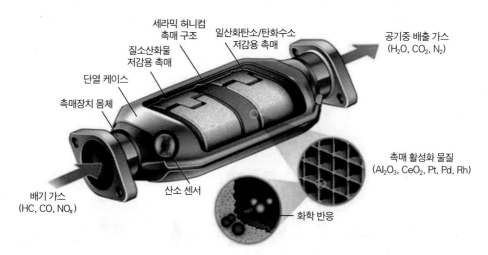

그림 3.19 가솔린 기관의 3원 촉매장치의 구조와 작동원리

이 장치의 작동원리는 휘발유의 불완전 연소 과정에서 발생하는 배기가스 중에서 독성 물질인 탄화수소, 일산화탄소, 질소산화물을 촉매 활성화 물질로 촉매작용을 시켜 독성이 없는 물, 이산화탄소, 질소로 변화시켜 공기중으로 배출하는 장치이다. 이때 촉매 물질에 의한 화학적 반응은 식 [3-1, 2, 3]과 같다.

$$CO + \frac{1}{2}O_2 \rightarrow CO_2 \quad\cdots\cdots\cdots\cdots\cdots\cdots\cdots\cdots\cdots\cdots\cdots\cdots\cdots\cdots\cdots \text{[3-1]}$$

$$C_4H_2 + 3O_2 \rightarrow 2CO_2 + 2H_2O \quad\cdots\cdots\cdots\cdots\cdots\cdots\cdots\cdots\cdots\cdots \text{[3-2]}$$

$$CO + NO_x \rightarrow CO_2 + N_2 \quad\cdots\cdots\cdots\cdots\cdots\cdots\cdots\cdots\cdots\cdots\cdots\cdots \text{[3-3]}$$

(2) 블로-바이 가스 제어

블로-바이 가스 제어(blow-by gas control)장치의 구성은 〈그림 3.20〉과 같이 되어있다. 이 장치는 흡기 다기관의 진공도가 높으면 PCV 밸브(positive crankcase ventilation valve)가 개방되고 낮으면 닫힌다. 그리고 PCV가 개방되면 블로-바이 가스는 흡입과정에서 발생하는 부압에 의해 연소실에 유입되어 외부 공기와 혼합하여 연소한다. 그 결과 블로-바이 가스(blow-by gas)의 외부

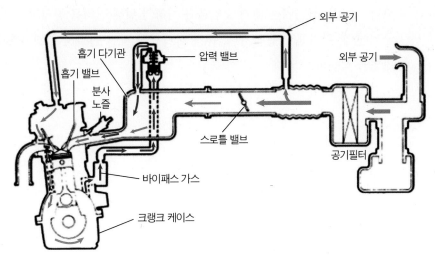

외부 공기

흡기 다기관   압력 밸브

흡기 밸브   외부 공기

분사
노즐

스로틀 밸브

공기필터

바이패스 가스

크랭크 케이스

그림 3.20 블로-바이 가스 제어장치의 구성도

배출량을 줄여서 대기 오염을 줄이는 배기가스 저감장치 중 하나이다. 그림에서 보는 바와 같이, PCV 밸브는 크랭크 케이스(crank case) 내의 배출 가스 제어 장치 중의 한 부품이면서 공기의 유량을 조정하는 밸브이다. 이 밸브는 실린더 헤드 커버 또는 크랭크 케이스로부터 나오게 한 블로-바이 가스를 공기 필터와 흡입관 상류부로 환원하는 역할을 한다.

블로-바이 가스는 압축 행정시 피스톤과 실린더 사이의 틈새로 새어 나오는 미량의 혼합공기(공기+연료)를 말한다. 이러한 틈새를 최소화하기 위하여 피스톤 링과 엔진 오일이 밀봉기능을 담당하고 있으나 엔진 오일이 오래되면 점도가 낮아져 실린더 벽에 달라붙지 못하고 흘러내린다. 그 결과 피스톤과 실린더 벽 사이가 벌어지거나 공기 필터를 통하여 유입된 먼지를 포함한 이물질로 인하여 실린더 벽이 마모되면 그 틈새로 이러한 현상, 즉 블로-바이 현상(또는 crankcase emission)이 가속화될 수도 있다. 일반적으로 블로-바이 가스의 성분은 70~95%가 미연소된 탄화수소이고, 나머지는 연소 가스와 일부 산화된 혼합공기와 미량의 엔진 오일 등으로 구성이 되어있다. 이 가스가 크랭크 케이스 안쪽에 체류하면 엔진 내부가 부식되고 엔진 오일이 빠지기 때문에 기존에는 크랭크 케이스의 환기를 위해 대기 중으로 방출하였다. 하지만 최근에는 대기 오염을 방지하기 위해 필터를 통하지 않고 흡입구의 중간 위치에 연결하거나, 흡기 다기관에 직접 연결하여 재연소시키는 방법을 적용하고 있다.

제3절 디젤 기관 차량

1. 엔진의 구조와 작동원리

1892년 Diesel이 처음 만든 압축 점화 기관이다. 작동과정은 〈그림 3.21〉에서 보는 바와 같이, 실린더에 공기만 흡입(❶)하여 즉시 연소할 정도의 고온이 되도록 압축(❷)하고, 실린더 헤드에 있는 연료 분사 밸브에서 적당량의 디젤 연료를 미립 상태로 분사하여 자연 발화시켜 연소(❸)시킨 후 연소 가스를 배기(❹)시키는 엔진이다. 따라서 단열 압축으로 공기를 고온 상태로 만들기 때문에 압축비는 가솔린 기관보다 높으며, 보통 15~25 정도이다.

전술 차량, 장갑차, 전차 등 기동장비에 사용되고 있는 디젤 기관은 주로 4 사이클이 사용되며, 실린더 수는 4~12기통이 많고, 연료는 경유이다. 하지만 대형 선박용은 2 사이클 엔진이 많이 사용하며, 실린더 수는 6~10개이고, 사용 연료는 중유를 사용하는 경우가 많다.[10]

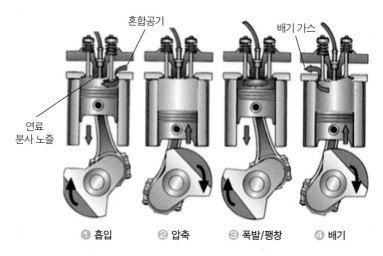

혼합공기　　　배기 가스

연료
분사 노즐

❶ 흡입　　❷ 압축　　❸ 폭발/팽창　　❹ 배기

그림 3.21 디젤엔진의 작동과정

---

10 http://www.ystinjectors.com/pic/other/2019-03-31-23-21-238.jpg

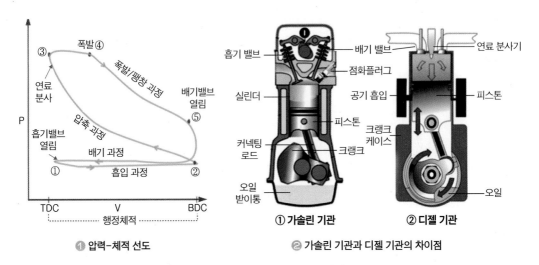

① 압력–체적 선도

② 가솔린 기관과 디젤 기관의 차이점

그림 3.22 디젤엔진 사이클과 엔진의 구조

한편 디젤 기관이 작동할 때 연소실 압력과 체적의 관계는 〈그림 3.22〉 ①에서 보는 바와 같다. 가솔린 기관과 다르게 단열 압축과정 후 점 ③부터 연소실에 연료가 분사되어 폭발이 시작하는 점 ④까지 압력은 거의 일정한 상태가 된다. 폭발 후에는 단열 팽창과정에서 점 ⑤부터 배기 밸브가 열리면서 점 ①까지 연소 가스가 연소실 밖으로 방출된다. 이어서 점 ②까지 연소실 압력이 진공상태가 되면서 공기를 흡입하여 다시 단열 압축과정이 이어지면서 사이클이 반복하는데 이것이 디젤 사이클이다.

따라서 디젤 기관은 〈그림 3.22〉 ②와 같이 구조적인 차이점이 있다. 가솔린 기관은 불꽃 점화방식이어서 불꽃을 형성하는 점화 플러그가 있다. 대신에 디젤 기관은 연료 분사기가 있어서 압축된 고온 공기에 연료를 분사하기 때문에 자연 발화를 발생할 수 있다. 그 밖에 밸브의 마모를 줄이고 엔진의 밀폐작용을 유지하기 위한 엔진 오일의 순환 기구는 거의 유사하다. 따라서 본 장에서는 디젤 기관에서 특별히 차이가 있는 내용만 서술하였다.

2. 엔진의 주요 구성품

(1) 연료 공급장치

1️⃣ 개별 실린더 연료 분사 방식

분사 노즐(injection nozzle)은 실린더 헤드에 장착되어 엔진의 압축과정 시 연료를 분사하는 구성품이다. 작동원리는 분사 펌프에서 고압의 연료가 연료 파이프를 통하여 노즐에 공급되면 연료 분사구(노즐)를 통해 고압의 연료(약 50~60kg/cm²)를 연소실에 분사하는 방식이다.

분사 노즐은 작동 방식에 따라 다양한 방법이 있으며, 〈그림 3.23〉 ❶은 전자식 제어에 의한 연료 노즐이다. 이 노즐은 〈그림 3.23〉 ❷에서 보는 바와 같이, 피스톤의 위치를 측정하여 얻은 최적의 분사 시기가 결정되면, 연료 분사 펌프에서 고압의 연료가 분사 노즐의 연료 주입구에 공급된다. 그리고 분사 노즐의 제어부가 솔레노이드를 작동시켜 핀틀 밸브(pintle valve)를 개방하면, 연료 분사구를 통해 연료가 분사되는 방식이다. 만일 분사 노즐에서 나오는 유량보다 연료 분사 펌프에서 공급되는 연료량이 많으면 연료 일부

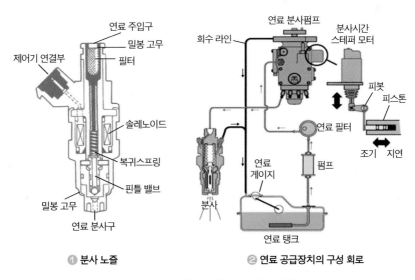

❶ 분사 노즐   ❷ 연료 공급장치의 구성 회로

그림 3.23 분사 노즐과 연료공급장치

는 회수라인을 통해 연료 탱크로 회수되어 다시 연료 분사 펌프로 공급된다. 따라서 연료 펌프는 계속 작동해도 과부하가 발생하지 않는다.

2 커먼레일 연료 분사 방식

커먼레일(common rail) 방식은 〈그림 3.24〉에 제시된 바와 같다. 이 방식은 디젤 기관의 연료 분사 펌프와 노즐을 하나로 일체화시킨 것이다. 그림에서 보듯이 압력을 높인 연료를 배관 일부에 저장해 두고 압력이 증가한 피스톤으로 다시 압력을 높여 분사하는 방식이다. 이 방식은 정밀 전자 제어방식으로 연료 분사의 응답성을 획기적으로 높여서 차량의 운전상태에 맞게 연료를 분사해준다. 연료 또는 엔진 오일을 분사하기 전에 커먼레일이라는 장치 안에 저장해 두었다가 연소효율이 가장 높은 시점에 고압으로 연료를 분사할 수 있다. 고압으로 분사되어 미립 상태가 된 연료는 연소효율이 뛰어나 연비가 높고, 배기가스의 질소산화물이 크게 줄고, 공회전 때의 소음과 진동도 낮출 수 있는 장점이 있다. 그리고 연료 분사 패턴을 저속이나 고속 상태에 따라서도 제어할 수 있어서 저속 회전 대역에서도 연료 분사 압력을 높일

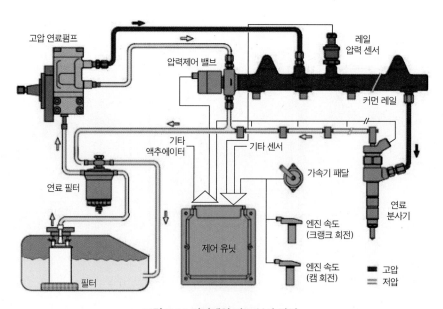

그림 3.24 커먼레일 연료 분사 장치

수 있다. 이 방식은 디젤 기관과 가솔린 기관에 모두 적용이 가능하다.

3. 배기가스 저감 장치

디젤 기관의 배기가스의 주요 성분, 발생 원인과 유해성 그리고 이를 억제하는 저감장치는 〈표 3.1〉에서 보는 바와 같다. 표에서 보는 바와 같이, 배기가스의 주요 성분은 질소산화물, 일산화탄소, 이산화탄소, 탄화수소, 그리고 분진이다. 이들 물질의 배출량을 줄이려면 다양한 저감장치를 장착해야 한다. 저감장치는 EGR, LMT/SCR, DOC, DPF 등이 있다. 이들 장치의 구조와 작동원리 그리고 특성은 다음과 같다.

표 3.1 디젤 기관의 배기가스 성분의 특성과 저감장치

주요 성분	화학적 특성과 발생 원인	대기 중 노출 시 유해성	저감 장치
질소산화물 (NOₓ)	• 화학적으로 안정된 분자여서 잘 변화되지 않음 • 하지만 고온고압의 환경에서 화학적 조성이 깨지면 질소산화물로 변함 • 디젤 기관처럼 고온고압 상태에서 작동하는 경우에 질소산화물 발생이 많음	• 심각한 호흡기 문제 • 산성비 발생의 원인 • 지구 온난화의 원인	SCR, EGR
일산화탄소 (CO)	• 유기성 물질(석탄, 목재, 종이, 기름, 유류, 가스 등)의 연소 시 발생함	• 혈액의 산소운반 능력을 저하하게 만들어 일정한 농도 이상에서 사망할 수 있음	DOC
이산화탄소 (CO_2)	• 유기성 물질의 연소 시 발생함	• 지구 온난화의 원인	–
탄화수소 (HC)	• 디젤 연료의 주요 성분임 • 연소 중 공기가 부족하여 미연소된 가스	• 광화학 스모그 발생의 원인 • 호흡기 자극과 눈이나 점막 등에 피부질환의 원인	DOC
분진 (PM)	• 디젤 연료($C_{12}H_{26}$)의 탄소성분이 연소 중에 산소 부족 또는 급속한 냉각으로 인해 발생한 미연소 물질 • 주로 연소온도가 낮을 때 발생함	• 호흡기 질환의 원인	DPF

(1) 선택형 촉매감소 장치

　　선택형 촉매감소(SCR, Selective Catalyst Reduction) 장치는 요소수($CO(NH_2)_2$)를 배기가스에 분사시켜 촉매반응을 일으키고, 이를 통해 물과 질소로 변화시켜 배기가스를 줄이는 장치이다. 이 장치는 〈그림 3.25〉 ❶에서 보는 바와 같이 분사기, 촉매 반응기, 매연 송풍기(soot blower)로 구성되어있다. 일반적으로 촉매 반응기는 촉매작용을 위해 방해판(baffle) 모양처럼 좁은 유로를 느리게 통과하면서 화학반응이 잘되게 설계되어 있다. 그리고 매연 송풍기는 이 좁은 유로가 막히지 않도록 가스를 불어내는 장치이다. 한편 촉매작용은 〈그림 3.25〉 ❷와 같이, 요소수 용액이 배기가스와 반응하면서 독성이 있는 질소화합물(NO_x)을 중화시켜 독성이 없는 질소와 물로 배출한다.

　　SCR 장치는 연료를 추가로 분사하거나 배기가스를 재순환하여 물질이 축적되지 않게 할 수 있어서 엔진의 내부 상태를 장기간 양호한 상태로 유지할 수 있다. 또한, 거의 완전연소가 가능하여 연비가 좋고 오염물질을 중화시키려고 추가 연료를 추가로 사용할 필요가 없다. 하지만 이 장치는 주기적으로 촉매제인 요소수(Urea 또는 암모니아 수용액)를 보충해야 한다. 만일 보충을 적기에 하지 않으면 분사 장치가 열에 의해 변형될 가능성이 있다.

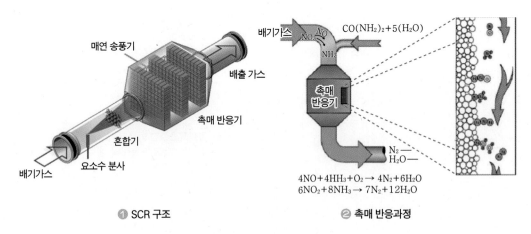

❶ SCR 구조　　　　　　　❷ 촉매 반응과정

그림 3.25 SCR 장치의 구조와 작동원리

(2) 배기가스 재순환 장치

배기가스 재순환(EGR, Exhaust Gas Recirculation) 장치는 엔진의 흡기계통으로 배기가스 일부를 재순환시켜 연소 시 최고 온도를 낮춰 배기가스의 질소화합물(NO_x)을 억제하는 장치이다. 엔진의 연소온도가 약 2,000℃ 이상이 되면 대기오염물질인 질소산화물이 급격히 증가한다. 이를 감소시키려면 연소의 최고 온도를 낮추기 위해 EGR 장치를 장착한다. 일반적으로 배기가스의 약 15%를 재순환시켜 연소실에 불활성 가스(CO_2)를 유입하여 동력 행정과정에서 연소온도를 낮추도록 설계하고 있다. 이 장치는 엔진의 구조를 크게 변형하지 않아도 추가로 설치할 수 있다. 그리고 촉매제 등 소모물질이 필요가 없다는 장점을 갖고 있다. 하지만 배기가스를 재순환시키면서 연소 잔류물이 흡기와 배기 계통의 유로에 누적되어 연소효율을 감소시킬 수 있다. 또한, 고온의 배기가스를 냉각시키기 위한 열교환기(냉각기)가 필요하며

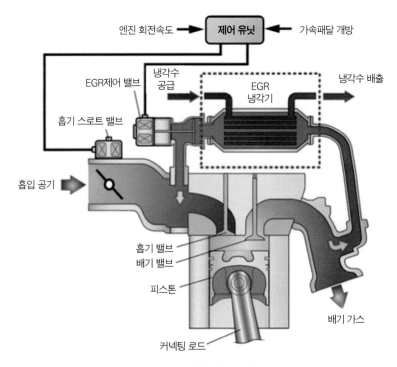

그림 3.26 디젤엔진의 EGR 작동원리

매연을 처리하는 후처리 장치가 추가로 필요하다.

(3) 디젤 산화 촉매장치[11]

디젤 산화 촉매장치(DOC, Diesel Oxidation Catalyst)는 〈그림 3.27〉과 같은 구조로 되어있다. 몸체는 금속이고, 오른쪽 그림에 제시된 촉매반응이 일어나는 반응조(monolith)의 구조물은 세라믹, 산화알루미늄(Al_2O_3), 산화 세슘(CeO_2) 및 산화 지르코니아(ZrO_2) 등을 사용하고 있다. 그리고 이 반응기의 표면에 코팅시키는 촉매 물질은 백금(Pt), 팔라듐(Pd) 및 로듐(Rh) 등의 물질을 사용하고 있다.

한편 장치의 구조는 가솔린 기관용 3원 촉매기와 거의 비슷하다. 촉매 물질 입자의 크기는 nm 수준이며, 코팅-량은 촉매장치의 체적을 기준으로 리터당 약 1.8~3.2g이다. 촉매장치기의 체적은 엔진의 행정체적에 비례한다. 통상 촉매장치의 체적은 행정체적의 0.6~0.8배 정도이다. 이 장치는 매연과 독성 물질인 일산화탄소 그리고 탄화수소의 농도를 낮출 수 있다. 일반적으로 촉매기 온도가 170~200℃에 도달하면 촉매반응을 시작하고, 반응기 온도가 약 250℃에 도달하면, 촉매기의 효율은 약 90%이다.

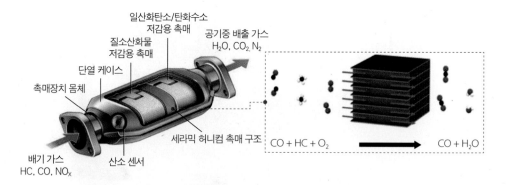

그림 3.27 디젤 산화 촉매장치의 구조와 작동원리

---

11 https://roosystems.com.au/4wd-services/diesel-oxidation-catalysts/

(4) 디젤엔진용 미립자필터

디젤엔진용 미립자필터(DPF, Diesel Particle Filter)는 엔진에서 배출하는 배기가스 성분 중 탄소성분이 포함된 매연(그을음)을 줄여주는 장치이다. 일반적으로 미립자 물질(particulate matter)도 매연 중 하나이다. 이 장치는 〈그림 3.28〉에서 보는 바와 같이, 매연물질을 필터로 여과하여 이산화탄소 가스를 배출할 수 있게 설계되어 있다. 이때 배기가스의 압력과 온도를 측정하여 여과 성능을 일정하게 유지하게 한다. 만일 필터가 막히면 내부 압력과 온도가 상승하기 때문에 이를 전자제어장치에 신호를 전달하여 필터의 상태를 운전자가 알 수 있다.

이 장치의 원리는 엔진에서 불완전 연소로 생긴 유해물질인 탄화수소 잔류물질을 필터로 여과한 후 다시 550℃까지 가열한 후 연소시켜 오염물질을 줄이는 방법이다. 이 장치는 주기적으로 필터를 교체하거나 청소해야 한다. 만일 필터가 막히면 엔진 성능이 저하될 수 있다.

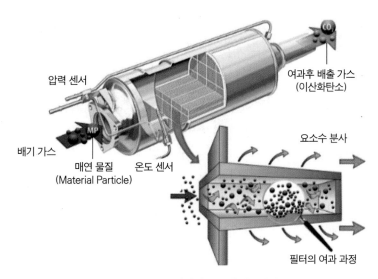

그림 3.28 DPF 장치의 구조와 작동원리

제4절 엔진 이론과 성능시험

1. 도시일과 평균유효압력

4행정 스파크 점화방식 엔진의 토크 성능은 〈그림 3.29〉와 같이, 실린더 내의 압력에 의해 결정이 된다. 흡기 행정(g-h-a)에서 실린더의 압력은 일반적으로 실린더로 유입되는 기류의 저항으로 인해 대기압보다 낮다. 압축 행정(a-b-c)에서 압력은 피스톤이 위로 움직일 때 증가한다. 피스톤이 상사점(TDC, Top Dead Center)에 접근하면, 점화 플러그가 스파크를 생성하여 실린더에 갇힌 공기/연료 혼합물을 점화하고 압력이 빠르게 상승한다. 팽창 행정(c-d-e)에서 실린더의 고압가스가 피스톤을 아래로 밀어 크랭크축에 토크를 가한다. 배기행정(e-f-g)에서 실린더의 가스는 흡기 행정보다 더 높은 압력에서 실린더 밖으로 밀어낸다.

엔진의 도시 정미일(indicated net work) W_{net}

$$W_{net} = \oint_a^f pdV = \int_{\text{면적}A} pdV - \int_{\text{면적}B} pdV \quad \text{............} \quad [3\text{-}4]$$

여기서 p는 실린더의 압력이고 V는 체적이다. 흡기 행정의 압력이 배기 행정의 압력보다 낮아서 면적 B에서 수행된 일은 '음(-)'의 값이다. 1 사이클에서 최대 일을 달성하기 위해서는 팽창 행정에서 압력을 증가시켜 면적 A를 최대한 크게 만들고 흡기 행정의 압력을 높이고 배기 행정을 줄임으로써 영역 B를 가능하다면 작게 만들어야 한다. 흡기 행정의 압력이 배기행정의 압력보다 크면, 이 영역의 일은 '양(+)'의 값이다. 이를 위해 과급기가 있는 엔진(supercharged engine)을 사용하기도 한다.

과급기 장착 엔진은 〈그림 3.30〉 ❶에서 보는 바와 같이, 흡기 다기관에 공기압축기로 흡기압력을 높이도록 설계된 엔진이다. 작동원리를 살펴보면, 먼저 외부의 공기가 과급기에 유입되어 공기를 압축하면 공기는 고온 고압 상태가 된다. 이 공기는 냉각기를 통과하면서 저온 고압의 공기가 되어

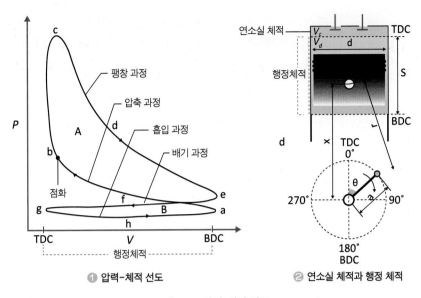

① 압력-체적 선도

② 연소실 체적과 행정 체적

그림 3.29 압력-체적 선도

연소실에 공급된다. 과급기는 주로 〈그림 3.30〉②와 같이 나선형 공기압축기를 사용하며, 엔진의 상태에 따라서 외부 공기가 압축기를 통과하지 않고 곧바로 엔진으로 우회할 수 있도록 우회 액추에이터(bypass actuator)가 있다. 이 장치는 로터의 회전속도에 의해 과급압력이 지나치게 높아지지 않도록 사전에 설정된 압력 이상이 되면, 우회 액추에이터를 작동시켜 우회 밸브를 개방하여 나머지 배기가스를 배출하도록 설계되어 있다. 그리고 엔진의 토

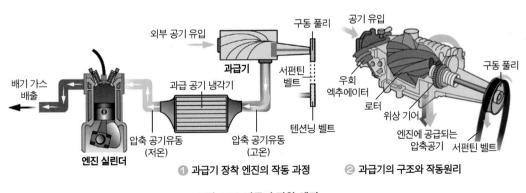

① 과급기 장착 엔진의 작동 과정

② 과급기의 구조와 작동원리

그림 3.30 과급기 장착 엔진

크는 엔진 크기(피스톤이 TDC에서 하사점(BDC, Bottom Dead Center) 까지 이동하는 동안의 변화하는 체적, 즉 행정체적(stroke volume)에 따라 다르다.

1 사이클 동안에 1개의 실린더에서 수행된 일은 평균 유효압력(mean effective pressure)에 행정체적을 곱하여 구할 수 있다. 반대로 1 사이클 중 1개의 실린더에서 수행된 일을 행정체적으로 나누면 평균 유효압력이 된다. 배기량(행정체적)을 크게 하면 출력이 증가하는 것은 당연하다. 따라서 출력만으로 엔진의 성능을 표시하는 것은 문제가 있다. 이 때문에 배기량과 관계가 없는 평균유효압력을 사용하여 엔진의 성능을 비교하고 있다. 평균유효압력은 모든 행정과정(a-b-c-d-e-f-g-h)에 걸쳐 연소 가스의 압력이 피스톤에 작용하여 피스톤에 행한 정미일(net work)과 같은 양의 일을 수행할 수 있는 균일한 압력이다. 평균유효압력을 증가시키기 위해서는 연료의 충전율을 높여야 한다. 이때 평균유효압력은 식 [3-5], [3-6]과 같이 나타낼 수 있다.

$$MEP \times V_d = W_{net} \quad\text{..}\quad [3\text{-}5]$$

$$MEP = \frac{1사이클당 \ 한 \ 일}{행정 \ 체적} = \frac{T\omega}{V_d} = \frac{2\pi n_R T}{V_d} \quad\text{..................}\quad [3\text{-}6]$$

여기서 n_R은 실린더 1개당 각 동력 행정에 대한 크랭크축의 회전수(4행정 엔진의 경우 $n_R=2$, 2행정 엔진 $n_R=1$), T는 토크 $[N \cdot m]$, V_d는 행정체적 $[m^3]$, ω는 각속도를 의미한다. 엔진의 토크는 실린더의 평균 유효 압력과 행정체적에만 의존한다. 주어진 엔진 크기에 대해 MEP를 증가시키는 것이 엔진 토크를 증가시키는 유일한 방법이다.

2. 기계적 효율

실린더에서 생성된 모든 동력, 즉 총 도시 동력(indicated gross power P_{ig}) 전부를 크랭크축 회전에 사용할 수는 없다. 일부 동력은 엔진 부속 장치를 구동하고 엔진 내부의 마찰을 극복하는 데 사용된다. 이들 모든 동력을 마찰동력

(friction power) P_f라고 하며, 식 [3-7]과 같다.

$$P_{ig} = P_b + P_f \quad \text{..} \quad [3\text{-}7]$$

여기서 P_b는 크랭크축을 회전하는 데 이용한 동력, 즉 제동력(brake power)
이다. 그리고 P_f는 마찰동력으로 정확하게 결정하기 매우 어렵다. 실제 차량
엔진에 대한 동력계(dynamometer)에서 엔진을 구동하거나 모터로 구동하면서
동력계가 공급하는 동력을 측정하는 방법은 다음과 같다.

$$\eta_m = \frac{P_b}{P_{ig}} = \frac{P_{ig} - P_f}{P_{ig}} = 1 - \frac{P_f}{P_{ig}} \quad \text{................................} \quad [3\text{-}8]$$

기계적 효율 η_m은 도시 출력에 대한 제동 동력의 비율이다. 이때 제동 동
력은 크랭크축의 회전에 사용된 동력이다. 일반적으로 엔진의 기계적 효율
은 스로틀 위치와 설계 및 엔진 속도에 따라 달라진다. 최근에 개발된 차량
은 대부분 넓은 개방 특성을 가진 차량 엔진을 탑재하고 있다. 그 결과 기계
적 효율은 엔진 속도가 약 1,800~2,400rpm 미만에서 90%이며, 최대 정격
속도에서 75%로 감소한다. 기계적 효율은 엔진이 스로틀 밸브가 닫히게 됨
에 따라서 기계적 효율은 공회전(idling) 작동 상태에서 '0'이 될 것이다.

도시일 또는 도시 평균유효압력에서 엔진의 기계적 손실을 제거함으로
써 크랭크축에서 측정된 정미일(net work) 또는 제동 평균 유효압력(BMEP,
brake mean effective pressure)을 얻을 수 있다.

일반적으로 자연 흡기 가솔린 기관의 경우 최대 토크가 생성되는 엔진
속도에서 최대치는 850~1,059kPa 범위이다. 최대 정격 동력에서 BMEP
는 10~15% 더 낮다. 그리고 〈그림 3.31〉과 같이, 터보차저(turbocharger)가
장착된 가솔린 기관의 최고 BMEP 범위는 1,250~1,700kPa이다. 최대 정
격 동력에서 BMEP는 900~1,400kPa이다. 터보차저는 배기가스의 압력으
로 회전을 시킨다. 이 회전력으로 흡기를 압축시켜 연소실에 공급하여 엔진

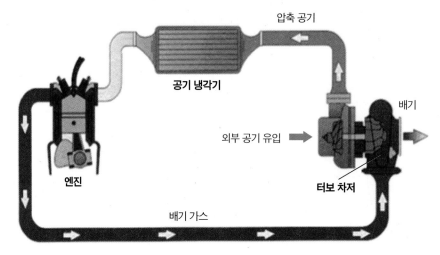

압축 공기

공기 냉각기

외부 공기 유입

배기

엔진

터보 차저

배기 가스

그림 3.31 터보차저의 작동원리

의 출력을 높이는 장치이다. 이때 터보차저에서 압축된 공기는 공기냉각기 (intercooler)로 냉각시켜 공기 밀도를 높여서 실린더의 흡입효율을 높인다. 또한, 엔진의 연소효율이 향상되어 연비가 높아지는 것은 물론이고 이산화탄소 배출도 크게 줄어드는 효과가 있다. 한편 공기냉각기는 냉각 방식에 따라서 수랭식과 공랭식이 있으나 공랭식이 더 많이 사용되고 있다. 설치 위치에 따라 특성이 다르게 나타나는 공랭식은 엔진 위쪽에 두면 배관이 짧아져 응답성이 좋다. 반면에 엔진의 앞쪽에 설치하면 냉각 효율이 우수해져서 출력이 향상되는데 일반적으로 차량의 앞쪽에 장착하고 있다.

3. 비연료 소모율과 연료 효율

엔진 시험에서 연료 소비는 단위시간당 질량 유량으로 측정한다. 더 유용한 매개 변수는 비연료 소모율(SFC, Specific Fuel Consumption), 즉 출력 당 사용되는 연료의 유량이다. 엔진이 일을 생산하기 위해 공급된 연료를 얼마나 효율적으로 사용하는지 측정하는 것이다.

$$SFC = \frac{\dot{m}_{fuel}}{P}\,[\text{g}_\text{m}/\text{kWh}] \qquad\qquad\qquad\qquad\text{[3-9]}$$

여기서 $\dot{m}_{fuel}$은 연료 유량[g_m/h], P는 엔진의 출력[kW]이다. SFC는 적을수록 성능이 우수한 엔진이다. 일반적으로 가솔린 기관은 최대 약 250~270[g_m/kWh]이고, 필요한 엔진 출력(사이클 당 한 일(work) 또는 동력)을 필요한 입력(연료 유량)과 관련시키는 무 차원 매개 변수는 사이클 당 공급되는 연료 에너지의 양에 대한 사이클 당 수행되는 일의 비율이다. 이는 아래와 같이 연료의 변환 효율의 척도로 나타날 수 있다.

엔진의 효율이란 기관에 공급된 총열량 중에서 일로 변환된 열량이 차지하는 비율을 말한다. 열량은 보통 0℃, 정적 하에서 완전연소된 경우의 비 발열량(specific heating value)을 사용한다. 그리고 일로 변환된 열량은 엔진에 가해지는 제한 또는 조건에 따라 각기 다르게 표시할 수 있다.

$$\eta_{fuel} = \frac{W_c}{\dot{m}_{fuel}Q_{HV}} = \frac{P}{\dot{m}_{fuel}Q_{HV}} \qquad\qquad\qquad\text{[3-10]}$$

여기서 W_c는 하나의 사이클에서 수행되는 일, $\dot{m}_f$는 사이클 당 소비되는 연료의 질량, Q_{HV}는 연료의 발열량이다. 이 연료가 완전연소를 할 때 발생하는 단위 질량 당 발생하는 열량이다.

4. 비 배출량

비 배출량(specific emissions)은 엔진의 출력과 오염물질의 질량 유량의 비로 정의한다. 일반적으로 산화질소(NO) 및 이산화질소(NO$_2$), 일산화탄소(CO), 미연소된 탄화수소(HC)의 물질의 배출량은 엔진의 중요한 특성 중 하나이다. 일반적으로 엔진의 배기가스의 농도는 백만분율(ppm, parts per million) 또는 부피 백분율(몰 분율)로 측정한다. 백만분율은 전체 양의 백만분의 1을 단위로 하는 비율을 말한다. 배기가스에 다른 물질이 포함되는 비율을 나타내며, 공기 1,000kg 속에 함유된 오염물질이 1g이라면 백만분율은 1ppm 이다.

차량의 배기가스의 시간 평균 농도는 배기가스 중의 일산화탄소, 이산화탄소 및 탄화수소 등의 농도를 연속 측정하여 측정 시간 중 각 1초 간격의 농도 값의 합을 측정 시간으로 나눈 값이다. 그리고 비 배출량 SE는 오염물질의 성분별로 식 [3-11]과 같다. 이 식에서 아래 첨자로 표시된 것은 오염물질의 성분을 나타낸 것이다.

$$\text{SE}_{\text{NO}_x} = \frac{\dot{m}_{\text{NO}_x}}{P}, \ \ \text{SE}_{\text{CO}} = \frac{\dot{m}_{\text{CO}}}{P}, \ \ \text{SE}_{\text{HC}} = \frac{\dot{m}_{\text{HC}}}{P}, \ \ \text{SE}_{\text{particle}} = \frac{\dot{m}_{\text{particle}}}{P} \quad \text{[3-11]}$$

엔진의 오염물질 배출의 정도를 배출량 지수(EI, emissions index)로 표현하기도 하며, 식 [3-12]와 같다.

$$\text{EI}_{\text{NO}_x} = \frac{\dot{m}_{\text{NO}_x}[g/s]}{\dot{m}_f[kg/s]} \quad\text{..}\quad \text{[3-12]}$$

식 [3-12]와 같은 방식으로 일산화탄소나 오염물질 등의 배출량 지수를 나타낼 수 있으며 배출량 지수가 클수록 오염물질을 많이 배출하는 엔진이다.

5. 공연비

공연비(Fuel/Air ratio)는 공기의 질량 유량 $\dot{m}_{air}$과 연료의 질량 유량 $\dot{m}_{fuel}$의 비율을 말한다. 일반적으로 엔진 성능시험을 할 때 반드시 측정하는 공연비는 엔진의 작동 조건을 정할 때 기준이며, 식 [3-13]과 같다.

$$F/A = \frac{\dot{m}_{fuel}}{\dot{m}_{air}} \ \ \text{또는} \ \ A/F = \frac{\dot{m}_{air}}{\dot{m}_{fuel}} \quad\text{................................}\quad \text{[3-13]}$$

여기서 F/A는 일반적으로 적용하는 공기연료비이며, 일정한 공기의 질량 유량의 조건에서 엔진이 화학적으로 완전연소 시 적용하고 있다. 예를 들어, 가솔린 기관의 경우, 이론적인 공연비는 휘발유(C_nH_m)와 산소(O_2)가 산화반응을 일으켜서 완전연소를 하기 위한 질량 비율을 화학식에 의해 이론적으로 구한 값이다. 휘발유는 각종 탄화수소의 혼합물이기 때문에 모든 휘발유에 대해서 하나의 치수로 그것을 표시한다는 것은 불가능하다. 그러나 일반 휘발유의 경우, F/A는 0.0685이고, A/F는 14.6이다.

등가 공연비(fuel/air equivalent ratio)는 화학적으로 완전연소를 할 수 있는 이론적 공연비와 실제 엔진의 공연비의 비이며, 식 [3-14]와 같이 두 가지 방법이 있다. 식에서 ϕ는 이론 F/A를 기준으로 한 값이고, λ는 A/F를 기준으로 한 무차원수이다.

$$\phi = \frac{(F/A)_{actual}}{(F/A)_{ideal}} \quad \text{또는} \quad \lambda = \frac{(A/F)_{actual}}{(A/F)_{ideal}} \quad \cdots\cdots\cdots\cdots\cdots\cdots [3\text{-}14]$$

여기서 희박성 혼합가스는 $\phi < 1$, $\lambda > 1$, 이상적인 완전연소는 $\phi = \lambda = 1$, 고농도 혼합가스는 $\phi > 1$, $\lambda < 1$이다. 그리고 상용화된 가솔린 기관의 정상작동 범위는 ϕ가 0.82~1.23 또는 F/A가 0.056~0.083이다.

6. 엔진의 체적 효율

흡기 장치(공기 필터, 흡기 다기관, 스로틀 플레이트, 흡기구, 흡기 밸브)는 주어진 배기량의 엔진이 유도할 수 있는 공기의 양을 제한한다. 따라서 흡기과정의 효율성은 체적 효율로 나타낼 수 있다. 체적 효율(volumetric efficiency)은 식 [3-15]와 같이 흡기 장치로 들어가는 공기의 체적 유량을 피스톤에 의한 행정 체적의 변위 속도로 나눈 값으로 정의하고 있다.

$$\eta_v = \frac{\dot{m}_{air}}{(\rho_{air} V_d N)/2} = \frac{2\dot{m}_{air}}{\rho_{air} V_d N} \quad \cdots\cdots\cdots\cdots\cdots\cdots\cdots\cdots\cdots [3\text{-}15]$$

여기서 $\dot{m}_{air}$는 실린더로 유입되는 공기의 질량 유량이고, ρ_{air}는 공기의 밀도이다. 그리고 N은 엔진의 rpm, 그리고 V_d는 행정체적이다.

한편 체적 효율은 식 [3-16]과 같이 정의할 수도 있다. 이 식에서 $\dot{m}_{air}$는 사이클 당 실린더로 유입되는 공기의 질량이며, 통상 외부 공기의 밀도를 측정하여 적용하고 있다.[12][13]

$$\eta_v = \frac{\dot{m}_{air}}{\rho_{air}\,V_d} \qquad\cdots\cdots\cdots\cdots\cdots\cdots\cdots\cdots\cdots\cdots\cdots\cdots\cdots\cdots\cdots\cdots\cdots\cdots \text{[3-16]}$$

일반적으로 엔진의 체적 효율은 자연 흡기 엔진의 최대 80~90% 범위이며, 디젤 기관의 체적 효율은 가솔린 기관보다 약간 높다.

7. 엔진의 출력과 토크

가솔린 기관의 속도에 따른 출력의 변화는 〈그림 3.32〉와 같다. 도시 동력은 압축 및 팽창 행정 중에 실린더의 가스에 의해 피스톤에 가해지는 일 에너지의 평균값이다. 제동 토크는 도시 힘에서 마찰력을 뺀 값이다. 제동력은 엔진의 최고속도보다 약간 낮은 속도에서 최대가 된다. 도시 토크는 중간 속도 범위에서 최대가 되며, 체적 효율이 갖는 속도에 해당이 된다. 제동 토크는 더 많은 마찰로 인해 고속에서 도시 토크보다 더 많이 감소한다. 이러한 매개 변수는 부분 부하와 고정 스로틀 위치에서 유사하게 작동한다. 하지만 고속에서 토크는 그림에서 보는 바와 같이, 최대 부하에서보다 더 빠르게 감소한다. 일부 열린 스로틀은 더 빠른 속도로 흐르는 공기에 더 많은 저항을 발생하여 체적 효율은 감소한다. 그리고 엔진이 스로틀 되면서 펌프 구성품의 총 마찰(total friction)도 증가하게 된다.

---

12 https://atgtraining.com/atg-volumetric-efficiency-calculator/

13 https://x-engineer.org/calculate-volumetric-efficiency/

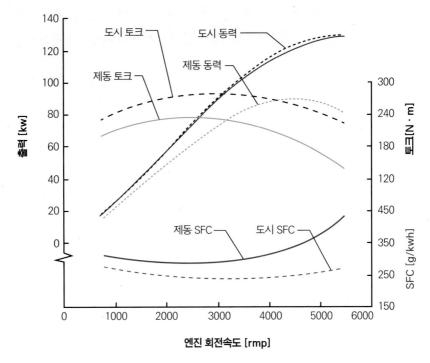

그림 3.32 엔진의 속도에 따른 출력의 변화

8. 엔진 성능, 엔진 효율, 배기가스의 특성에 미치는 영향

(1) 엔진에 의한 영향

실제 엔진 성능의 매개 변수는 출력, 토크, 비(specific) 연료 소모량, 비 배기가스 배출량이다. 4행정 기관의 출력은 식 [3-17]과 같다.

$$P = \frac{(MEP)A_p \overline{S_p}}{4} \qquad \text{[3-17]}$$

여기서 MEP는 평균 유효압력, A_p는 피스톤 헤드의 단면적, $\overline{S_p}$는 피스톤의 평균 속도이다. 그리고 토크 T는 식 [3-18]과 같이 계산할 수 있다.

$$T = \frac{(MEP)V_d}{4\pi} \qquad \text{[3-18]}$$

출력은 피스톤 면적에 비례하고, 토크는 변위 된 부피(행정체적)에 비례한다. 4행정 기관의 경우 평균 유효압력은 식 [3-19]와 같이 표현할 수 있다.

$$MEP = \eta_{fuel}\eta_v Q_{LHV}\rho_{a,i}(F/A) \quad\cdots\cdots\cdots\cdots\cdots\cdots\cdots\cdots\cdots\cdots\cdots\cdots\cdots\quad [3\text{-}19]$$

연료 변환 효율(fuel conversion efficiency)은 체적 효율과 흡입 공기 밀도에 따라서 영향을 받는다. 따라서 비(specific) 연료 소모량은 연료 변환 효율과 관련이 있으며, 이를 식을 표현하면 식 [3-20]과 같이 나타낼 수 있다.

$$SFC = \frac{1}{\eta_{fuel}Q_{HV}} \quad\cdots\cdots\cdots\cdots\cdots\cdots\cdots\cdots\cdots\cdots\cdots\cdots\cdots\cdots\quad [3\text{-}20]$$

이러한 매개 변수에는 제동과 도시 값이 모두 있으며, 이는 엔진의 작동 속도 및 부하 범위를 나타내고 최대 정격 또는 정상 정격 제동력과 MEP는 엔진의 성능을 나타낸다.

최대 제동 토크는 최대 속도 범위에서 자체적으로 높은 공기 흐름을 얻고 해당 공기를 효과적으로 사용하는 엔진의 능력을 나타낸다. 전체 작동범위(특히 엔진이 장기간 작동하는 경우)에서 엔진 연료 소비, 효율성 그리고 엔진 배기가스 배출량이 중요하다.

(2) 점화 시기에 의한 영향

가솔린 기관의 정상적인 작동 조건에서는 압축 행정이 종료될 때 점화 플러그가 스파크를 생성하여 실린더의 혼합공기를 점화하고 연소가 시작된다. 실린더에서 화염이 전파되는 시간이 필요하므로 압축 행정이 끝나기 전에 점화를 시작해야 한다. 점화 시작부터 압축 행정의 끝까지 크랭크축의 각도를 점화 진각이라고 하는데 이 각도가 엔진의 출력에 많은 영향을 미친다. 즉, 점화 시기(spark timing)는 엔진 성능에 상당한 영향을 주는 요소이다.

〈그림 3.33〉은 서로 다른 점화 시기에서 크랭크축 각도에 따른 실린더의

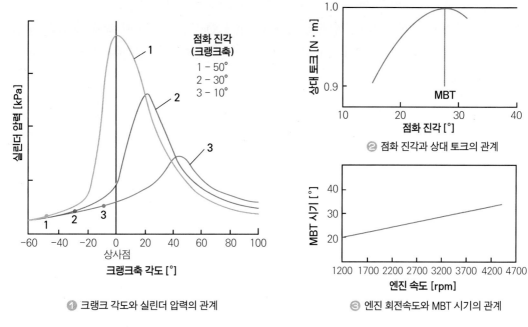

점화 진각
(크랭크축)
1 - 50°
2 - 30°
3 - 10°

❶ 크랭크 각도와 실린더 압력의 관계

❷ 점화 진각과 상대 토크의 관계

❸ 엔진 회전속도와 MBT 시기의 관계

그림 3.33 점화 시기에 따른 영향요소의 관계

가스 압력의 관계를 나타낸 그림이다. 예를 들어, 점화를 너무 빨리 시작하면 (〈그림 3.33〉 ❶에서 TDC 50° 이전에) 압축 행정에서는 피스톤에 높은 가스 압력이 발생한다. 결과적으로 압축 행정의 '음(-)'의 일이 증가하고 팽창 행정의 '양(+)'의 일이 감소하여 평균 토크가 낮아진다. 그리고 너무 조기에 점화하면 실린더에서 비정상적인 연소가 발생하여 피스톤에 노킹(knocking)이 일어날 수도 있다.

노킹은 가장 심각한 비정상적인 연소 현상이다. 일반적으로 크랭크축, 베어링, 커넥팅 로드와 같은 부품에 손상을 입힌다. 너무 늦은 점화(〈그림 3.33〉 ❶에서 TDC 10° 이전)는 실린더의 가스 압력이 낮아져 유효 일이 적다. 평균 엔진 토크가 최대의 값에 도달하는 최적의 점화 시기를 〈그림 3.33〉 ❷에 표시된 대로 최대 제동 토크(MBT) 시기라고 한다. MBT 시기보다 조기 또는 지연 점화가 일어나면 평균 토크가 더 약하다.

MBT 시기는 화염 발생 및 전파 속도, 연소실을 가로지르는 화염 이동 경로의 길이, 벽에 도달한 후 화염 종료 프로세스의 세부 사항과 관련이 있다. 이는 엔진 설계, 작동 조건, 연료, 공기, 연소 가스 혼합물 등의 특성에 따라 달라진다. 주어진 설계에서 엔진 속도는 MBT 시기에 상당한 영향을 미치므로 점화 시기를 엔진 속도로 조절해야 한다. 점화 시부터 실린더의 최대 가스 압력에 도달하기까지의 시간이 약간 차이가 있다. 따라서 엔진 속도가 증가하면, 〈그림 3.33〉 ❸과 같이, 점화 시기도 빨라진다. 그리고 NO와 HC 배출은 점화 시기에 따라 크게 달라지기 때문에 중요하다.

(3) 등가 공연비에 의한 영향

등가 공연비(Fuel/Air Equivalent Ratio)는 〈그림 3.34〉 ❶에 표시된 바와 같이, 엔진의 성능, 효율성, 배기 특성에 영향을 미치는 중요한 요소이다. 평균 유효압력은 연료 혼합물의 농도가 약간 높은 상태인 공연비가 $\phi = 1$에서 1.2 사이일 때 최대로 높게 나타난다. 하지만 연료 일부가 연소 후에 잔류물로 남아 있어서 연료 혼합물의 공연비 ϕ가 1.0 이상으로 농축되면 연료 변환 효율이 떨어진다.

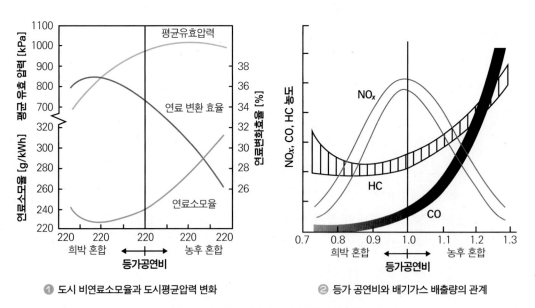

❶ 도시 비연료소모율과 도시평균압력 변화   ❷ 등가 공연비와 배기가스 배출량의 관계

그림 3.34 등가 공연비의 변화에 따른 특성 비교

공연비 ϕ가 감소하면 실린더에 충분한 산소가 존재하여 연료를 산화시키고 연료의 에너지가 열에너지로 거의 방출되기 때문에 연료 변환 효율이 높아진다. 가솔린 기관에서 매우 희박한 혼합물은 점화가 되지 않으며, 최소한 공연비 ϕ가 0.8 이상이 되어야 한다. 만일 희박한 혼합물을 사용하면 연소에 의한 실린더 온도가 낮아져 평균 유효압력이 낮다.

가솔린 기관의 공연비는 〈그림 3.34〉 ❷에서 보는 바와 같이, 배기가스 배출량에 지배적인 영향을 미친다. 혼합물의 농도가 희박하면 연소량이 부족해져 결국에는 실화가 발생할 때까지 배기가스의 오염물질 배출량(NO_x, CO 및 HC)이 감소한다.

공연비의 특정 지점(〈그림 3.34〉의 0.85)보다 낮으면 HC(탄화수소, hydrocarbon) 배출량이 급격히 증가하고 엔진 작동이 불규칙하게 된다. NO_x 배출량은 CO 및 HC와는 다른 곡선 모양을 가지고 있다. NO_x는 고온 및 압력에서 형성되는 경향이 있다. 따라서 완전연소가 될 수 있는 화학적 혼합물에 가까운 최고의 값을 갖는다.

〈그림 3.35〉는 배기가스 제어의 복잡성을 나타낸 그림이다. 그림에서 보는 바와 같이 부분 부하 조건에서는 HC 및 CO 배출량을 낮추고, NO_x 배출량을 줄일 수 있도록 실린더의 희박 혼합물을 사용할 수 있다.

엔진 흡기 혼합물을 희석하기 위해 재활용 배기가스를 사용하면, NO_x

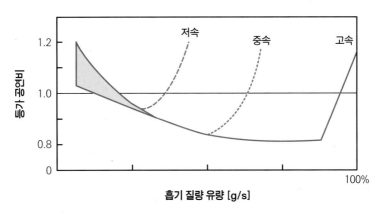

그림 3.35 연료 혼합물의 질량 유량과 등가 공연비

수준이 낮아지고(실린더 온도가 낮아짐) 연소 상태도 나빠진다. 등가 공연비는 〈그림 3.35〉와 같이 엔진 속도와 흡기 혼합물의 질량 유량에 따라 다르다.

한편 연료 분사 장치를 사용하면 기화기를 사용하는 것보다 연료의 분무 상태가 더 좋아진다. 흡입 질량 유량을 크게 하면, 연료 혼합물은 토크의 출력을 높일 수 있다.

(4) 엔진 성능시험 장치[14]

일반적인 디젤 기관의 성능 시험장치의 구성은 〈그림 3.36〉에서 보는 바와 같다. 주요 장치는 시험용 엔진, 동력계, 연료 소모량 측정기, 공기 유량계, 배기가스 분석기, ECU(Electronic Control Unit), EGR(Exhaust Gas Recirculation), 그리고 이들 계측장치에서 측정한 데이터를 처리하는 데이터 처리장치로 구성이 되어있다.

통상 엔진에서 다양한 연료 분사 시기와 EGR 속도에 따른 연소와 배기 배출의 특성을 시험한다. 이때 ECU로 연료 분사기기를 제어하고 동력계로 엔진의 속도를 제어하면서 엔진의 출력을 측정한다. 보통 배기가스는 산소, 일산화탄소, 이산화탄소, 산화질소, 탄화수소의 함량을 측정하고 있다. 또한, 압전 압력 센서로 연소 압력을 측정할 수 있도록 점화 플러그 부근에 압력 센서가 설치되어 있다. 그리고 엔진의 제동력에 대한 연료 소비율(BSFC, Brake Specific Fuel Consumption)의 비율, 즉 제동 연료 소모율 b_{fuel}을 측정한다. BSFC는 식 [3-23]과 같이 정의하며, 연료 소비, 엔진 토크, 엔진 속도를 실시간 측정한 값으로 계산할 수 있다.

$$b_{fuel} = \frac{\dot{m}_{fuel}}{2\pi N T_{engine}} \quad \text{[3-23]}$$

식 [3-23]에서 $\dot{m}_{fuel}$은 단위 시간당 실린더로 흘러 들어가는 연료의 유량 은 엔진의 회전속도, T_e는 엔진 동력계에서 측정한 제동 토크이다.

---

14 https://www.mdpi.com/1996-1073/8/7/7312/htm

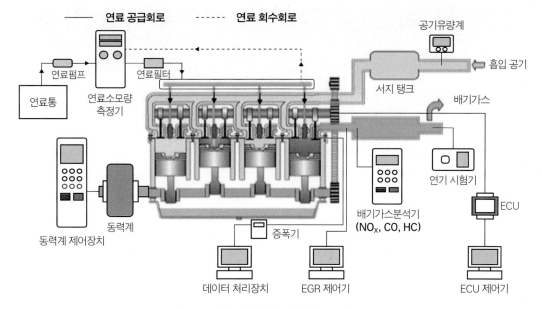

연료 공급회로 ── 　연료 회수회로 ┄┄┄┄

공기유량계

흡입 공기

연료펌프　연료필터

연료통　연료소모량
　　　측정기

서지 탱크

배기가스

동력계

동력계 제어장치

연기 시험기

ECU

배기가스분석기
(NO$_X$, CO, HC)

데이터 처리장치　EGR 제어기　증폭기

ECU 제어기

그림 3.36 디젤 기관의 성능시험 장치 구성도

한편 엔진의 제동 출력에 대한 에너지 소비율의 비율, 즉 제동 에너지소모율(BSEC, Brake Specific Energy Consumption rate)은 식 [3-24]와 같이 나타낼 수 있다.

$$b_{engine} = \frac{Q_{LHL}\dot{B}_{fuel}}{2\pi NT_e}$$ ·· [3-24]

여기서 $\dot{B}_{fuel}$은 실린더로 들어가는 단위 시간당 연료 소비량이다. 그리고 저발열 발열량(low calorific power), 즉 연료 중에 포함이 되어있는 수증기의 열량을 고려하지 않은 열량이다. 따라서 총 발열량에서 수증기의 잠열량을 빼준 값이다.[15][16][17]

---

15 https://ocw.mit.edu/courses/mechanical-engineering/2-61-internal-combustion-engines-spring-2017/lecture-notes/

16 http://www.iitg.ac.in/rkbc/me101/Presentation/L01-03.pdf

17 http://skyshorz.com/university/resources/dynamo_basics.pdf

1. 차량을 구성하는 주요 장치와 이들 장치의 기능에 대해 간단히 설명하시오. 그리고 내연 기관과 외연 기관의 차이점을 예를 들어 설명하시오.

2. 실린더의 배치에 따라서 엔진의 유형은 일반적으로 직렬 방식, V형 방식, 수평식, 대향 실린더 방식, W형 방식, 성형 방식으로 구분한다. 이들 유형의 장단점과 적용 사례를 간단히 설명하시오.

3. 전기식 차량은 크게 전기 차량(BEV), 플러그인 하이브리드차(PHEV), 하이브리드차(HEV), 연료 전지 전기차(FCEV)가 있다. 이들 방식의 원리와 특성을 그림을 그려서 간단히 설명하시오.

4. 가솔린 기관과 디젤 기관의 차이점을 엔진의 구조, 점화방식, 사용 연료 측면에서 설명하시오. 그리고 이들 엔진의 장단점과 적용 사례를 설명하시오.

5. 아래 그림은 가솔린 기관의 주요 구성품을 나타낸 그림이다. 이들 구성품의 명칭과 기능을 간단히 설명하시오.

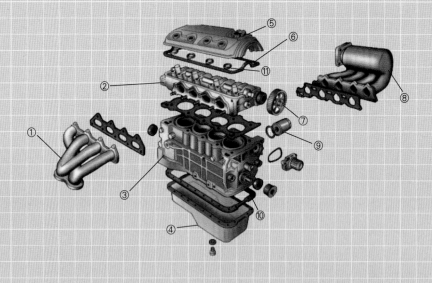

6. 오토 사이클과 디젤 사이클을 압력-체적 선도를 그려서 설명하시오. 그리고 실제 사이클이 이
   들 사이클과 어떤 차이점이 있는지를 설명하시오.

7. 내연 기관에 사용하는 실린더와 피스톤의 구조와 작동원리를 설명하시오. 그리고 일반 밸브와
   가변식 밸브의 차이점과 특징을 설명하시오.

8. 가솔린 기관과 디젤 기관의 점화 장치의 구성과 작동원리를 예를 들어 설명하시오. 그리고 가솔
   린 기관의 점화 장치에 있는 점화코일과 배전기의 구성과 원리를 설명하시오.

9. 내연 기관에서 연료를 분사하는 방식은 직접 분사 방식과 간접 분사 방식으로 구분할 수 있다.
   이들 방식의 원리와 장단점을 비교하여 설명하시오.

10. 가솔린 기관의 3원 촉매장치와 블로-바이 가스 제어장치의 구성과 작동원리를 설명하시오. 그
    리고 디젤과 가솔린 기관의 배기가스 배출성분의 차이점을 비교하시오.

11. 디젤 기관의 연료 분사 장치는 분사 노즐과 연료공급장치로 구성되어 있다. 이 장치의 작동원리
    를 아래 그림에서 간단히 설명하시오. 그리고 커먼레일 연료 분사 방식은 개별 실린더 연료분사
    방식과 어떤 차이점이 있는가?

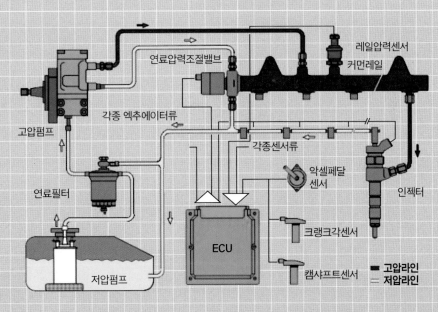

12. 디젤 기관의 배기가스 성분의 특성과 저감장치에 대해 도표를 그려서 간략히 설명하시오. 그리고 배기가스 순환장치와 디젤 산화 촉매장치의 구성과 작동원리를 설명하시오.

13. 엔진의 과급기와 터보차저의 작동원리와 기능을 그림을 그려서 설명하시오. 그리고 이들 장치를 장착한 차량과 일반 차량과의 차이점을 사례를 들어 설명하시오.

14. 엔진의 출력과 등가 공연비의 정의와 이에 미치는 영향요소를 간단히 설명하시오. 그리고 일반적으로 엔진 성능시험장치로 어떤 항목에 대해 시험할 수 있는가?

15. 제시된 그림은 엔진의 출력을 측정하는 일반적인 동력계를 나타낸 그림이다. 그림에서 동력계의 작동원리와 측정방법을 설명하시오. 그리고 토크와 동력의 차이점을 설명하시오.

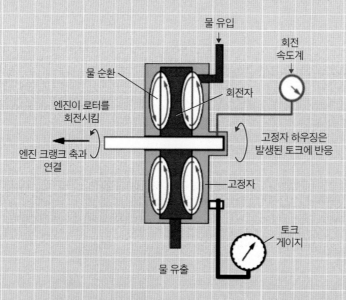

16. 엔진의 도시일과 평균유효압력의 정의와 물리적인 개념을 실린더 압력과 연소실 체적의 선도를 그려서 설명하시오.

제4장
일반 차량의
주요 장치

제1절 동력 전달 장치

동력 전달 장치(power train system)는 엔진의 출력을 구동 바퀴에 전달하는 장치를 말한다. 일반적으로 〈그림 4.1〉에서 보는 바와 같이, 엔진에서 나오는 출력을 클러치, 변속기, 추진축(후륜 구동일 경우), 종감속기, 차동기어, 차축, 구동 바퀴 순으로 전달하게 되어있다. 이때 변속기는 수동식과 자동식이 있으며, 수동식 차량은 운전자가 클러치 페달을 밟으면 동력이 전달되지 않고 차량은 관성 운전상태가 된다. 엔진은 일정한 속도로 운전할 때 큰 출력을 내는데, 변속기는 차량의 속도를 변화시켜 저속에서부터 고속주행이 가능하게 하는 장치이다.

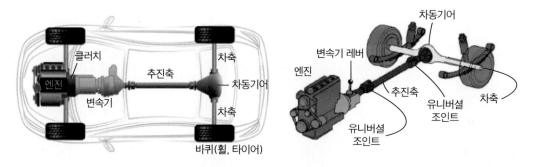

그림 4.1 내연 기관 차량의 동력 전달 장치

1. 클러치

클러치(clutch)는 엔진에서 동력을 전달 및 차단하는 장치로 엔진을 시동할 때 또는 크랭크축의 회전동력을 변속기에 전달하고 변속할 때 동력을 차단하여 변속을 원활하게 하는 역할을 한다. 참고로 〈그림 4.2〉는 클러치와 수동 변속기의 연결장치를 나타낸 그림이다. 그림에서 보는 바와 같이, 엔진 출력을 변속기 입력축에 연결하거나 차단하는 역할을 한다. 그리고 변속기는 입력축 속도를 조절하는 출력축을 통해 추진축에 동력을 전달하게 되어있다. 참고로 변속기의 원리는 뒤에서 자세히 설명하였다.

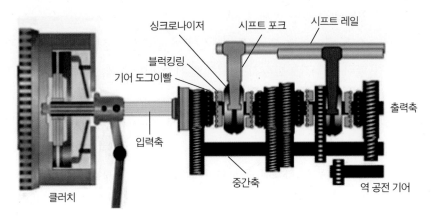

그림 4.2 클러치와 수동 변속기

　일반적으로 클러치가 갖추어야 할 조건은 다음과 같이 크게 다섯 가지가 있다.

　첫째, 작용이 원활하고 단속 기능이 정확해야 한다. 플라이휠(flywheel)은 엔진과 연결되어 클러치판이 스프링의 팽창력에 의해 플라이휠과 압착이 되어 끊임없이 회전하기 때문이다. 만일 운전자가 변속하려고 클러치 페달(clutch pedal)을 밟으면 엔진의 동력이 차단되어 변속기 기어를 바꿀 수 있다. 따라서 엔진과 변속기 사이에 연결된 동력을 쉽게 연결하거나 차단할 수 있는 클러치가 필요하다. 여기서 플라이휠은 크랭크축의 회전력을 유지하여 불균형을 작게 하는 기능을 한다. 각 실린더에서는 크랭크축 2회전에 1회씩 팽창력이 발생하여 축을 회전시킨다. 하지만 흡입, 압축, 배기행정에서는 역방향의 힘이 필요하다. 따라서 플라이휠이 없으면 크랭크축의 회전이 맥동적이 되고, 공회전 상태와 같이 팽창 행정의 간격이 길어지게 되면 엔진이 멈춘다. 이러한 이유로 가솔린 기관과 디젤 기관에 플라이휠을 장착한다. 둘째, 클러치판의 회전 부분이 평형 상태가 되어있어야 한다. 즉 플라이휠과 평면 상태로 밀착하거나 떨어질 수 있도록 클러치판이 평평해야 한다. 셋째, 방열이 잘되어 마찰열에 의해 클러치판이 과열되지 않아야 한다. 넷째, 회전 관성이 약해야 한다. 회전 관성이 크면 기어를 바꿀 때 소음이 발생하고 기어가 신속하게 물리지 않는 현상이 발생할 수 있다. 다섯째, 클러치는 구조가 간단해야 고장 발생이 적다.

한편 클러치는 수동 변속기에서 마찰력을 이용하여 동력을 전달하는 마찰 클러치와 자동변속기에서 주로 사용하는 유체 클러치가 있다. 대표적인 클러치는 다음과 같다.

(1) 마찰 클러치

마찰 클러치(friction clutch)는 마찰력을 이용하여 엔진의 동력을 변속기에 전달하는 구성품이다. 그리고 클러치판이 한 개인 것이 단판 클러치이고, 클러치판과 압력판을 겹쳐서 사용하는 것을 다판 클러치라고 한다. 단판 클러치는 구조가 간단하고 고장률이 적어 조정 및 수리가 쉽고 확실하게 작동한다. 하지만 이 방식은 큰 동력을 전달하려면 클러치판을 크게 해야 하는 단점이 있어서 보통 소형 차량에 많이 사용한다. 하지만 다판 클러치는 큰 동력을 전달해야 하는 중형이나 대형차량에 주로 적용하고 있다. 또한, 경주용 차량과 같이 클러치판의 지름을 크게 할 수 없는 경우에 적용하고 있다.

마찰 클러치는 일명 건식 클러치라고도 하는데 이는 클러치판의 표면이 마른 상태를 의미한다. 마찰 클러치는 코일-스프링식(coil-spring type), 다이어프램-스프링식(diaphragm-spring type)이 있다.

■ 코일-스프링식 클러치

코일-스프링식 클러치는 〈그림 4.3〉에서 보는 바와 같이, 마찰원판의 수와 형태에 따라서 단일 원판형과 다중 판형, 그리고 원뿔 판형이 있다. 주요 구성은 〈그림 4.4〉 ❶에서 보는 바와 같이, 클러치판, 릴리스 레버, 스프링, 압력판 등이 있다. 작동과정은 〈그림 4.4〉 ❷와 같이 먼저 클러치 페달을 누르면 전동축에 있는 릴리스 베어링에 의해 릴리스 레버가 작동한다. 릴리스 레버의 작동으로 압력판이 움직이면서 플라이휠과 분리되어 엔진에서 크랭크축으로 전달되는 동력을 차단하게 된다. 만일 클러치 페달을 조작하지 않을 때는 압력판에 설치된 스프링에 의해 클러치판 플라이휠과 압착이 되어 동력을 전달하게 되어있으며, 다중 원판식과 원뿔 원판식의 작동원리도 비

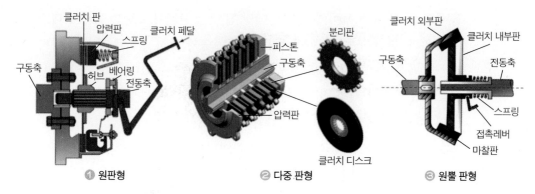

그림 4.3 코일 스프링식 클러치의 종류

숫하다. 여기서 전동축(power transmission shaft)은 비틀림에 의해 동력을 전달하는 차축이고, 구동축은 엔진의 크랭크축과 연결된 회전축이다. 그리고 이들 방식 중에서 단일과 다중 원판식 클러치의 특성은 다음과 같다.

첫째, 단일 원판 건식 클러치(single-plate dry clutch)의 구동 부재는 플라이휠과 압력판을 통상 주철로 제작한다. 압력판은 압력판과 커버 사이에 접선 방향으로 배열된 3개에서 4개 세트의 강철 스트랩(strap)에 의해 플라이휠과 함께 회전하게 되어있다. 따라서 굽힘의 유연성은 압력판의 축 방향 이동을 허용하거나 압력판의 돌출부가 덮개의 슬롯에 맞물리고 미끄러지게 되어있다. 그리고 커버와 압력판 사이에 있는 스프링들은 플라이휠의 면을 향해 힘

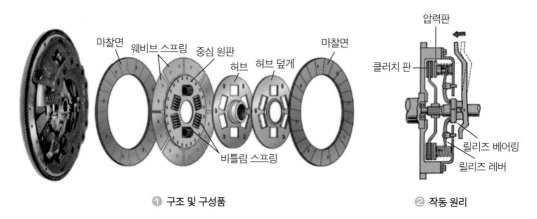

그림 4.4 코일-스프링식 클러치의 구조와 작동원리

을 주어 이 두 표면 사이에 마찰 라이닝 된 구동 플레이트 또는 클러치 디스크가 있다. 한편 구동 플레이트는 맞물리는 동안 충격 부하를 줄이고 장력 진동을 흡수하기 위해 스프링 쿠션 허브를 통합할 수 있다. 허브 스프링은 속도 또는 끝단 간격을 변경하여 점진적인 동작을 갖도록 배열되어 있으며, 장력 에너지를 흡수하기 위해 허브와 플레이트 사이에 마찰 감쇠가 작용할 수 있게 되어있다. 그리고 리벳이 있는 라이닝은 경계가 있는 석면으로 되어 있으며, 주철 표면의 마찰계수는 약 0.3에서 0.4이다. 안감이 있는 스프링 강철 잎은 결합 중에 함께 눌렸을 때 부드러운 작용을 제공하기 위해 자유 상태에서 두 개의 링을 약간 분리하도록 배열될 수 있다. 플레이트에 구멍(slot)을 내면 열에 의한 플레이트의 왜곡(distortion) 현상을 줄일 수 있다.

둘째, 다중 판 클러치(multi-plate clutch)는 2개 이상의 구동 원판이 있는 클러치를 말한다. 따라서 클러치에 의해 전달하는 토크 T는 마찰 면의 수 n, 총 스프링 추력 F_n, 마찰계수 μ, 마찰 면의 평균 반지름 r_m의 요소에 따라 다르다. 따라서 토크의 용량은 식 [4-1]과 같이 계산할 수 있다.

$$T = n\mu F_n r_m \quad\text{..}\quad [4-1]$$

여기서 평균 반지름 $r_m = (r_0 + r_i)/2$이고, r_0은 마찰 재료의 외부 반경, r_i은 마찰 재료의 내부 반지름이다.

만일 스프링의 추력, 마찰 또는 클러치 반지름을 제한해야 하는 경우, 최대 토크가 미끄러지지 않고 전달될 수 있도록 플레이트 수를 늘려야 한다. 과거에는 이 방식을 적용하였으나 점차 자동변속기로 대체되었다. 이 방식의 기어 박스는 다양한 기어 요소를 유지하기 위해 다수의 클러치가 필요하고 클러치 지름이 큰 단점이 있다. 이에 비해 자동변속기에 있는 클러치는 주로 습식이며, 유압 피스톤에 의해 작동하는 방식이다.[1]

---

1 https://www.audi-mediacenter.com/en/technology-lexicon-7180/drive-system-7227

4.1
exercise

어떤 전술 차량의 탑재된 엔진이 평균 지름 25mm의 단일 플레이트 클러치로 동력을 전달하여 출력축에서 146N · m의 토크를 발생하고 있다. 클러치 마찰 면의 사이의 마찰계수가 0.3이라면, 이러한 토크를 전달하는 데 필요한 최소 총 클러치 스프링 힘은 얼마인가?

풀이 최소 총 스프링 힘 F_n는 클러치 마찰원판 표면 사이의 수직 힘이다. 따라서 단일 원판 클러치의 두 측면에 대한 토크는 식 [4-2]를 적용하여 계산할 수 있다. 즉,

$$T = n\mu F_n r_m = 2\mu F_n r_m \quad \cdots\cdots\cdots\cdots\cdots\cdots\cdots\cdots\cdots\cdots \text{[4-2]}$$

$$\therefore \quad F_n = \frac{T}{2\mu r_m} = \frac{146}{2 \times 0.3 \times 0.125} = 1,946.7\text{N}$$

즉 미끄럼이 없이 토크를 전달하는 데 필요한 최소 총 클러치의 스프링 힘은 1946.7N이다.

② 다이어프램-스프링 클러치[2]

다이어프램 스프링은 〈그림 4.5〉에서 보는 바와 같이, 클러치 스프링과 릴리스 레버의 작용을 한다.

다이어프램 스프링식 클러치의 특징은 첫째, 각 부품이 원형으로 되어 있어 회전 평형이 좋고 압력판에 작용하는 압력이 균일하다. 둘째, 고속 회전 시 원심력이 발생할 때 스프링이 압축되는 경향이 적다. 셋째, 클러치 접촉면이 어느 정도 마모되어도 압력판이 누르는 힘의 변화가 적다. 마지막으로 클러치 페달을 밟는 힘이 적게 들어 일반 차량용으로 많이 사용되고 있다.[345]

---

2   https://x-engineer.org/automotive-engineering/drivetrain/coupling-devices/clutch-actuation-system/

3   https://mechcontent.com/diaphragm-clutch/

4   https://learnmech.com/diaphragm-clutch-diagram-working-advantages/

5   www.ijste.org/articles/IJSTEV2I12027.pdf

① 구조 및 구성품   **②** 작동 원리

그림 4.5 다이어프램-스프링식 클러치

(2) 유체 클러치

　유체 클러치(fluid clutch)는 유체 커플링(fluid coupling)이라고도 하며, 유체에 의해 동력을 전달하기 때문에 엔진이 저속 회전일 경우 슬립(slip)이 일어나 동력을 전달한다. 따라서 변속기가 고단 기어에 놓여있어도 출발할 수 있어서 클러치 페달이 없다. 오늘날 유체 클러치는 토크 컨버터로 발전되어 자동 변속기에 적용되고 있다.

　유체 클러치는 엔진 동력에 의해 유체의 운동에너지로 바꾸고 운동에 너지를 다시 회전력으로 변환하여 변속기로 전달하는 장치이다. 이 장치는 〈그림 4.6〉 **①** 에서 보는 바와 같이, 입력축, 출력축, 터빈 러너(turbine runner), 펌프 임펠러(turbine impeller), 유압유 등으로 구성이 되어있다.

　이 클러치의 작동원리는 〈그림 4.6〉 **②** 에서 보는 바와 같이, 엔진 크랭크 축이 회전하면 펌프 임펠러와 유압유는 회전하여 원심력에 의해 펌프 임펠러의 바깥둘레로 유출된다. 유출된 유압유는 터빈 러너의 바깥 둘레에서 중심 쪽으로 들어가 터빈 러너에 회전력을 주어 기계적인 연결이 없이 동력이 전달된다. 이때 유압유는 밀도가 크고, 점도가 낮고, 유동 저항이 적은 기름이 좋다. 그리고 이 클러치의 특성은 구조가 간단하고 마멸되는 부분이 작으며, 진동이나 충격 등을 엔진에 직접 전달하지 않는 장점이 있다. 또한, 구동 바퀴에 부하가 걸려도 엔진에 무리가 가지 않는다.

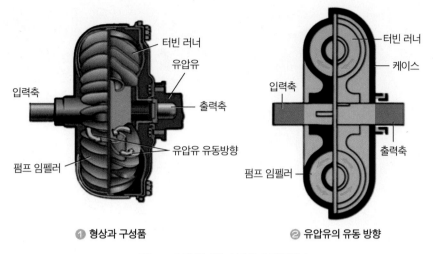

❶ 형상과 구성품　　　　❷ 유압유의 유동 방향

그림 4.6 유체 클러치의 구성과 작동원리

(3) 토크 컨버터

　토크 컨버터(torque converter)는 유체 클러치에서 발전된 것으로 유체 클러치와 가장 큰 차이점은 토크를 변환하여 동력을 전달할 수 있다는 점이다. 이 장치는 〈그림 4.7〉 ❶에서 보는 바와 같이, 엔진 측에 연결된 펌프와 변속기 측에 연결되는 터빈, 그리고 힘을 강하게 하는 스테이터(stator)와 유압유로 구성되어있다. 이 장치는 〈그림 4.7〉 ❷의 맨 왼쪽 그림에서 보는 바와 같이, 터빈의 회전속도가 느리면 스테이터가 고정되어 토크가 증가한다. 하지만 가운데 그림처럼, 터빈 속도가 펌프 속도에 가까우면 스테이터가 공전하여 단순히 유체 클러치로만 작동하게 된다.

　유체 클러치에서 엔진에 의한 크랭크축의 회전속도가 감소하여 펌프 임펠러와 터빈 러너 속도가 같아질 때 유압유(hydraulic operating oil)의 유동 방향이 서로 상쇄되어 유체의 유동은 일시 중단된다. 이때 엔진의 속도가 더 낮아지게 되면 터빈의 축이 일시적으로 구동축이 되고 크랭크축이 피동 축이 된다. 그 결과 마찰 클러치처럼 차량에 브레이크 작용이 발생한다. 그리고 맨 오른쪽 그림에서처럼, 펌프의 회전속도가 빠르면 터빈과 회전하면서 토크를 증대시켜 동력을 전달하게 된다. 이 장치의 작동원리는 세부적으로 알

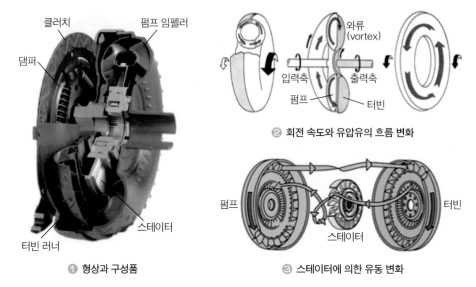

클러치　　　펌프 임펠러

댐퍼

와류
(vortex)

입력축　　출력축

펌프　　　터빈

스테이터

터빈 러너

❷ 회전 속도와 유압유의 흐름 변화

펌프　　　　　　　　　　　　　터빈

스테이터

❶ 형상과 구성품

❸ 스테이터에 의한 유동 변화

그림 4.7 토크 컨버터의 구성과 작동원리

아보면 다음과 같다.

〈그림 4.7〉❸에서 보는 바와 같이, 이 장치는 터빈을 회전시킨 유압유가 스테이터에서 펌프의 회전 방향과 같은 방향으로 진입하도록 방향을 바꾸는 역할을 한다. 즉 터빈 러너로부터 나오는 유압유의 유동 방향을 변환하고, 그 속도를 빠르게 하여 펌프 임펠러로 다시 유압유를 순환시켜서 토크를 증대시킬 수 있다.

이러한 토크 컨버터는 클러치 작용과 토크를 증대시켜 전달할 수 있어서 주로 자동변속기에 사용하고 있다. 이 장치의 장점은 첫째, 기어 변경 레버를 조작할 수 있고, 그때마다 클러치 페달을 밟지 않아도 된다. 따라서 수동변속기보다 운전하기가 편리하다. 둘째, 기어식 변속기와 조합되어 있으므로 저속 토크가 크다. 셋째, 엔진의 힘이 유압유를 통해 전달되기 때문에 부드러운 출발, 가속, 그리고 감속을 할 수 있다. 특히 경사길에서의 출발이 쉽고, 엔진이 꺼질 염려가 없다. 넷째, 유압유가 구동 계통의 충격을 흡수하므로 진동 및 충격이 작다. 하지만 단점으로는 첫째, 엔진 동력이 유압유에 의해 전달되므로 전달 효율이 낮다. 그 결과 차량의 연료 소비가 많고 가속 시점에서 수동 변속기보다 가속도가 느리다. 둘째, 고장 시 시동과 차량을 견인하기 어렵다. 셋째, 구조가 복잡하여 수리비용이 수동 변속기보다 비싸다.

2. 변속기

변속기(transmission)는 차량의 속도를 필요한 속도로 변화시켜 주는 장치이다. 차량이 출발 시에 바퀴의 회전속도는 느리지만 큰 토크가 필요하다. 그리고 가속이 붙은 다음에는 큰 토크는 필요하지 않으나 고속 회전이 필요하다. 이 때문에 크기가 서로 다른 기어를 맞물림으로써 엔진의 회전속도와 토크를 조절할 수 있다.

한편, 변속기는 운전자가 직접 변속을 조작하는 수동 변속기와 유압 등을 이용하여 자동으로 속도에 맞게 변속을 해주는 자동변속기가 있다. 수동식 변속기는 기어식 변속기라고도 부른다. 그리고 자동변속기는 수동식 변속기와 달리 마찰 클러치가 없다.

(1) 수동식 변속기

수동식 변속기(manual transmission)는 평행한 두 축 사이에 기어를 맞물리게 하여 필요한 변속 기어비(transmission gear ratio)를 얻는다. 변속 기어비는 변속기의 입력축과 출력축 회전수의 비율로 나타나며, 변속 기어비가 최대일 경우를 1단 기어라고 한다. 이어서 기어비가 커짐에 따라서 2단, 3단, 4단 등이라 한다. 그리고 엔진 크랭크축과 변속기 구동축이 직접 연결된 상태가 가장 고속 상태이다.[678]

한편 수동 변속기는 구조와 조작기구에 따라 활동 물림 방식(sliding mesh type), 상시 물림 방식(constant mesh type), 동기 물림 방식(synchromesh change type)이 있다.

---

6 www.uniquecarsandparts.com.au

7 www.howstuffworks.com

8 www.themotormuseuminminiature.co.uk

1 활동 물림 방식

활동 물림 방식은 〈그림 4.8〉 ①에서 보는 바와 같이, 입력축과 출력축이 평행한 구조로 되어있다. 이때 입력축은 클러치에 연결되어 있고, 출력축은 추진축(후륜 구동인 경우)에 연결되어 있다.

이 장치의 작동원리를 살펴보면, 출력축은 변속 기어비가 다른 활동 기어가 모두 고정되어 있고, 입력축에는 이들 활동 기어가 입력축 상으로 움직일 수 있게 되어있다. 그리하여 〈그림 4.8〉 ②와 같이, 운전자가 변속레버를 조작하면, 전진 1단~4단, 후진 등으로 활동 기어가 출력축 상에서 이동하여 변속할 수 있다. 이처럼 수동 변속기는 구조가 간단하고 취급이 쉽다. 하지만 입력축 활동 기어를 직접 움직여서 변속해야 하는 구조이다. 그리하여 변속 동작이 커서 가속성이 저하된다. 또한, 이 방식은 맞물리는 활동 기어들의 원주 속도의 차이가 크면 소음을 발생하거나 기어가 손상될 수 있다.

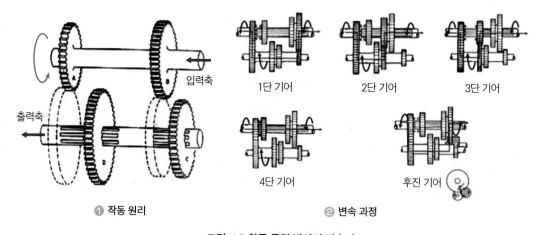

입력축

출력축

1단 기어   2단 기어   3단 기어

4단 기어   후진 기어

① 작동 원리   ② 변속 과정

그림 4.8 활동 물림 방식의 변속기

2 상시 물림 방식

상시 물림 방식은 〈그림 4.9〉 ①과 같이, 입력축 상에 있는 기어와 출력축 상에 있는 기어가 항상 물려 있는 수동 5단 변속기의 구조와 구성품을 나타낸 그림이다. 운전자가 변속기 레버(lever)를 조작하면 기어 시프트(gear shift)

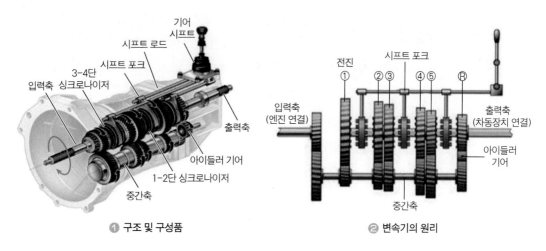

① 구조 및 구성품   ② 변속기의 원리

그림 4.9 상시 물림 방식의 변속기

와 시프트 로드(shift rod), 그리고 시프트 포크(shift fork)가 움직이면서 변속을 한다. 입력축 기어는 축 위에서 공전하고 있고, 축에 허브 기어(hub gear)와 슬리브(sleeve)가 스플라인 기어(spline gear)에 물린다. 그 결과 슬리브 기어를 움직여서 축(shaft), 허브(hub), 슬리이브 기어를 하나로 연결하여 동력을 전달하는 방식이다.

활동 물림 방식은 변속 시 입력축 기어를 축 방향으로 이동시켜 출력축 기어와 맞물리게 되어있다. 이 때문에 기어 이면(tooth surface)이 일치하지 않으면 기어가 풀릴 때 소음이나 기어가 손상될 수도 있다. 하지만 상시 물림 방식은 입력축과 출력축의 기어를 물린 상태로 회전한다. 또한, 입력축 기어는 입력축 상에서 자유롭게 회전하고, 출력축 기어는 출력축에 고정되어 있다. 그리고 클러치 축의 기어와 출력축 기어를 통해 전달된 회전력은 입력축으로 전달된다. 이때 변속레버에 의해 이동되어 공회전하고 있는 입력축 기어 안쪽에 있는 도그 클러치(dog clutch)와 연결되어 동력을 전달하게 되어있다. 여기서 도그 클러치는 서로 맞물리는 조(jaw)를 가진 플랜지(flange)의 한쪽을 원동축으로 고정하고 다른 방향은 축 방향으로 이동할 수 있게 한 클러치로서 '맞물림 클러치'라고도 부르고 있다.

한편, 상시 물림 방식의 특성은 활동 물림 방식보다 물리는 기어의 지름이 작고, 항상 기어가 물려 있어서 기어의 마모가 적다. 그리고 도그 클러치의 물림 폭이 좁아서 변속 조작이 쉽고, 구조도 비교적 단순하다. 이러한 특성 때문에 이 방식은 주로 대형버스나 트럭 등에 사용하고 있다.

3 동기 물림 방식

변속기는 엔진의 회전과 차량의 속도와의 관계 때문에 다른 속도로 회전하는 2개의 기어를 맞물려야 할 경우가 많다. 특히 고속기어에서 저속기어로 감속할 경우, 기어를 맞물리기가 어렵다. 이때 어떤 경우에는 기어가 파손될 수도 있다. 이 때문에 운전자는 일단 클러치를 끊어 기어를 빼고, 다시 클러치를 연결하여 가속페달을 밟아 엔진의 회전속도를 높인 후에 다시 클러치를 끊고 기어를 넣는 더블클러치 조작을 해야 한다. 따라서 운전자가 이런 작동을 하기에는 숙련기술이 필요하고, 번거롭다. 이러한 문제점을 개선한 방식이 동기 물림 방식이다. 이 방식은 물림 방식에 따라서 단일 동기 물림 방식, 다중 동기 물림 방식, 이중 동기 물림 방식, 외부 원뿔 동기 물림 방식(outer-cone synchromesh type)이 있다.

동기 물림 방식은 〈그림 4.10〉 ❶에서 보는 바와 같이, 동기 기어(synchronizer gear), 블럭킹 링(blocking ring), 시프트 포크, 시프트 레일(shift rail), 역 공전 기어(reverse idler gear) 등으로 구성이 되어있다. 여기서 공전 기어(idler gear)는

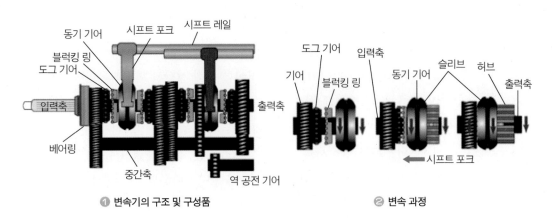

❶ 변속기의 구조 및 구성품　　　　　　❷ 변속 과정

그림 4.10 단일 동기 물림 방식의 변속기

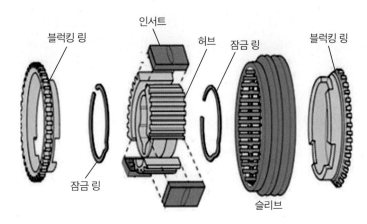

그림 4.11 외부 원뿔 방식의 동기 기어

두 개의 메인 기어 사이에 설치되어 그 위치를 조정하거나 회전 방향을 변환시킬 목적으로 사용되는 기어이다. 이 기어로는 동력을 변화시킬 수 없다. 차량을 후진할 때 쓰이는 후진 기어에는 회전 방향을 역(逆) 공전 기어가 있다.

동기 물림 방식의 작동원리는 〈그림 4.10〉 ❷에서 보는 바와 같이, 운전자가 변속기 레버를 움직이면 시프트 포트가 움직여서 입력축의 회전력을 출력축에 전달한다. 이때 시프트 포크가 그림에서 왼쪽으로 움직이면 블럭킹 링이 입력축 기어에 물리면서 동기 기어에 의해 두 개의 슬리브가 회전하고 서로 맞물리면서 출력축에 회전력을 전달하는 방식이다.

한편 동기 기어의 세부 구조는 〈그림 4.11〉과 같다. 이 기어는 블럭킹 링, 허브, 잠금 링(lock ring), 슬리브, 인서트(inserts), 허브(hub)의 구성품이 결합 되어있다. 동기 기어는 슬리브의 왼쪽과 오른쪽에 있는 블럭킹 링이 맞물리면서 동력이 전달되면서 같은 속도로 회전하게 되어있다. 즉, 변속 시 두 기어가 맞물리는 시기를 같게 하여 속도가 일치되었을 때 서로 맞물리게 하는 기구이다.

(2) 자동식 변속기

자동식 변속기(automatic transmission)는 엔진에서 발생한 동력을 차량의 주행속도에 따라 최적의 토크로 변환이 이루어지도록 자동으로 클러치를 단속하고, 변속 기어비를 변화시키는 장치이다.

■ 구조 및 작동원리

자동변속기는 〈그림 4.12〉에서 보는 바와 같이, 입력축, 토크 컨버터, 유성기어, 밸브 몸체(valve body), 출력축 등으로 구성이 되어있다.

이들 구성품의 기능은 다음과 같다. 첫째, 밸브 몸체는 차량에 시동을 걸면 엔진이 작동하면서 오일펌프에서 유압을 변속기의 각 구성품에 분배한다. 이 구성품 속에는 압력 조정 밸브, 시프트 밸브, 수동 밸브가 내장되어있으며, 그림처럼 통상 유성 기어장치의 하부에 장착되어 있다.

자동변속기는 클러치와 변속기의 조작을 운전자 대신 기계가 한다. 이때수동 변속기의 클러치 대신에 자동변속기에는 토크 컨버터가 있다. 또한, 자동변속기에는 유성기어(planetary gear, 또는 공전 기어)가 있다. 이 기어는 〈그림 4.13〉 ❶에서 보는 바와 같이, 태양기어(sun gear)를 중심으로 2개에서 4개의 피니언기어(pinion gear)와 피니언기어를 연결한 캐리어(carrier), 그리고 가장바깥쪽에 링 기어(ring gear)로 구성되어 있다. 유성기어를 각 기어의 어느 하

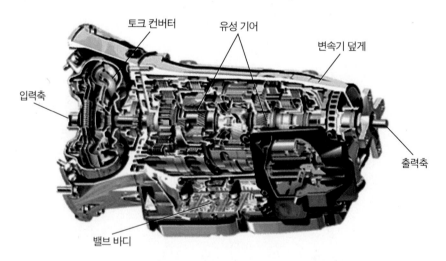

그림 4.12 대표적인 자동변속기

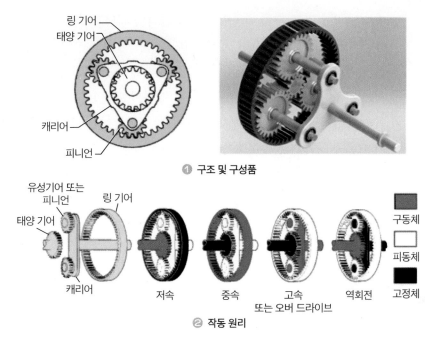

① 구조 및 구성품

② 작동 원리

그림 4.13 유성기어의 구조와 작동원리

나를 고정하면 저속, 고속 회전은 물론이고, 역회전도 가능하다. 이 때문에 클러치 기능과 토크를 증가시킬 수 있는 토크 컨버터 기능이 있다.

한편, 속도에 따른 유성기어의 작동은 〈그림 4.13〉 ②에서 보는 바와 같이, 먼저 감속하는 경우, 링 기어의 운동을 고정한 상태에서 태양 기어를 입력, 캐리어를 출력으로 하면, 캐리어가 태양 기어보다 저속 회전하게 되어 감속된다. 다음으로 중간 속도의 경우에는 태양 기어의 운동을 고정하고 캐리어를 입력, 링 기어를 출력으로 하면, 링 기어가 캐리어보다 빨리 회전하게 되면서 증속 상태가 된다. 끝으로 역회전인 경우, 캐리어를 고정하고 태양 기어를 입력, 링 기어를 출력으로 하면, 링 기어의 회전 방향이 태양 기어와 반대 방향으로 회전한다. 이 경우는 차량을 후진하는 상태이다.

❷ 자동변속기의 특성

일반적으로 토크 컨버터와 유성기어 장치를 조합한 자동변속기가 많으며, 자동변속기는 수동 변속기와 달리 클러치 페달과 변속레버가 없다. 자동 변속기의 장점을 살펴보면, 첫째, 기어의 변속을 수동으로 조작하지 않으므로 운전하기 편리하다. 그리고 기어를 바꿀 때 회전력 전달이 단절되지 않아서 안전하다. 둘째, 저속에서 구동력이 강해서 등판(hill climbing) 출발이 쉽고, 최대 등판능력도 크다. 셋째, 엔진에서 발생한 동력을 유체(유압유)로 전달하기 때문에 가속과 감속이 원활하여 승차감이 좋다. 넷째, 유체가 완충작용을 하여 진동이나 충격을 흡수한다. 하지만 단점으로는 첫째, 변속기의 구조가 복잡하고 가격이 비싸다. 둘째, 수동 변속기보다 연료 소비율이 약 10% 정도 크다. 셋째, 차량을 밀거나 끌어서 엔진 시동을 걸 수 없다.

3. 동력전달 계통

만일 차량 앞쪽에 엔진이 설치된 후륜 구동 차량은 추진축을 통해 구동력을 후륜 차축으로 전달해야 한다. 구동 계통은 변속기의 출력을 종감속기까지 긴 축을 이용하여 동력을 전달하는 축이다. 드라이브 라인은 슬립 조인트(slip joint), 추진축(propeller shaft), 유니버설 조인트(universal joint)로 구성되어 있다.

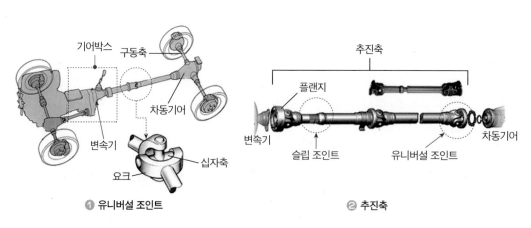

❶ 유니버설 조인트   ❷ 추진축

그림 4.14 슬립 조인트와 유니버설 조인트

(1) 슬립 조인트

슬립 조인트(slip joint)는 적재 화물의 양과 도로 상태에 따라 주행 중 변속 장치와 최종 구동장치와의 상대적인 위치가 변화하므로 변속기와 종감속기 사이의 길이 변화에 대응하기 위해 길이 방향에 스플라인으로 끼워져 있다.

(2) 유니버설 조인트

유니버설 조인트(universal joint, 자재 이음)는 〈그림 4.15〉에서처럼 2개의 축이 각도를 이루고 교차하는 경우, 두 개의 축 사이에 동력을 전달할 때 사용된다. 일반적으로 훅 조인트(hoke joint), 플렉시블 조인트(flexible joint), 등속 조인트(constant velocity joint) 등이 있다.

훅 조인트는 구조가 간단하고 가공이 쉬우며, 소형 · 경량이면서 부하 능력이 크기 때문에 가장 널리 사용되는 형식이다. 중심부의 십자 축과 두 개의 요크(yoke)로 구성되어 있다. 이 두 개의 요크를 마찰저항을 줄이기 위해 니들 롤러 베어링(needle roller bearing)을 통해 십자 모양 축으로 연결되어 있다. 작동은 입력축이 1 회전하는 경우에 두 개의 십자로 교차된 훅 조인트로 인하여 90°마다 증속, 감속을 2회 반복하며 진동이 발생한다. 이때 발생하는 진동을 감소하기 위해서는 설치 각도를 약 12° 정도로 해야 하며, 각도가 너무 큰 경우 토크나 각속도에 변동이 발생할 수 있다.

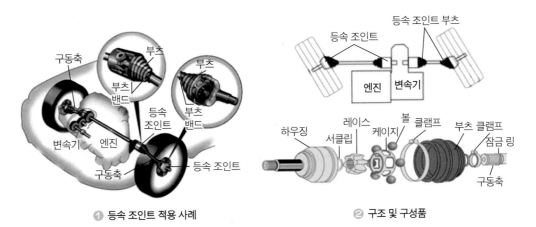

❶ 등속 조인트 적용 사례　　❷ 구조 및 구성품

그림 4.15 등속 조인트 구성과 작동원리

등속 조인트(constant velocity joint)는 입력축과 출력축이 이루는 각도를 이등분하는 평면상에 오도록 하여 속도변화가 발생하지 않는 등속으로 동력을 전달하는 유니버셜 조인트이다. 드라이브 라인의 각도 변화가 큰 경우에 사용하며, 동력전달 효율이 높으나 구조가 복잡하며, 소음과 진동이 거의 없어서 승차감이 좋다.

(3) 추진축

추진축(propeller shaft)은 엔진이 차량의 앞부분에 설치되어 엔진의 회전력을 멀리 떨어진 후륜 축으로 전달하기 위해 설치된 긴 축을 말한다. 따라서 엔진이 차량 앞부분에 있고 앞바퀴가 구동되는 차량에는 추진축이 필요하지 않다.

추진축은 강한 비틀림을 받으면서 고속으로 회전하기 때문에 엔진의 회전력을 종감속기까지 전달할 수 있도록 강도가 크고 속이 빈 강관으로 되어 있다. 이 때문에 전술 트럭이나 버스 등 대형차량과 같이 전륜 축과 후륜 축 사이의 거리, 즉 축간거리가 큰 경우에는 차량의 진동이 심하면 추진축이 파손될 우려가 있다. 이를 방지하기 위해 추진축을 두 개로 나누어야 한다. 즉 차대 중간에 베어링을 두어 추진축의 중간을 지지하게 하여 비틀림이나 굽힘에 의한 진동을 방지해야 한다. 이때 사용하는 베어링을 센터 베어링(center bearing)이라 한다. 또한, 추진축에 비틀림 진동을 방지하기 위해 비틀림 완충기(torsion damper)를 설치하고 있다.

(4) 종감속 기어와 차동장치

1 종감속 기어

종감속 기어(final reduction gear)는 추진축의 회전력을 구동 피니언이 받아 직각에 가까운 각도로 변화시키면서 동시에 감속하여 차동기어에 전달하는 장치이다. 또한, 추진축의 회전력은 구동 바퀴를 회전시키기에 약하기 때문에 추진축의 회전을 감속시켜 토크를 증가시키는 장치이다. 종감속 기어는 〈그림 4.16〉과 같이, 스파이럴 베벨기어(spiral bevel gear), 하이포이드 기어

크라운 기어

오프셋

피니언 기어

❶ 스파이럴 베벨 기어　　❷ 하이포이드 기어　　❸ 웜 기어

그림 4.16 종감속 기어의 종류

(hypoid gear), 웜기어(worm gear) 등이 있으며, 주로 스파이럴 베벨기어와 하이포이드 기어를 사용하고 있다.

스파이럴 베벨기어는 〈그림 4.16〉❶과 같이 톱니 줄이 직선이고, 정점을 향하고 있지 않은 베벨기어이다. 이 기어는 직선 베벨기어보다 물림 비율이 높고, 진동이나 소음이 작은 장점이 있다. 하이포이드 기어는 〈그림 4.16〉 ❷와 같이, 차동기어의 일종이며 스파이럴 기어(spiral gear) 형식이다. 이 방식의 장점은 피니언기어를 크게 제작할 수 있어서 접촉률이 높고, 회전이 원활하며, 감속비도 크게 할 수 있다. 또한, 피니언기어의 위치를 낮출 수 있어서 추진축의 위치와 차체의 지상고(road clearance)를 낮출 수 있다. 특히 그림처럼 오프셋(편심, offset)이 있어서 설계 시 융통성이 있다.

웜기어는 〈그림 4.16〉 ❸과 같이, 상호 간에 직각으로 교차하지 않는 2축 간에 큰 감속비의 회전력을 전달하는 경우에 사용한다. 이 기어는 나사형 웜과 이것에 맞물려지는 웜 휠로 이루어지고, 보통 웜을 입력축으로 하여 감속장치에 사용하는 기어이다. 이 기어는 감소비를 1/100로 할 수 있는 장점이 있다.

② 종감속비와 총감속비

종감속비(final reduction gear ratio)는 링 기어의 잇수를 구동 피니언기어의 잇수로 나눈 값으로 정수(integer)가 아닌 실수(real number)인 경우가 많다. 그 이유는 특정의 기어 이가 항상 물리는 것을 방지하여 기어 이의 편마모를 방지하기 위함이다. 따라서 종감속비는 엔진의 출력, 차량의 속도, 가속력, 능판

능력(gradeability), 연료 소비율 등을 고려하여 선정해야 한다. 일반 승용차에서는 종감속비는 3~6, 버스와 트럭은 4~8 정도이다.

총감속비(total reduction ratio)는 엔진의 회전이 변속기에서 감속되고, 다시 종감속기에서 감속되는데, 변속기의 변속 기어비에 종감속비를 곱한 값이다. 일반적으로 총감속비를 크게 하면, 등판성능과 가속 성능이 향상되나 차량의 최고속도는 낮아진다. 만일 총감속비를 낮추면 가속 성능은 떨어지나 최고속도는 증가한다.

❸ 차동기어

차동기어(differential gear)는 〈그림 4.17〉과 같은 구조로 되어있다. 이 기어는 차량이 회전하거나 요철이 심한 도로 등을 주행하여 좌우 바퀴의 회전속도가 다를 때, 좌우 바퀴 사이의 회전차가 필요한 경우에 필요한 장치이다. 이 장치는 자동으로 회전 차이를 두고 동력을 균등하게 전달하여 좌우 어느 한쪽 바퀴가 미끄러지지 않고 원활하게 주행할 수 있게 하는 장치이다.

이 장치는 〈그림 4.17〉 ❶에서 보는 바와 같이 구동축, 추진축 연결부, 크라운 기어, 베벨기어로 구성되어있다. 작동원리는 〈그림 4.17〉 ❷와 같이, 차량의 뒤 차축을 구동하는 데 사용하기 위해 태양기어, 유성기어, 그리고

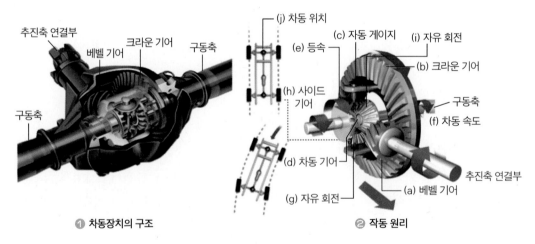

❶ 차동장치의 구조   ❷ 작동 원리

그림 4.17 종감속 기어와 차동장치

베벨기어로 구성이 되어있다. 차동기어장치는 베벨기어 방식을 말하며, 보통 태양기어에 뒤 차축을 연결하고, 유성기어와 맞물린 장치를 말한다. 만일 차량이 직진할 경우, 유성기어는 공전하는 기어 상자(case)와 함께 회전하여 태양기어를 회전시킨다. 차량이 방향을 변경하는 경우, 유성기어는 공전 운동과 자전 운동을 하고, 바깥쪽에 있는 태양기어를 빠르게 회전시킨다. 그리고 안쪽에 있는 태양기어를 느리게 회전시켜 바퀴가 미끄러지지 않게 하는 기능을 한다.

④ 차동제한 장치

차동제한 장치(LSD, limited slip differential)는 미끄러운 도로나 야지 등에서 주행할 때 한쪽 바퀴가 헛돌며 빠져나오지 못할 경우, 쉽게 빠져나올 수 있도록 도와주는 장치이다. 일반 차량에는 엔진 동력을 좌우 구동 바퀴에 회전 차이를 두어 전달하는 차동장치가 있다. 이 장치는 커브 길을 돌 때 필요한 장치이지만, 한쪽 바퀴가 진흙탕 또는 모래밭 등에 빠지거나, 빙판길 위에 있으면 주행에 문제가 발생한다. 예를 들어, 구동 바퀴의 한쪽이 모래에 빠지게 되면, 차동장치는 거의 모든 동력을 빠진 쪽 바퀴에 전달해 빠진 바퀴는 더 빠르게 회전하면서 계속 헛돈다. 반대로 빠지지 않은 바퀴에는 동력이 거의 전달되지 않게 된다. 그 결과 동력을 많이 받는 빠진 쪽 바퀴만 점점 더 빠져들어 결국 탈출하기 어렵다.

하지만 〈그림 4.18〉과 같이, 차동장치에 차동제한 장치를 추가하면 두 바퀴의 회전차 기능을 제한할 수 있다. LSD의 종류는 도그 클러치를 작동시켜 차동 작용을 막는 수동식, 롤러를 이용한 롤러와 롤러 케이지 방식, 다판 클러치 방식, 4륜 구동형 헬리컬 기어식, 파워 로크식 등 다양한 종류가 있다.

이 중에서 다판식 클러치방식은 저렴하고, 차동 제한 성능이 우수하다. 하지만 스프링을 이용하여 마찰 판을 밀어서 차동을 제한하는 방식으로 상시 차동 제한에 의한 동력손실이 발생하며, 마찰 판의 수명이 짧다. 그리고 고온에서는 기능이 저하되고 소음이 발생하는 단점이 있다. 최근에는 자동 차동 제한 장치(automatic limited-slip differential)가 사용되는 추세이다. 이 장치

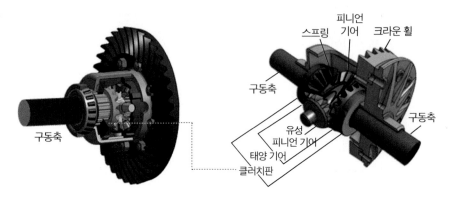

스프링 피니언 기어 크라운 휠

구동축

유성 피니언 기어

태양 기어

구동축

구동축

클러치판

그림 4.18 차동장치와 차동제한 장치

는 다판식 클러치방식을 전자화한 시스템이다. 그 결과 구동 바퀴가 헛돌 때 (spinning), 발진할 때 그리고 가속할 때 차동 제한비율을 최고 100%까지 제어하여 견인능력과 차선 유지능력을 개선하였다.

4. 구동 계통

차량은 〈그림 4.19〉와 같이, 엔진에서 나오는 동력을 전달하는 방식에 따라서 전륜 구동(FF, Front engine Front drive), 후륜 구동(FR, Front engine Rear drive), 4륜 구동(4WD, Four Wheels Drive), AWD 방식(AWD, All Wheel Drive)으로 구분하고 있다. 그림에서 화살표 방향은 엔진에서 나오는 동력이 전달되는 방향을 나타낸다. 〈그림 4.19〉 ❹는 AWD 방식으로 4개의 바퀴에서 필요한 적절한 동력을 조절할 수 있는 방식이다. 하지만 4WD 방식은 모든 바퀴에 같은 동력을 전달하는 방식이다. 이 방식은 빗길이나 눈길 등을 주행할 때 AWD 방식보다 미끄러짐이 심해서 안정성 측면에서 불리한 방식이다. 최근에 개발되고 있는 전술 차량과 장갑차는 주로 AWD 구동 방식을 채택하는 추세이며, 이들 방식의 구조와 특성을 살펴보면 다음과 같다.

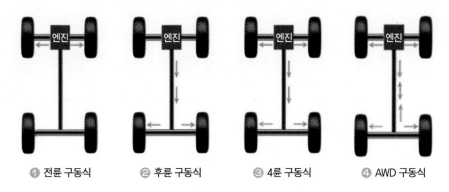

① 전륜 구동식　　② 후륜 구동식　　③ 4륜 구동식　　④ AWD 구동식

그림 4.19 차량의 구동 방식의 종류

(1) 전륜 구동 방식

전륜(前輪) 구동 방식(front drive type)은 〈그림 4.20〉 ①에서 보는 바와 같이, 차량 앞바퀴 쪽에 엔진이 설치되어 있고, 앞바퀴를 구동하는 방식이다. 그리고 뒷바퀴는 자유롭게 회전하도록 설계된 차량을 말한다. 이 방식은 엔진에서 바로 앞바퀴로 동력을 바로 전달해야 한다. 이 때문에 엔진이 크랭크축과 같은 방향인 가로로 배치되어 있다.

전륜 구동 방식의 장점은 엔진의 무게로 인해 앞바퀴에 하중이 집중되어 직진성, 방향성이 우수할 뿐만 아니라 미끄러운 길에서의 접지압력이 뛰어나다. 이로 인해 언덕길이나 눈길 등 미끄러운 길에서 다소 유리하다. 또

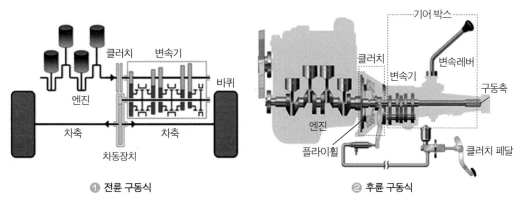

① 전륜 구동식　　　　　　　② 후륜 구동식

그림 4.20 동력전달 계통의 구성

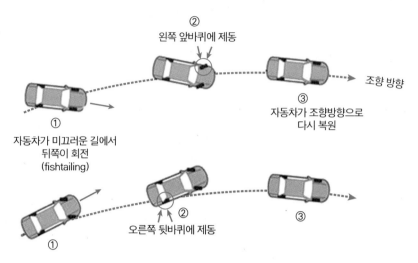

②
왼쪽 앞바퀴에 제동

조향 방향

③
자동차가 조향방향으로
다시 복원

①
자동차가 미끄러운 길에서
뒤쪽이 회전
(fishtailing)

②
오른쪽 뒷바퀴에 제동

③

①

그림 4.21 피시테일 현상과 주행 안정성

한, 전륜 구동 방식은 앞바퀴로 동력을 바로 전달하기 때문에 동력전달에 필요한 부품이 상대적으로 적게 들어 마찰을 줄여 엔진 수명을 늘리고, 무게도 작아져 연비 향상에 도움이 된다. 또한, 엔진 및 동력전달 장치가 앞쪽으로 집중되어 있어 실내공간의 활용성이 많아 사람과 화물에 대해 더 많은 공간을 배치할 수 있다.

하지만 전륜 구동 방식은 앞바퀴에 하중이 집중되어 앞바퀴와 충격 흡수 장치(suspension)의 마모가 증가하는 단점이 있다. 또한, 차량의 전체 무게 중심이 앞쪽에 있어서 고속 주행 시 차량 아랫부분으로 공기가 들어와 상대적으로 가벼운 뒷바퀴의 접지로 인해 차량 뒷부분이 약간 뜨게 되어 승차감이 저하된다. 같은 이유로 급가속, 급제동 시 약한 뒷바퀴의 접지압력 때문에 차량 뒷부분이 흔들리는 피시테일(fish tailing) 현상이 발생한다. 그리고 엔진이 가로 방향으로 설치되어 있어 공간이 제한적이다. 왜냐하면, 앞바퀴 조향으로 인해 엔진이 차지하는 가로 폭이 작아지기 때문이다. 따라서 출력을 높이기 위해서는 엔진을 크게 만들어야 하며, 그 대안 중 하나가 V형 엔진이다.

(2) 후륜 구동 방식

후륜 구동 방식은 차량의 앞쪽에 엔진이 설치되어 추진축을 통해 뒷바퀴가 움직인다. 반면에 앞바퀴는 자유롭게 회전하도록 설계되어 있다. 이 방식은 차량의 전체적인 하중을 균형 있게 배분할 수 있다. 그 결과, 전륜 구동 방식보다 급가속이나 급속 주행 시 뒷바퀴의 접지력이 우수하다. 또한, 상대적으로 차량 뒷부분이 뜨지 않아 주행 성능, 코너링, 제동 기능 측면에서도 우수한 방식이다. 하지만 이 방식은 엔진부터 구동 바퀴인 뒷바퀴로 동력을 전달하기 때문에 추진축이 필요하다. 이 때문에 차량의 실내공간 활용이 제한되고, 전륜 구동 방식보다 복잡해서 생산비가 비싸다.

(3) 4륜구동 방식[9]

1 적용 사례와 기능

4륜 구동 방식(4WD)은 차량의 네 바퀴에 모두 동력을 전달함으로써 장애물 극복능력이 우수하다. 이 방식은 최초에는 군용차량에 적용되었으나 현재는 상용 자동차에도 많이 적용하고 있다. 이 방식은 비포장도로나 험로 또는 미끄러운 도로 등을 주행할 때 최대의 정지 마찰력이 발생하는 장점이 있으나 생산비가 비싸다.

4WD 차량은 운전 환경과 차량의 상태 등에 따라 전륜과 후륜 각 구동축에 토크를 적절히 분배해야 한다. 이 때문에 2WD 차량보다 차량을 앞으로 진행하게 만드는 구동력(traction)과 주행 안전성 측면에서 우수하다. 반면에 전륜 구동 4WD 차량의 경우, 전자식 커플링 및 차동기어 등 부가적인 구동장치로 인해 차량의 무게가 증가하고 동력손실이 발생하여 연비가 감소하는 문제가 있다.[10]

4WD 방식은 크게 상시(full time) 구동 방식과 일시(part time) 구동 방식이 있다. 상시 구동 방식은 주행 중에 항상 네 바퀴를 구동하는 방식이다. 하지만 일시 구동 방식은 2WD/4WD로 전환할 수 있는 방식이다. 상시 4WD

9　http://aguaxcrawl-4x4.blogspot.com/2013/03/traccion-awd4wd4x4-y-2w

10　Hosub Lee etc, "Fuel Efficiency Evaluation of Disconnect 4WD System Using the Power Train Dynamometer", KSAE, pp. 55~60, 2020.12.

차량에서는 선회 시의 전륜과 후륜의 회전 반지름값을 흡수하기 때문에 중앙 차동기어(center differential) 또는 점성 커플링 장치, 유압 커플링 장치를 장착하여 급선회 시 타이트 코너 제동 현상(tight corner braking phenomenon)이 일어나지 않는다. 이에 비해 일시 구동 방식은 일반 도로에서는 앞바퀴 또는 뒷바퀴만 구동시키고 험로 주행 시에만 네 바퀴를 구동시켜 연료 소비를 줄이는 방식이다. 참고로 타이트 코너 제동 현상이란 회전 반지름이 작은 코너를 선회할 때 앞바퀴와 뒷바퀴의 회전 반지름이 달라서 브레이크가 걸린 듯이 뻑뻑해지는 현상이다. 예를 들어, 4WD 상태에서 차고에 차량을 넣는 경우처럼 작은 커브를 저속으로 회전할 때 발생한다. 이 경우 타이어의 미끄럼 작용이 작으면 이 같은 현상이 발생하며, 2WD로 구동 방식을 전환하면 이 현상은 발생하지 않는다.[11]

② 동력전달 방식과 특성

4WD 방식은 동력전달 방법에 따라 〈그림 4.22〉와 같이 크게 네 가지가 있으며, 각각의 원리와 특성은 다음과 같다.

첫째, 수동 선택 방식은 〈그림 4.22〉 ❶과 같이 운전자가 앞축과 뒤축에

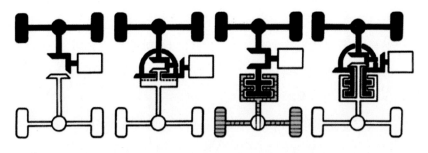

❶ 수동 선택 방식   ❷ 중앙 차동기어 방식   ❸ 유압 커플링 방식   ❹ 점성 커플링 상시 4WD 방식

그림 4.22 4WD 구동 방식의 동력전달 방법

---

11 Koji Ando etc, "Analysis of tight corner braking phenomenon in full-time 4WD vehicles" JSAE Review Volume 23, pp. 83~87, 2002.1

있는 차동기어와 연결된 추진축의 중앙에 있는 연결장치를 조작하여 네 바퀴가 모두 구동하는 일시 구동 방식이다. 이 방식은 차량이 멈춘 상태에서 연결장치를 작동해야 한다. 둘째, 중앙 차동기어(center differential gear) 방식은 〈그림 4.22〉 ❷와 같다. 이 방식은 눈길이나 진흙 길 등에서 전륜 또는 후륜이 미끄러져 공전하는 경우, 운전자가 스위치를 조작해서 차량 중앙에 있는 차동기어를 작동하여 네 바퀴를 구동하는 일시 구동 방식이다. 셋째, 유압 커플링 방식은 〈그림 4.22〉 ❸과 같이 수동 동력 연결장치와 유체 커플링으로 추진축의 동력을 조절할 수 있는 방식이다. 이 방식은 소형 차량에 적합하며, 노면 상황, 주행조건에 따라서 자동으로 전륜과 후륜의 구동력을 배분할 수 있는 상시 구동 방식이다. 넷째, 점성 커플링 상시 4WD 방식은 〈그림 4.22〉 ❹와 같이, 전륜이 공전해서 구동력이 없는 후륜보다 회전속도가 높아지면 점성 커플링에 의해 자동으로 후륜에도 토크가 전달하는 방식이다. 이 방식은 상시 4WD 차량에 장착하고 있으며, 전륜과 후륜 구동력의 배분 비율은 전륜 100%에서 전륜에 50%, 후륜에 50%까지 단계가 없이 변화시킬 수 있다.

❸ 구동 토크의 제어방법과 특성

4WD 방식 차량의 구동 토크 제어는 〈그림 4.23〉과 같이, 동적 토크 벡터링(AWD, dynamic torque vectoring), 동적 토크 제어(4WD, dynamic torque control), 전자식 4륜구동(E-four) 방식이 있다. 이들 방식의 원리와 특성을 살펴보면 다음과 같다. 여기서 커플링(coupling)은 동력을 전달하는 연결장치를 말한다.

첫째, AWD 방식(〈그림 4.23〉 ❶)은 주로 내연 기관 차량에 적용하며, 주행 상황에 따라서 왼쪽과 오른쪽 후륜의 구동 토크(구동력)를 독립적으로 제어할 수 있다. 이 방식은 전륜과 후륜의 토크를 50:50으로 배분하며, 오른쪽과 왼쪽 바퀴의 구동 토크를 최대 0:100에서 100:0까지 배분시킬 수 있다. 따라서 험로 주행이나 차량이 선회 시 주행 성능을 크게 높일 수 있는 장점이 있다.

둘째, 4WD(〈그림 4.23〉 ❷) 방식은 4개의 바퀴에 모두에 동력이 전달된다

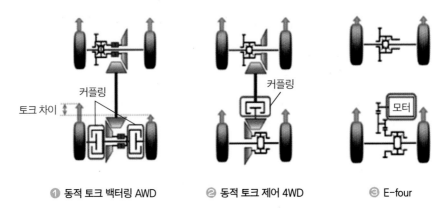

① 동적 토크 백터링 AWD　　② 동적 토크 제어 4WD　　③ E-four

그림 4.23 4륜구동 방식 차량의 구동 토크 제어방법

고 하여 전륜 구동(全輪驅動)이라고도 하며 4WD라고도 부른다. 이 방식은 이륜구동 방식보다 추진력이 월등하므로 비포장도로와 같은 험로, 급경사로, 노면이 미끄러운 도로를 주행할 때 성능이 뛰어나다. 이 때문에 주로 군용이나 험로 주행용 차량에 장착되었으나 최근에는 주행성 향상을 위하여 일반 승용차에도 채택되고 있다. 4WD 방식은 엔진에서 나오는 동력이 변속기와 부변속기(transfer case)를 거쳐 앞뒤 바퀴에 배분되어 전달된다. 부변속기는 엔진의 동력을 모든 차축과 바퀴에 전달하기 위해 변속기 옆에 설치하며, 구동력을 더욱 증가시키기 위한 감속 장치도 포함되어 있다. 4WD는 동력을 전달하는 방식에 따라 일시 4WD 방식과 상시 4WD 방식으로 구분한다. 일시 4WD는 일반적으로 두 바퀴만으로 구동하다가 험로를 주행해야 할 경우에만 선택적으로 4륜 구동을 하는 방식이다. 이 방식은 4륜 구동에 따른 에너지의 손실과 소음을 감소시킬 수 있다. 상시 4WD 방식은 항상 4륜 구동으로 주행하는 방식이다. 이 방식은 에너지 소비 및 소음 등의 문제가 있다. 하지만 구동력이 뛰어나 미끄러짐이 줄어들어 커브길 주행성이 좋다.[12]

　셋째, E-four(〈그림 4.23〉 ③) 방식은 하이브리드차에 적용하기 위해 개발

---

12 Hilda Bridges, "Hybrid Vehicles And Hybrid Electric Vehicles New Developments(Energy Management And Emerging Technologies)", Nova Science Publishers, Inc, 2015.

된 방식이다. 이 방식은 후륜에 전기 모터로 후륜의 구동 토크를 약 1.3배 높여서 견인력과 험로 주행성을 높여준다. 보통 구동 토크의 최대 배분을 전륜과 후륜의 구동 토크를 20:80, 왼쪽과 오른쪽 바퀴의 구동 토크를 50:50 비율로 배분하도록 제어한다. 또한, 평상시에는 전륜으로 주행하다가 미끄러운 노면 주행상황, 급출발과 급가속 상황, 코너링(선회 주행) 등에서 전자식 4륜 구동 시스템이 작동되어 주행 성능을 높여주는 방식이다.

제2절 현가장치

현가장치(suspension system)는 스프링 작용으로 차체의 중량을 지지하고 동시에 차륜의 상하 진동을 완화함으로써 승차감을 좋게 하고, 충격으로 인한 화물의 파손을 방지하며 차량에 과대 부하가 가해지지 않도록 하기 위한 장치이다. 이 장치는 일체 차축방식과 독립 현가 방식이 있으며, 완충 방식에 따라 기계 스프링방식, 유체 스프링식(공압식, 유공압 방식) 등이 있다,

일반적으로 현가장치는 다음과 같은 기능이 요구된다. 첫째, 불규칙한 도로의 요철에 의해서 차체에 전달되는 충격을 차단해야 한다. 둘째, 승차 인원 및 적재 중량의 변화와 상관없이 차량이 주행하는 동안 가속과 감속, 정지, 회전 등에도 차량의 자세가 일정해야 한다. 셋째, 차량의 제동력과 구동력을 유지할 수 있어야 한다. 넷째, 코너링에서 발생하는 원심력을 견디고 모든 바퀴가 바른 위치에서 차체를 지지할 수 있어야 한다. 다섯째, 차량의 하중을 모든 타이어에 균등하게 작용할 수 있어야 한다.

1. 주요 구성품

현가장치는 〈그림 4.24〉 ❶과 같이 차체에 걸리는 하중을 지지하고 노면의 충격을 흡수하는 스프링, 차량의 진동시간을 짧게 하여 완충작용을 하는

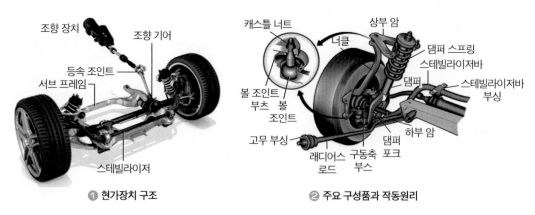

❶ 현가장치 구조

❷ 주요 구성품과 작동원리

그림 4.24 현가장치의 구조와 작동원리

쇼크 업소버(shock absorber or damper), 차량의 좌우로 진동하는 것을 억제하여 차체 기울기를 감소시켜 평형을 유지하는 스태빌라이저(stabilizer), 현가장치의 골격이 되는 서브 프레임(sub frame) 등이 있다.

일반적으로 현가장치의 세부 구조는 〈그림 4.24〉 ❷에서 보는 바와 같다.

(1) 스프링

스프링은 차체와 차축 사이에 설치되어 주행 중 발생하는 충격과 진동 등 외력을 에너지로 흡수하고, 외력이 제거되면 흡수된 에너지를 복원력으로 방출하여 차체에 충격이 전달되지 않도록 하는 기능을 한다. 현가장치에 사용하는 스프링은 판 스프링(leaf spring), 코일 스프링(coil spring), 토션 바(torsion bar) 등의 종류가 있다.

1 판 스프링식

판 스프링은 〈그림 4.25〉에서 보는 바와 같이 스프링 강을 띠 모양 강판으로 만들어 여러 장을 겹쳐서 만든다. 스프링의 중심에 센터 볼트(center bolt)로 고정하여 좌우 방향으로 움직임이 없도록 "U"자 모양의 볼트로 저지한다.

판 스프링은 판 사이의 마찰에 의해 스프링의 특성이 결정되며, 스프링

그림 4.25 판 스프링이 장착된 현가장치

자체의 강성을 이용하여 차축을 정 위치에 지지할 수 있다. 이 스프링은 구조가 간단하며, 내구성이 크다. 하지만 판 사이의 마찰이 발생하기 때문에 작은 진동의 흡수가 곤란한 단점이 있다.

② 코일 스프링식

코일 스프링은 스프링 강철을 코일 모양으로 성형하여 만들며, 주로 독립 현가 방식에 많이 사용하고 있다. 이 스프링은 단위 중량당 흡수에너지가 크고 가격이 저렴하다. 또한, 스프링 작용이 유연하며, 마찰이 없어 진동의 감쇠작용이 없다. 하지만 코일 스프링은 측방에서 받는 힘에 대한 저항력이 없다. 따라서 차축을 설치할 때 링크 기구나 쇼크 업소버를 같이 설치해야 한다. 그 결과 〈그림 4.24〉 ②에서 보는 바와 같이 현가장치의 구조가 복잡하다.

③ 토션 바 방식

토션 바는 스프링 강철을 막대 모양으로 만들어 비틀림 탄성에너지를 이용하는 부품이며, 〈그림 4.26〉 ①에서 보는 바와 같다.

작동원리는 〈그림 4.26〉 ②와 같이 바퀴가 충격을 받아 현가 암이 움직이면, 현가 암에 연결된 토션 바를 비틀게 된다. 이 비틀린 토션 바는 탄성에 의해 본래의 위치로 돌아가려는 복원력이 발생하고 이 힘으로 차량을 최초 상태로 되돌린다.

❶ 구조 및 설치 사례   ❷ 토션바의 작동원리

그림 4.26 토션 바의 구조와 작동원리

토션 바의 특성은 단위 중량당 흡수에너지가 판 스프링과 코일 스프링보다 크다. 따라서 부품 중에서 가장 가볍고, 구조도 매우 간단하다. 또한, 설치 공간도 크게 차지하지 않기 때문에 차량에 많이 사용하는 방식이다. 하지만 진동 감쇠 기능이 없어 쇼크 업소버를 설치해야 하는 단점이 있다.

(2) 쇼크 업소버

쇼크 업소버는 차량이 주행할 때 불규칙한 노면에 의한 충격으로 스프링이 진동하는데 이 진동을 흡수하여 진동을 부드럽게 감쇠시키는 구성품이다. 이 구성품은 승차감을 좋게 하고 적재물을 보호하며, 타이어의 접지력을 증가시킨다. 또한, 차량의 내구성을 높여주고 주행 안정성을 높여주는 등 많은 장점이 있다.

작동원리는 차량의 상하 운동에너지를 열에너지로 바꾸어 감쇠진동을 하게 하는 방식이다. 그리고 적용 방식에 따라서 〈그림 4.27〉과 같이, 스프링식, 공압식, 2중 튜브 유압식(twin tube shock absorber type), 전자기계식 등이 있다.

1 스프링식

스프링식은 한쪽을 차대에 고정하고 다른 한쪽을 차축에 고정한 상태로 설치한다. 작동원리는 주행 중에 바퀴가 볼록한 도로 면에 올라가면, 스프링

① 스프링식   ② 공압식   ③ 2중 튜브 유압식   ④ 전자기계식

그림 4.27 쇼크 업소버의 종류와 구성품

도 위로 변형하게 된다. 그리고 바퀴가 볼록한 도로 면에서 벗어나면, 스프링은 다시 팽창하면서 차축을 밀어 내린다. 이러한 상하 운동에서 발생하는 진동을 스프링이 흡수하게 된다.

② 공압식

공압식은 가스 주입식이라고도 하며, 〈그림 4.27〉 ②와 같이, 실린더와 피스톤 사이 공간에 5~10기압의 질소가스가 주입되어 있다. 따라서 차량이 상하 운동을 할 때 질소가스가 압축하면서 감쇠력이 발생하는 방식이다. 이 방식은 움직이기 시작할 때의 저항이 비교적 크나 감쇠 성능이 우수하다. 또한, 거꾸로 세워서 사용할 수 있다.

③ 2중 튜브 유압식

일반적으로 승용차에 가장 많이 사용되고 있다. 이 구성품은 2개의 튜브를 겹쳐 그 안에 피스톤을 넣은 구조이며, 복동식 쇼크 업소버라고 부르기도 한다. 이 구성품은 〈그림 4.27〉 ③의 왼쪽 그림에서 보는 바와 같이, 2중으로 되어있는 튜브의 바닥 부분에 밸브가 설치되어 있고, 봉의 끝부분에 피스톤과 밸브가 장착되어 있다.

이 방식의 작동원리는 누르는 힘이 가해지면 내측 튜브의 작동 유체는 우선 오리피스에서 힘이 증폭되어 감쇠력을 발생하면서 밸브를 통하여 외측 튜브로 빠져나가면서 감쇠력이 발생한다. 반대로 늘어날 때는 피스톤 오리피스와 감쇠력 발생 밸브가 같은 상태로 작동하여 감쇠력을 발생시켜 감쇠진동을 하게 하는 방식이다.

④ 전자제어식

전자제어식(electronic modulated type)은 4바퀴에 설치된 쇼크 업소버의 감쇠력을 컴퓨터에 의해서 연속적으로 제어하는 방식이며, 구조는 〈그림 4.27〉 ④와 같다. 이 방식은 차량을 항상 수평에 가까운 자세로 유지하면서 주행할 수 있다.

이 방식의 작동원리는 차체의 상하 운동을 앞뒤에 배치된 2개의 중력 센서, 속도 센서에 의해 각 쇼크 업소버의 높낮이 변화를 높이 센서(height sensor)로 검출한 데이터를 컴퓨터에 전송한다. 컴퓨터는 모든 바퀴에 설치된 쇼크 업소버의 감쇠력을 각각 제어하여 차체를 안정화한다. 이 방식은 작동 방식에 따라서 전자 제어 공압식, 능동 댐퍼 방식, 능동 예측(active preview type) 방식 등이 있다.

(3) 스태빌라이저

차량이 급커브를 주행할 때 차체의 원심력이 발생하여 차체가 기울어진다. 또는 요철이 있는 험로에서 차체가 기울어져 평형을 유지하기 어렵다. 이런 경우에 차량이 평형을 유지하게 하는 구성품이 스태빌라이저인데 토션 바 스프링 중 하나이다. 이 구성품은 〈그림 4.28〉과 같이 기계식과 전자식이 있다.

1 기계식

기계식 스태빌라이저는 〈그림 4.28〉에서 보는 바와 같이, 양 끝이 좌우 현가 암에 연결되어 있다. 그리하여 좌우 바퀴가 같은 방향으로 운동하는 경우에는 아무런 기능이 없다. 하지만 좌우 바퀴가 상하 운동을 하면 스태빌라이저에 비틀려진다. 이 비틀림 작용으로 반대쪽 바퀴의 현가 암을 누르고 그

그림 4.28 스태빌라이저의 종류와 작동원리

결과 차체의 기울어짐이 감소하게 만든다. 이 장치는 경주용 차량에는 필수적인 구성품이며, 일반 차량에도 점차 장착하는 추세이다.

② 전자제어식

전자제어식 스태빌라이저는 〈그림 4.28〉 ②에서 보는 바와 차량이 롤링할 때 유성기어(planetary gear)가 있는 액추에이터를 전자제어기로 제어하여 차체의 기울어짐을 감소시키는 방식이다.

2. 현가장치의 종류

(1) 일체 차축방식

일체 차축(rigid axle)은 〈그림 4.32〉 ②와 같이, 좌우 측 차륜은 하나의 강체 축 양단에 설치되어 있다. 그리고 차축은 스프링을 사이에 두고 차대에 설치된다. 그 결과 차축에서는 휠이 튀어 오를 경우에도 토(toe) 값과 캐스터(caster) 값의 변화가 없다. 그러나 한쪽 차륜만이 장애물을 넘어갈 때는 차축이 경사져서 캠버(camber) 각이 변한다. 여기서 캠버 각(camber angle)이란 차체를 보았을 때 타이어 중심선이 수직선에 대하여 이루는 각도이다. 좌우 타이어에 캠버 각이 붙어 타이어가 바깥쪽으로 벌어지는 것을 양각(+), 안쪽으로 기울어지는 것을 부각(-)이라 한다. 캠버 각을 붙이면 킹핀 오프셋을 감소시킬 수 있어 킹핀 주위의 모멘트가 작아져 핸들이 가벼워진다.

그리고 토인(toe-in)은 앞바퀴를 위에서 보았을 때 앞쪽이 뒤쪽보다 좁게 되어있는 상태를 말한다. 반대로 바퀴의 앞쪽이 뒤쪽보다 넓게 되어있는 것을 토 아웃(toe-out)이라고 한다. 토인은 좌우 타이어의 접지면 중심선을 기준으로 타이어 뒤쪽의 거리에서 앞쪽의 거리를 뺀 값으로 나타내는데, 일반적으로 약 2~8mm이다. 주행 중 타이어가 옆 방향으로 벌어져 미끄러짐과 타이어 마모를 방지한다. 그리고 조향 연결 기구의 마모에 의한 토 아웃이 일어나는 것을 방지한다. 만일 과도한 토인인 경우, 타이어 접지면에 바깥쪽에서 안쪽으로 밀리듯이 편마모가 일어난다.

일체 차축의 특징은 부품 수가 적어 구조가 간단하며, 회전할 때 차체의 기울기가 낮은 장점이 있다. 하지만 스프링 아래 중량(sprung weight)이 커 승차감과 안전성이 떨어진다. 또한, 앞바퀴에 시미 현상이 발생하기 쉽다. 이 방식은 간단하면서 강도가 커서 대형 트럭이나 버스 등 앞, 뒤 현가장치에 많이 사용되며, 승용차는 뒤 현가장치에 많이 사용되고 있다.

(2) 독립 차축방식

독립 차축은 〈그림 4.29〉 ❷와 같이, 좌우의 바퀴가 각각 독립적으로 움직이는 방식이다. 이 방식의 특성은 스프링에 의해 지지하는 엔진, 프레임, 차체 등 차량의 부분의 무게, 즉 스프링 상(上) 중량(sprung weight)이 가벼워 승차감이 좋고, 바퀴의 시미 현상이 적다. 따라서 스프링 상수가 작은 스프링을 사용할 수 있는 장점이 있다. 하지만 구조가 복잡하여 가격이 비싸고 정비하기 어려운 단점이 있다. 또한, 볼 이음이 많아 마멸에 의한 앞바퀴 정렬이 흐트러지기 쉬워서 이로 인한 타이어의 마모도 크게 발생할 수도 있다.

독립 차축 현가장치는 버팀대(strut)의 종류에 따라 〈그림 4.29〉에서 보는 바와 같이, 맥퍼슨 방식(McPherson type), 더블 위시본 방식(double wishbone type), 멀티 링크방식(multi link type) 등이 있다.

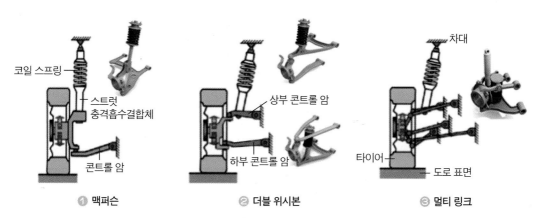

그림 4.29 독립 현가장치의 버팀대 종류

1 맥퍼슨 방식

맥퍼슨 방식은 〈그림 4.29〉 ❶에서 보는 바와 같이, 상부 현가 암 대신에 쇼크 업소버를 내장한 버팀대로 대체한 방식이다. 즉, 버팀대의 위쪽은 차체에 장착되고, 아래쪽은 현가 암에 장착되어 있다. 이 방식의 특성은 더블 위시본 형식보다 구조가 간단하고 부품 수가 적어 정비가 쉽다. 또한, 스프링 하중이 가벼워서 타이어 접지성과 승차감이 좋다. 또한, 엔진룸의 유효공간을 넓게 할 수 있다. 이 때문에 전륜 구동 차량의 앞바퀴에 많이 사용되고 있으며, 일부 차량에는 뒷바퀴에도 적용하고 있는 방식이다.

2 더블 위시본 방식

더블 위시본 방식은 〈그림 4.29〉 ❷에서 보는 바와 같이, 새의 가슴뼈 앞에 있는 Y 형상의 창사골(wishbone)처럼 생긴 버팀대가 위와 아래에 2개가 있다. 이 방식은 버팀대의 형상에 따라 두 가지 형태가 있다. 위쪽과 아래쪽 현가 암의 길이가 같은 평행사변형식(parallelogram type)과 아래쪽 현가 암이 위쪽 현가 암보다 길이가 긴 SLA식(short/long arm type)이 있다. 전체적으로 맥퍼슨 방식보다 구조가 복잡하고 무겁다. 따라서 가격이 비싸지만 튼튼하다는 장점이 있다. 한편 평행사변형식과 SLA식의 특성을 살펴보면 다음과 같다.

먼저 평행사변형식은 2개의 위쪽과 아래쪽 현가 암에 의한 링크 기구가 연결되어 있다. 그리하여 바퀴가 수직으로 상하 운동할 경우, 평행사변형을 유지한 형태로 버팀대가 운동하게 된다. 그 결과 타이어는 지면과 수평으로 접촉하기 때문에 접지가 좋고, 캠버 각의 변화가 없어서 커브 주행 등에서 차량의 안정성이 좋다. 이 때문에 주로 경주용 차량에 주로 사용된다. 하지만 타이어는 언제나 차량의 안쪽으로 당겨지기 때문에 타이어의 마모가 심하다는 단점이 있다.

다음으로 SLA식은 위쪽과 아래쪽 현가 암의 길이가 달라서 바퀴가 수직으로 상하 운동할 경우, 위쪽의 현가 암은 작은 원을 그리고, 아래쪽의 현가 암은 큰 원을 그리며 움직인다. 그 결과 타이어가 옆으로 쏠리지 않는 장점이 있다. 이러한 특성 때문에 이 방식은 일반 차량에 많이 사용되고 있다. 하지만 캠버 각(camber angle)이 변하는 단점이 있다. 참고로 캠버 각은 차체를 보았을 때 타이어 중심선이 수직선에 대하여 이루는 각도이다. 좌우 타이어에 캠버 각이 붙어 타이어가 바깥쪽으로 벌어지는 것을 플러스(+), 안쪽으로 기울어지는 것을 마이너스(-)라 하며, 캠버 각을 붙이면 킹핀 오프셋(king fin off-set)을 감소시킬 수 있어 킹핀 주위의 모멘트가 작아진다. 그 결과 핸들을 조작할 때 필요한 힘이 약해도 핸들을 조작할 수 있다. 참고로 킹핀 오프셋은 차체를 정면에서 볼 때 킹핀 중심선이 노면에 접지하는 점과 타이어 중심선이 노면에 접하는 점과의 거리이며, 스크러브(scrub) 반지름이라고도 부른다.

③ 멀티 링크방식

멀티 링크방식은 더블 위시본 현가장치를 기본으로 개발된 현가장치의 방식 중 하나이다. 이 방식은 더블 위시본 방식의 삼각형 제어 암(control arm)을 링크로 분해하는 등 현가장치의 기하학적 변화를 활용하여 차량의 조종 안정성을 높인 방식이다.

한편, 이 방식의 버팀대는 독립된 몇 개의 현가 암으로 구성되어 있다. 그리고 모든 현가 암이 물리적으로 떨어져 있으므로 배치의 자유도가 크다. 또한, 여러 개의 현가 암으로 지지하므로 기하학 변화를 엄밀하게 관리할 수 있어서 타이어를 노면에 접지시키는 능력이 매우 우수하다. 따라서 이 방식은 큰 에너지를 받았을 때 불안정해지기 쉬운 고성능 전륜 구동 차량이나, 고출력 후륜 구동 차량의 구동력을 얻기 위한 후륜 현가장치에 적합하다.

4.2
exercise

〈그림 4.30〉과 같이 물체 A가 35cm 길이의 스프링을 20cm까지 압축시킨 상태로 물체 A를 움직이지 못하도록 고정하였다. 그리고 물체 A가 고정 장치를 해제시켜 물체 A를 가속하도록 하였다.

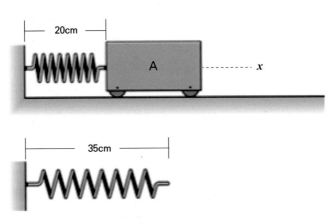

그림 4.30 진자와 스프링 구성도

이때 최초의 물체 A의 가속도는 $130m/s^2$이다. 그리고 물체의 속도는 x방 향으로 선형적으로 감소하며, 스프링이 최초의 길이 35cm로 회복하였 을 때의 가속도는 $0m/s^2$에 도달하였다고 가정한다면, 물체 A가 7.5cm와 15cm로 이동하는 소요시간 t는 몇 초인가?

 물체의 속도 v와 가속도 a그리고 위치 x에 따른 관계는 다음과 같다. 즉, 가속도는
$a = \dfrac{dv}{dt} = (\dfrac{dv}{dt})(\dfrac{dx}{dx}) = v(\dfrac{dv}{dx})$이고, 이를 정리하면 $vdv=adx$이다.

만일 최초의 상태의 시간 $t=0$, 위치 $x=0$, 임의의 시간이 경과 후 상태를 아래 첨자
f라고 정의한다면, 식 [4-3]과 같이 나타낼 수 있다.

$$\int_0^{v_f} vdv = \int_0^{x_f} adx \qquad\qquad\qquad\qquad\qquad\qquad\qquad\qquad\text{[4-3]}$$

여기서 가속도 a와 물체의 위치 x의 관계는 가속도가 $130m/s^2$에서 $0m/s^2$로 감소
하는 동안 x는 0.15m 증가하였기 때문에 $a=-(130/0.15)x=-866.7x$의 관계가
성립한다. 따라서 식 [4-3]은 식 [4-4a, 4b, 4c]와 같이 쓸 수 있다. 즉,

$$\int_0^{v_f} vdv = \int_{-0.15}^{x_f} adx = -866.7\int_{-0.15}^{x_f} xdx \qquad\qquad\qquad\qquad\text{[4-4a]}$$

$$\left[\frac{v^2}{2}\right]_0^{v_f} = -866.7\left[\frac{x^2}{2}\right]_{-0.15}^{x_f} \quad\text{..} \quad [4\text{-}4\text{b}]$$

$$v_f^2 = -866.7x_f^2 + 19.5 \quad\text{...} \quad [4\text{-}4\text{c}]$$

따라서 $v_f = 29.44\sqrt{0.0225 - x^2}$이다. 그리고 $v = \dfrac{dx}{dt}$이므로 이 식을 식 [4-5]와 같이 나타낼 수 있다.

$$\int_0^t dt = \int_{-0.15}^{x_f} \frac{dx}{v} = \int_{-0.15}^{x_f} \left(\frac{1}{29.44\sqrt{0.0225 - x^2}}\right) dx \quad\text{...............} \quad [4\text{-}5]$$

식 [4-5]의 해는 적분공식 [4-6]를 적용하면, 식 [4-7]에서 시간 t는 식 [4-7a, 7b]와 같다.

$$\int \frac{1}{\sqrt{a + bx + cx^2}}\, dx = \frac{1}{\sqrt{-c}}\sin^{-1}\left(\frac{-2cx - b}{\sqrt{b^2 - 4ac}}\right) + c \ , \ c < 0 \text{............} \quad [4\text{-}6]$$

$$t = 0.034\left[\sin^{-1}\left(\frac{-2(-1)x_f}{\sqrt{-4(0.0225)(-1)}}\right)\right]_{-0.15}^{x} \quad\text{................................} \quad [4\text{-}7\text{a}]$$

$$\therefore \ t = 0.034\left(\sin^{-1}\left(\frac{x_f}{0.15}\right) + \frac{\pi}{2}\right) \quad\text{..} \quad [4\text{-}7\text{b}]$$

따라서 $x_f = 0.075$m에서 시간 $t = 0.0356$s 이고, $x_f = 0$m에서 $t = 0.0534$s 이다.

제3절 조향장치

1. 조향장치의 설계

(1) 기초 원리

조향장치(steering system)란 운전자의 의도하는 방향으로 조향 휠을 조작하면 타이어에 힘을 전달하여 차량의 진행 방향을 바꾸는 장치이다.

조향장치는 1817년 독일의 마차 제조업자 랑켄스페르거에 의하여 발명되었다. 그 이후 영국의 애커만이 개량하여 애커만 방식 조향장치를 제작하였다. 이 장치의 원리는 앞차축의 양 끝에 장착된 연결 부위를 관절로 하여, 이것과 연결된 차축만을 좌우로 경사지게 방향을 변경한 것이었다. 이 기구는 양쪽의 앞바퀴가 회전하려는 방향으로 평행하게 움직인다. 이 때문에 어느 한쪽의 바퀴는 미끄러지면서 회전하게 되어 타이어를 심하게 마모시키는 단점을 갖고 있다. 이러한 단점을 1878년 프랑스의 샤를 장토가 보완하여 현재에는 애커만-장토 방식의 조향장치를 사용하고 있다.

애커만-장토 방식은 〈그림 4.31〉에서 보는 바와 같이, 좌우 어느 쪽이든 회전을 할 때 앞바퀴가 나란하게 움직이지 않고 앞바퀴 중심축 선상의 연장

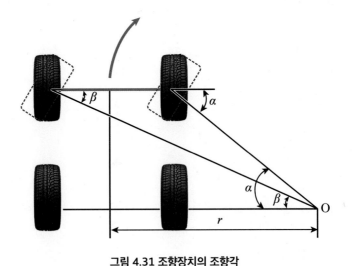

그림 4.31 조향장치의 조향각

선이 뒤 차축의 연장선과 점 O에서 교차한다. 그리고 점 O를 중심으로 4개의 모든 바퀴가 같이 회전한다. 이 때문에 조향 조작이 쉽고 바퀴에 무리가 생기지 않는다. 또한, 앞바퀴의 정렬(alignment) 때문에 옆으로 미끄러지는 옆미끄럼(side slip)을 방지할 수 있고, 조향 휠 조작에 따른 저항이 적다. 만일 앞바퀴의 중심이 회전중심 점 O와 이루는 각 α, β를 조향각(steering angle)이라 한다면, α > β가 항상 성립한다. 그 결과 안쪽 바퀴의 조향각이 바깥쪽 바퀴보다 조향각이 큰 값을 갖게 된다.

(2) 설계 시 고려 요소

차량이 안전하고 자유롭게 주행 방향을 조종하려면, 다음과 같은 조건을 충족하는 조향장치가 필요하다.

첫째, 조향 조작이 주행 중의 충격에 영향을 받지 않아야 한다. 둘째, 조작이 쉽고, 방향 전환이 원활하게 작동해야 한다. 셋째, 회전 반지름이 작아서 좁은 곳에서도 방향 전환을 할 수 있어야 한다. 넷째, 진행 방향을 바꿀 때 차체와 차대에 무리한 힘이 작용하지 않아야 한다. 다섯째, 고속주행에서도 조향 휠이 안정되어야 한다. 여섯째, 조향 휠의 회전과 바퀴의 선회 차이가 크지 않아야 한다. 마지막으로 수명이 길고 정비하기가 쉬워야 한다. 끝으로 주행 중에 도로에서부터 받는 충격으로 인하여 조향 휠이 흔들리지 않아야 하고, 고속주행에서도 조향 휠이 안정되어야 차량이 안전하게 주행할 수 있다.

2. 주요 구성품

조향장치는 조향기구, 조향기어, 조향링크로 구성되어 있다. 조향기구는 조향 휠과 조향축 등으로 되어있고, 조향기어는 운전자의 조작하는 힘을 배가시키고, 이 힘의 방향을 바꾸는 역할을 한다. 그리고 조향링크는 조향기어로부터 생긴 조작 힘을 앞바퀴에 전달하고, 좌우 앞바퀴의 관계를 일정하게 유지하는 기능이 있다.

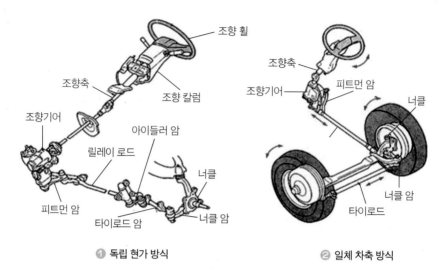

❶ 독립 현가 방식   ❷ 일체 차축 방식

그림 4.32 차량의 조향장치

조향장치는 〈그림 4.32〉에서 보는 바와 같이, 독립 현가 방식과 일체 차축방식이 있다. 이들 방식의 원리와 특징을 살펴보면 다음과 같다.

독립식 현가장치는 조향기구에 조향링크의 드래그 링크가 없고, 타이로드가 둘로 나누어져 있다. 그리고 이 장치는 조향기구의 조향 휠, 조향축과 조향기어 상자, 조향링크의 피트먼 암, 센터링크, 타이로드, 너클 암 등으로 구성이 되어있다.

일체 차축방식은 조향기구의 조향 휠(steering wheel), 조향축(steering shaft), 조향기어 상자(steering gear box), 조향링크(steering link)의 피트먼 암(pitman arm), 드래그 링크(drag link), 타이로드(tie rod), 너클 암(knuckle arm) 등으로 구성이 되어있다. 이 방식의 작동원리를 살펴보면, 만일 운전자가 조향 휠을 돌리면 조향축을 거쳐 조향기어 상자로 전달된다. 이어서 조향기어 상자에서 섹터축을 회전시켜 피트먼 암을 원호 운동을 하게 하여 드래그 링크를 앞뒤 방향으로 이동시킨다. 이에 따라 오른쪽이나 왼쪽으로 바퀴가 조향이 되면서 차량이 회전하게 된다. 이때 타이로드는 반대쪽 바퀴를 회전할 수 있도록 진행방향을 바꾸어 역할을 하는 구성품이다.

3. 조향기구와 조향기어

(1) 조향기구와 에어백 시스템

조향기구는 운전자가 차량의 방향을 조작할 수 있는 조향 휠과 조향 휠의 조작 힘을 조향기어 장치에 전달하는 조향축으로 구성되어 있다. 조향 휠은 운전자가 방향을 조작하는 손잡이를 말한다. 세부 구성은 림(rim)과 스포크(spoke) 그리고 허브(hub)로 되어있다. 일반적으로 림과 스포크의 내부에는 강철이나 알루미늄 합금의 심(shim)이 들어있고, 외부는 합성수지나 경질고무이다. 허브는 조향축에 키(key)로 끼워져 있어서 조향 휠의 움직임을 전달하여 조향기어 장치를 작동시키는 역할을 한다. 그리고 차량이 충돌한 경우, 운전자의 가슴에 충격을 받지 않도록 부드러운 탄성체로 되어있다. 그리고 허브에는 경음기(horn)를 작동시키는 스위치가 부착되어 있다.

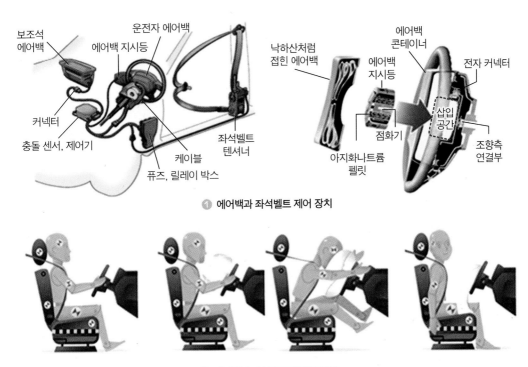

❶ 에어백과 좌석벨트 제어 장치

❷ 에어백과 좌석벨트의 작동 과정

그림 4.33 에어백과 좌석벨트의 구성과 작동원리

한편 조향 휠에는 일반적으로 〈그림 4.33〉 ❶의 왼쪽 그림과 같이 에어백이 설치되어 있다. 에어백은 차량이 충돌하였을 때 센서에 의해 순간적으로 질소가스로 에어백을 팽창시켜 운전자를 보호할 수 있다. 에어백 시스템의 구성은 〈그림 4.33〉 ❶의 오른쪽 그림과 같이, 에어백은 낙하산처럼 접힌 상태로 에어백 컨테이너에 들어있으며, 전자 커넥터에 제어기에 연결되어 있다. 차량이 충격을 받으면 충돌 센서(가속도계)가 감지한 신호를 제어기가 처리한다. 그 결과 제어기는 에어백 점화기를 작동시켜 아지드화나트륨(NaN_3)을 폭발시켜 에어백 내부에 순간적으로 질소가스를 주입하는 방식이다. 또한, 차량이 충돌 또는 급감속 시 제어기는 좌석벨트 텐셔너(seat belt tensioner)를 제어한다. 그리하여 충돌 전에 좌석벨트를 팽팽하게 조여서 운전자의 부상을 줄여준다. 예를 들어, 차량의 감속이 충분히 큰 경우에만 에어백을 작동시킨다. 따라서 정상적으로 차량을 제동하는 상태에서는 에어백과 좌석벨트는 작동하지 않게 되어있다. 에어백은 에어백의 종류와 차종에 따라 조금씩 차이가 있다. 일반적으로 정면충돌 에어백은 대체로 정면에서 좌우 30도 이내의 각도에서 유효충돌속도가 약 20~30km/h 이상일 때 작동하게 설계되어 있다.

　　차량이 급정지하게 되면 〈그림 4.33〉 ❷와 같이, 에어백이 작동하는 동시에 좌석벨트의 장력을 조절하여 운전자의 부상을 줄인다. 따라서 충돌 센서에 의해 급감속이 시작하는 순간 맨 왼쪽 상태에서 오른쪽으로 순으로 장력이 조절하여 에어백과 함께 충격을 최대한 흡수할 수 있다.

(2) 조향기어

　　조향기어(steering gear)는 일반적으로 기어 상자(gear box)와 피트만 암으로 구성되며, 조향 휠의 운동 방향을 바꾸어 조향링크를 통해 앞바퀴에 전달한다. 이때 조향기어에 의해 전달하는 회전량의 비를 조향기어비(steering gear ratio)라 한다. 즉, 조향 휠이 회전한 각도와 피트먼 암이 회전한 각도의 비율이다. 일반적으로 조향 휠의 회전 운동을 피트먼 암에 15~30 : 1의 비율로 감속시켜 피트만 암에 전달한다. 그리고 차량의 중량이 커질수록 조향기어비를 크게 한다. 일반적으로 대형차량의 경우, 조향 휠을 4회전 시킬 때 앞바퀴의 왼쪽 끝에서 오른쪽 끝의 위치까지 이동시킬 수 있다.

한편, 조향기어는 회전할 때 반발력을 이겨낼 수 있는 조향 힘이 있어야 한다. 그리고 회전할 때 조향 휠의 회전각과 회전 반지름과의 관계를 감지할 수 있어야 한다. 또한, 복원성이 있고 주행 중에 받는 충격력을 조향 휠에 전달하여 운전자가 충격을 감지할 수 있어야 한다. 조향 방식은 볼-스크루 방식(recirculating ball & screw type), 랙-피니언기어 방식(rack and pinion gear type), 웜-핀 방식(worm and pin type), 웜-섹터 기어 방식(worm and sector gear type), 웜-롤러 방식(worm & roller type) 등 다양한 방식이 있다. 하지만 대부분 볼-스크루 방식과 랙-피니언기어 방식을 많이 적용하고 있다.

1 볼-스크루 조향 방식

볼-스크루 방식은 기어비를 크게 할 수 있어서 조향 휠 조작이 가볍고, 큰 하중에 견디며, 마모와 킥백(kickback) 현상이 적어 중형 또는 대형차량에 가장 널리 적용하고 있다. 여기서 킥백 현상은 요철이 있는 도로를 주행하는 경우에 조향 휠에 진동이나 회전이 전달되는 현상이다.

작동원리는 〈그림 4.34〉에서 보는 바와 같이, 조향 휠을 돌리면 조향축에 연결된 웜기어(worm gear)가 회전하면서 볼이 따라서 움직인다. 볼이 움직이면 너트도 이동하면서 섹터 기어가 움직인다. 그리하여 섹터 기어(sector gear)

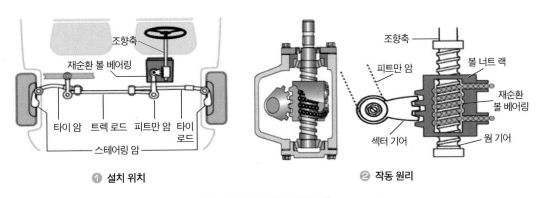

① 설치 위치

② 작동 원리

그림 4.34 볼-스크루 조향 방식

에 연결된 피트만 암도 움직인다. 그 결과 타이로드가 조향링크를 작동시켜 조향할 수 있다. 이 방식의 특징은 조향축과 섹터 축의 스크루와 너트 사이에 다수의 볼이 들어있어 볼의 섭동 접촉으로 조향 힘을 너트에 전달함으로써 마모가 적고 큰 하중에 견딜 수 있다. 이러한 특성 때문에 가장 많이 사용하고 있는 방식이다.

2 랙-피니언기어 조향 방식

랙-피니언 방식은 〈그림 4.35〉 ❶과 같이 피니언기어와 랙 기어로 구성되어 있다. 그리고 이들 조향기어는 〈그림 4.35〉 ❷와 같이 조향기어 상자에 설치되어 있다.

이 방식의 작동원리를 살펴보면 다음과 같다. 먼저 운전자가 조향 휠을 돌리게 되면 피니언 기어가 함께 회전한다. 또한, 동시에 피니언 기어에 의해서 랙 기어가 좌우 방향으로 직선 운동하게 되어 조향이 된다. 이 방식의 특징은 조향링크 기구가 적어서 킥백(kick back) 현상이 심하나 노면 상태를 파악하기 쉽다. 또한, 장치가 가볍고 제작비가 저렴해서 경주용 차량에 주로 적용하거나 소형 자동차에 많이 적용하고 있다.

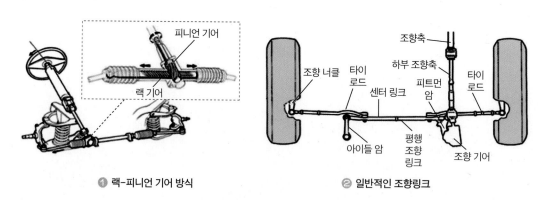

❶ 랙-피니언 기어 방식   ❷ 일반적인 조향링크

그림 4.35 랙-피니언기어 조향 방식

4. 동력 조향장치

(1) 주요 기능

동력 조향장치(power steering system)는 조향 휠의 조작 힘을 약하게 하는 장치이다. 이 장치는 대형차량이나 저압 타이어를 사용한 차량은 앞바퀴의 접지저항이 크기 때문에 조향하기 위한 조작 힘이 강하다. 그 결과 신속한 조향 조작이 어렵다. 따라서 조작을 원활하기 위해 엔진의 동력으로 오일펌프를 구동시켜 발생한 유압을 이용하는 방식이다. 즉, 조향장치의 중간에 있는 배력장치(actuator)에 유압을 공급하여 조향 휠의 조작 힘을 약하게 한다. 따라서 동력 조향장치는 약한 힘으로 조향 조작을 할 수 있고, 조향기어비를 조작 힘의 크기와 관계없이 선정할 수 있다. 또한, 노면의 충격을 흡수하여 조향 휠에 전달되는 것을 방지할 수 있고 앞바퀴의 시미(shimmy) 현상을 감소시킬 수 있다.[13][14]

만일, 시미 현상이 발생하면 주행 중에 앞바퀴의 가로 흔들림 현상으로 조향 휠이 좌우로 흔들려 운전에 지장을 초래한다. 이 현상의 발생 요인은 앞바퀴의 부정확한 정렬, 바퀴의 불균형, 타이어의 공기압이 적정 압력이 아닌 상태, 현가장치의 틈새 유격 등이다.

(2) 종류 및 특성

동력 조향장치의 종류는 작동기구의 구조와 작동 방식에 따라서 분류할 수 있다. 먼저 작동기구의 구조에 따라 조합형, 분리형, 일체형 등으로 분류할 수 있다. 조합형은 제어 밸브와 동력 실린더가 하나로 되어있으나 분리형 밸브와 실린더가 서로 분리되어 있다. 또한, 일체형은 주요 기구가 조향기어 상자 안에 일체형으로 결합이 되어있다. 그러나 통상 조합형은 대형 전술 차

---

13 "NSK Technical Journal 647 Product introduction "Electric Power Steering", 1987.9.

14 A. Marouf etc, "A new control strategy of an electric-power assisted steering system", IEEE Trans. Vehicle. Technology. vol. 61, no. 8, pp. 3574~3589, 2012.

량이나 버스 등에 적용하고, 분리형과 일체형은 소형 차량에 적용하고 있다.

일반적으로 동력 조향장치는 작동 방식에 따라서 랙-피니언기어 방식, 가변 방식(variable power type), 전기 모터식, 능동식이 있다. 최근 상용 차량에는 가변 방식을 가장 많이 적용하고 있다.

(3) 구조 및 작동원리

가변식 동력 조향장치는 〈그림 4.36〉 ❶과 같이, 조향 휠, 제어기, 액추에이터(동력 실린더), 유압펌프, 유압 회로, 조향링크 등으로 구성되어 있다.

이 장치의 구성회로는 〈그림 4.36〉 ❷와 같다. 이 장치의 작동원리를 살펴보면, 먼저 운전자가 조향 휠을 조작하면 유압펌프에서 유압이 발생한다. 그리고 발생한 유압은 압력튜브를 통해 비례 유압 밸브와 회전식 밸브에 통과하여 실린더에 유입된다. 그 결과 실린더의 양쪽에 압력 차가 발생하게 되어 피스톤이 움직인다. 그리하여 조향 힘이 증폭하게 되고 이 힘이 조향링크에 전달되어 바퀴의 방향을 쉽게 변화시킬 수 있다. 그리고 전자제어유닛(ECU, Electronic Control Unit)은 차량 속도 센서와 조향 센서를 통해 얻은 조향각을 계산하고 비례제어 유닛 밸브를 제어하여 회전식 밸브의 유압을 제어한다. 그리하여 차량 속도에 맞는 적절한 조향 힘을 조절할 수 있다. 여기서

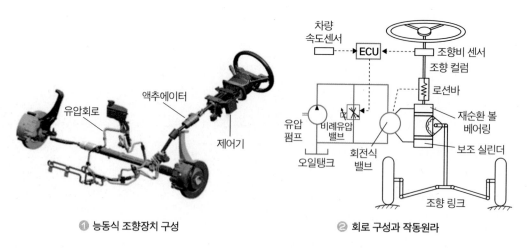

❶ 능동식 조향장치 구성   ❷ 회로 구성과 작동원라

그림 4.36 가변식 동력조향장치

ECU는 차량의 엔진과 자동변속기, ABS 시스템 등의 상태를 컴퓨터로 제어하는 전자제어장치이다. 그 밖에 점화 시기와 연료 분사, 공회전 등 엔진의 핵심 기능을 정밀 제어하는 장치이다. 또한, 구동계통, 제동계통, 조향계통 등 차량의 모든 부분을 제어하는 장치이다.

제4절 전기장치

차량의 전기장치는 크게 엔진을 처음 작동시키는 위한 전기장치(시동장치, 점화 장치, 충전장치 등)와 엔진 이외의 차량 각 부분을 작동시키기 위한 전기장치(배터리, 계기 장치, 등화장치 등)로 구분할 수 있다. 참고로 점화 장치는 가솔린 기관에만 있어서 앞에서 서술하였고, 본 절에서는 가솔린 기관과 디젤 기관에 모두 적용되는 시동장치와 전기장치를 기술하였다.

한편, 전기장치는 차량의 신경과 같은 중요한 역할을 함으로 차량의 기능 향상, 성능 향상, 안정성과 편리성 향상 등에 많이 사용되고 있다. 최근에는 전자제어시스템이 사용하고 있다.[15]

1. 시동장치[16]

내연 기관은 외부의 힘을 사용하지 않고는 스스로 작동할 수 없다. 따라서 외부의 힘으로 크랭크축을 회전시켜 어느 일정한 속도 이상으로 돌려주어야 하며, 이러한 역할을 하는 장치가 시동장치이다.[17]

일반적으로 시동장치는 〈그림 4.37〉 ❶과 같이 시동모터(starting motor), 솔레노이드 스위치(solenoid switch), 피니언 기어, 오버 러닝 클러치(overrunning clutch) 등으로 구성되어있다. 이 장치는 배터리 전원을 이용하여 시동모터를 작동시켜 플라이휠을 회전시킨다. 그러면 엔진의 크랭크축이 강제로 회전하며 엔진을 흡입, 압축, 폭발, 배기시켜 동력을 발생하게 한다. 시동이 걸린 후 오버 러닝 클러치에 의해 시동모터의 회전력을 차단하면 엔진이 정상적으로 작동하게 되어있다. 그리고 솔레노이드 스위치는 전자기 코일 내에서

---

15 https://www.researchgate.net/figure/Lead-acid-battery-chemistry-a-during-discharging-b-during-charging-and-c-LA_fig4_311305861/download

16 http://www.ddb-tech.com/recirculating-ball-type-steering-gears-02.htm

17 http://www.eorfl.com/wp-content/uploads/2018/09/Starterbuild.png

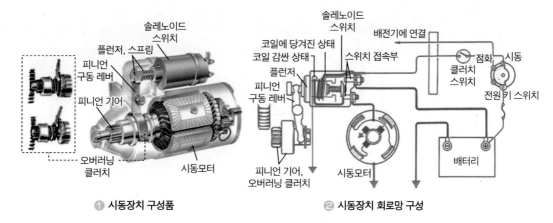

| ❶ 시동장치 구성품 | ❷ 시동장치 회로망 구성 |

그림 4.37 시동장치의 구성과 작동원리

플런저의 움직임에 의해 개폐할 수 있도록 한 접점방식 스위치이다.

시동장치는 〈그림 4.37〉 ❷와 같은 회로망을 구성하고 있다. 운전자가 차량 키를 시동 위치에 놓으면 시동모터와 배전기를 통해 점화 플러그가 작동하면서 엔진이 작동한다. 이때 엔진 시동 후에도 피니언이 링 기어와 맞물려 있으면 시동모터가 파손된다. 이를 방지하기 위해서 오버 러닝 클러치는 엔진의 회전력이 시동모터에 전달되지 않게 한다. 오버 러닝 클러치에 의해 회전력이 차단되면 솔레노이드 피니언 구동 레버에 의해 솔레노이드 스위치가 작동하여 시동모터의 전원을 차단한다. 따라서 엔진만 작동하고, 시동장치는 정지하게 되어있다.

2. 충전장치

(1) 충전장치의 회로

일반적인 내연 기관 차량의 충전 및 시동장치는 〈그림 4.38〉와 같은 회로로 구성이 되어있다. 이 회로에서 충전 회로는 발전기에서부터 축전지까지 전선으로 연결하여 충전전류가 공급되도록 하는 회로로 구성이 되어있다. 작동과정은 운전자가 점화 스위치를 켜면, 일정한 시간 후에 시동모터가 시동 릴레이에 의해 작동이 멈추고 엔진이 작동하게 된다. 그다음 엔진에서

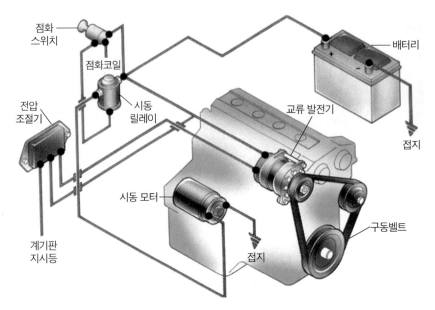

그림 4.38 충전 및 시동장치의 회로 구성

나오는 회전력이 구동 벨트에 의해 교류 발전기를 작동시켜 전기를 발생시
킨다. 이때 나오는 전기는 전압 조절기(voltage regulator)를 거치면서 일정한 전
압의 전기가 배터리에 충전된다. 만일 점화 스위치가 'OFF' 상태, 즉 엔진이
꺼진 상태에서는 배터리와 점화코일로 연결된 회로가 차단되어 충전되지
않는다. 즉, 엔진이 작동하는 경우에만 점화코일과 배터리에 충전이 되도록
회로가 구성되어 있다.

차량의 전기장치에 사용하는 축전지는 2차 전지(secondary battery)이다. 2차
전지(배터리)는 충전과 방전을 할 수 있는 하나 이상의 전기화학 셀로 구성된
배터리이다. 2차 전지는 납산(lead acid), 니켈-카드뮴(Ni-Cd), 니켈-수소(Ni-
MH), 리튬 이온(Li-ion), 리튬이온 폴리머(Li-ion polymer) 등 여러 가지 전극 재
료와 전해질을 조합하여 만들 수 있다. 일반적으로 1차 전지보다 초기 비용
이 많이 들지만 교체하기 전 여러 번 충전할 수 있으며, 총 소요 비용과 환경
영향이 훨씬 적다. 이 때문에 일반 차량에는 납산 배터리를 많이 사용하고,
전기 차량이나 하이브리드차에는 리튬이온 또는 리튬이온 폴리머 배터리를
사용하고 있다.

(2) 납산 배터리

■1 구조와 작동원리

일반적으로 내연 기관 차량은 전기장치를 작동시키기 위해 주로 납산 배터리를 사용하고 있다. 이때 배터리는 시동할 경우 또는 엔진이 정지한 상태에서 전기를 공급한다. 그리고 엔진을 작동시킨 후에는 충전 장치로 전기를 배터리에 충전시켜 항상 적절하게 충전이 된다.

배터리는 전류의 화학작용을 이용한 장치이다. 작동원리는 양극판, 음극판, 전해액에 의해 화학적 에너지로부터 전기적 에너지가 발생(방전)하며 반대 방향으로 전기를 통하게 될 경우, 전기적 에너지로부터 화학적 에너지가 발생(충전)하게 된다. 이때 요구조건은 배터리의 전해액이 누설되지 않아야 하며, 충전과 검사를 하는데 편리해야 한다. 또한, 전기적 절연상태가 잘 되어 있어야 하며, 진동에 잘 견디고, 용량이 충분히 커야 문제가 없다.

한편 납산 배터리의 구성과 작동원리를 살펴보면 〈그림 4.39〉에서 보는 바와 같다. 배터리는 〈그림 4.39〉 ❶과 같이, 양극판(positive plate), 음극판(negative plate), 전해액(electrolyte) 등으로 구성이 되어있다. 작동원리는 〈그림 4.39〉 ❷와 같이 방전과 충전 상태에 따라서 화학적 반응이 다르다. 방전(discharge)은 배터리에서 외부로 전류가 흘러나가는 것이고, 반대로 충전

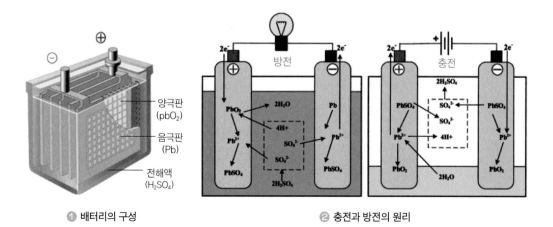

❶ 배터리의 구성   ❷ 충전과 방전의 원리

그림 4.39 납산 배터리의 구성과 원리

(charge)은 전류가 배터리로 흘러 들어가는 현상을 말한다. 이들 상태에 따라 납산 배터리에서 일어나는 화학반응은 다음과 같다.

먼저 배터리 방전 시에는 극판과 황산이 화합하여 식 [4-8]과 같이 양극판의 과산화 납(lead peroxide, PbO_2)과 음극판의 해면상 납이 모두 황산납(lead sulfate, PbO_4)이 된다. 방전되면 양극과 음극에 황산납이 생기기 때문에 전해액에는 물이 생성되어 묽게 된다. 따라서 전해액의 비중은 방전이 진행됨에 따라 점차 낮아지게 될 것이다.

$$PbO_2(양극판) + 2H_2SO_4(전해액) + Pb(음극판)$$
$$\rightarrow \quad PbSO_4(양극판) + 2H_2O(전해액) + PbSO_4(음극판) \qquad [4\text{-}8]$$

다음으로 배터리 충전 시에는 방전과는 반대 방향으로 전류가 흐른다. 그 결과, 식 [4-9]과 같이, 극판과 전해액이 화학변화를 일으켜 양극판은 다시 과산화 납으로, 음극판은 환원이 되어 해면상 납(Pb)이 된다. 충전되면 전해액의 황산(sulfuric acid, H_2SO_4)의 농도는 증가하여 비중이 높아지고, 전압도 상승한다. 충전이 완료되면, 그 이후의 충전전류는 전해액 중의 물을 전기분해하여 양극판은 산소, 음극판은 수소가 발생하는 현상을 볼 수 있다.

$$PbSO_4(양극판) + 2H_2O(전해액) + PbSO_4(음극판)$$
$$\rightarrow \quad PbO_2(양극판) + 2H_2SO_4(전해액) + Pb(음극판) \qquad [4\text{-}9]$$

② 배터리의 성능과 관리

배터리의 용량은 배터리가 방출하는 총 전기량을 나타내며, 방전전류에 방전시간을 곱한 값으로 나타낸다. 배터리 용량의 단위는 암페어시(AH, Ampere Hour)이다. 예를 들어, 1AH는 1A의 전류를 1시간 동안 사용할 수 있는 용량을 의미한다. 보통 차량에 사용되는 배터리의 용량은 50~150AH 정도이다. 만일 100AH 배터리인 경우라면, 5A의 일정한 전류로 20시간 방전을 계속할 수 있다.

한편 충전된 배터리를 사용하지 않으면 조금씩 자연 방전하여 배터리의 용량이 감소하는 자기 방전이 발생한다. 이때 자기 방전량은 배터리의 용량에 대한 백분율(%)로 표시하며, 전해액 온도가 높고, 비중 및 용량이 클수록 크다. 일반적으로 배터리의 수명은 사용시간이 경과 함에 따라 용량이 저하되고, 자기 방전량도 많아서 성능이 떨어진다. 배터리의 수명은 양극판과 음극판에 도포된 작용물질이 떨어지는 요인이 가장 영향이 크다. 한편 배터리의 용량이 감소하는 속도는 사용 온도, 보관방법, 방전 기간, 방전전류, 1회 방전량, 충전전류, 충전량 등에 의해 차이가 있다. 따라서 배터리는 무조건 엔진 시동이 걸리지 않게 되었다고 해서 교환하는 것이 아니라, 재충전하여 사용할 수 있다. 하지만 재충전을 했는데도 방전이 쉽게 되거나, 시동모터의 회전속도가 느리거나 배터리액이 쉽게 감소하는 현상이 나타나면, 배터리를 교체할 필요가 있다.

제5절 엔진 냉각장치 등 부수 장치

1. 엔진 냉각장치

(1) 주요 기능과 필요성

냉각장치는 엔진을 냉각하여 과열을 방지하면서 적당한 온도를 유지하는 장치이다. 실린더 내부의 연소 가스의 온도는 약 2,000~2,500℃이다. 그리고 연소열의 상당한 양은 실린더 벽, 실린더 헤드, 피스톤, 밸브 등에 전열이 된다. 만일 냉각을 많이 하게 되면 냉각으로 손실되는 열량이 커서 엔진효율이 낮아진다. 또한, 연료 소비량이 증가하는 등의 문제가 발생한다. 이 때문에 엔진 온도는 약 80~90℃로 유지하기 위한 냉각장치가 필요하다. 하지만 과도한 냉각은 연소를 나쁘게 하고 열효율의 저하를 초래하며 불완전 연소의 소산물인 일산화탄소 등의 부식성이 강한 산성 가스가 응축수와 화합하여 포름산($HCOOH$, formic acid)이 되어 실린더 내면에 침식하거나 윤활유에 섞여 화학적인 마멸이 생긴다. 따라서 이를 예방하려면 냉각수 온도를 높게 유지하여 응결 수분이 생성되는 것을 억제할 필요가 있다.[18]

(2) 공랭식 냉각장치

공랭식 냉각장치는 엔진을 직접 대기와 접촉하여 열을 방열시키는 방식이다. 이 장치는 실린더 헤드와 실린더 블록에 냉각 핀(cooling fin)이 설치된 간단한 구조이다. 그리하여 수랭식보다 구조가 간단하나 운전상태에 따라 온도가 쉽게 변화되어 냉각이 균일하게 되지 않아서 엔진이 과열되기가 쉽다.

한편 공랭식은 〈그림 4.40〉에서 보는 바와 같이, 엔진이 이동하면서 들어오는 공기를 이용해 냉각시키는 자연통풍방식과 냉각 팬(cooling fan)을 이용해 강제로 냉각시키는 강제통풍방식이 있다. 이러한 특성 때문에 공랭식은 차량용 엔진에는 거의 이용되지 않고 오토바이나 경비행기 엔진에 적용하고 있다.

---

18 https://studentlesson.com/cooling-system-definition-functions-components-types-working/

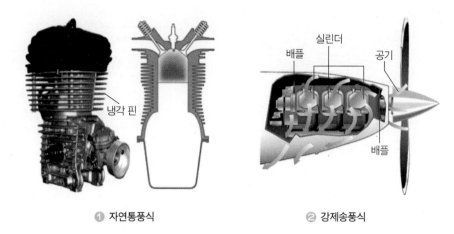

① 자연통풍식   ② 강제송풍식

그림 4.40 공랭식 엔진의 종류와 작동원리

(3) 수랭식 냉각장치

1 냉각 방식의 종류

수랭식은 냉각수를 이용하여 엔진을 냉각하는 형식으로, 물의 순환 방식에 따라 자연 순환식과 강제 순환식이 있다. 자연 순환식은 냉각수를 자연대류에 의해 순환시키기 때문에 고출력 엔진에는 부적합한 방식이다. 이 때문에 대부분 강제 순환식을 사용하고 있다. 강제 순환식은 물 펌프(water pump)를 이용하여 냉각수를 강제 순환시켜 강제대류에 의해 엔진을 냉각하는 방식이다.

2 강제 순환식 냉각장치와 에어컨디셔너

엔진의 냉각장치는 보통 〈그림 4.41〉 ①에서 보는 바와 같이, 에어컨디셔너(air conditioner)와 함께 냉각 팬으로 강제대류 방식으로 방열시키는 방식이다. 물론 냉각 부하가 많이 걸리지 않으면 냉각 팬이 정지한 상태에서도 작동된다. 일반적으로 응축기와 라디에이터는 〈그림 4.41〉 ②에서 보는 바와 같이, 냉각 팬에 의해 외부 공기로 냉각시켜서 작동한다. 그리고 통상 응축기는 별도의 냉각 팬을 장착하여 냉각 효율을 높이는 방식을 적용하고 있다. 이들 시스템의 구성과 작동원리를 살펴보면 다음과 같다.

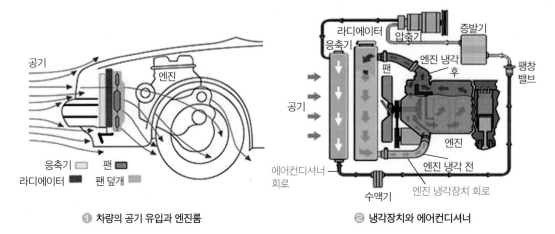

공기

엔진

응축기 ▢ 팬 ▢
라디에이터 ▪ 팬 덮개 ▪

라디에이터

응축기

압축기

증발기

엔진 냉각
후

팬

공기

팽창
밸브

엔진

에어컨디셔너
회로

엔진 냉각 전

수액기

엔진 냉각장치 회로

❶ 차량의 공기 유입과 엔진룸   ❷ 냉각장치와 에어컨디셔너

그림 4.41 엔진 냉각장치와 에어컨디셔너의 구성과 작동원리

① 에어컨디셔너

에어컨디셔너는 〈그림 4.42〉에서 보는 바와 같이, 냉매가 압축기, 응축기, 축압기, 팽창밸브, 증발기를 통과하면서 차량 내부에 발생한 열을 외부 공기로 방열하는 방식이다. 엔진룸으로 유입되는 외기가 응축기를 통과하면서 고압의 기체 상태인 냉매를 냉각시켜 액체로 만들면서 방출한다. 이 냉매는 축압기에서 일정한 압력으로 팽창밸브를 통과하면서 압력과 온도를

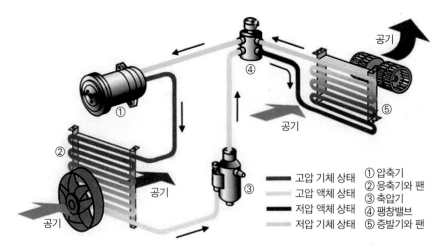

공기

④

공기

⑤

①

②

공기

③

공기

▬ 고압 기체 상태
▬ 고압 액체 상태
▬ 저압 액체 상태
▬ 저압 기체 상태

① 압축기
② 응축기와 팬
③ 축압기
④ 팽창밸브
⑤ 증발기와 팬

그림 4.42 에어컨디셔너의 구성도

낮추어 증발기에 유입된다. 증발기는 차량 내부의 공기를 순환시키면서 냉매가 열을 흡수하여 기화되며, 이 기화열로 차량 내부의 온도를 낮춘다. 이어서 냉매가 압축기를 통과하면서 고압의 기체 상태가 되어 다시 응축기로 유입되는 순환과정을 거치는데 이 과정이 냉동 사이클이다.

② 엔진 냉각장치의 구성과 작동원리

엔진 냉각장치는 〈그림 4.43〉에서 보는 바와 같이, 라디에이터(radiator), 물 펌프(Water Pump), 물재킷(water jacket), 수온 조절기(thermostat) 등으로 구성이 되어있다. 이를 세부적으로 살펴보면 다음과 같다.

일반적으로 냉각장치는 엔진 시동 후 냉각수 온도가 낮을 때는 라디에이터로 보내지 않고 우회 호스(by pass hose)와 물 펌프를 통해 엔진으로 순환시켜 정상작동 상태에 빨리 도달하도록 한다. 엔진 온도가 약 80℃에 도달하면 수온 조절기가 개방되면서 라디에이터로 냉각수가 흘러 들어가 냉각이 된다. 그리고 이 물은 물 펌프를 통하여 엔진 블록에 공급이 되게 되어있다.

한편, 엔진 냉각장치 구성품의 기능과 특성은 다음과 같이 크게 다섯 가지가 있다.

첫째, 물재킷은 〈그림 4.44〉 ❶에서 보는 바와 같이, 실린더 블록과 실린더 헤드에 설치된 냉각수의 순환 통로이다. 이곳을 통과하는 냉각수가 실린

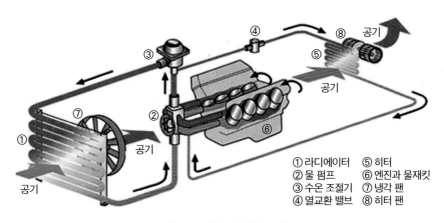

그림 4.43 엔진 냉각장치 구성도

① 라디에이터 ⑤ 히터
② 물 펌프 ⑥ 엔진과 물재킷
③ 수온 조절기 ⑦ 냉각 팬
④ 열교환 밸브 ⑧ 히터 팬

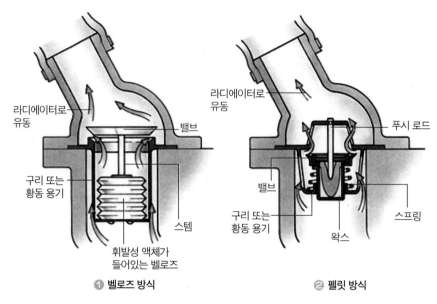

라디에이터로
유동

밸브

구리 또는
황동 용기

스템

휘발성 액체가
들어있는 벨로즈

❶ 벨로즈 방식

라디에이터로
유동

푸시 로드

밸브

구리 또는
황동 용기

왁스

스프링

❷ 펠릿 방식

그림 4.44 수온 조절기의 종류와 작동원리

더 벽, 밸브 시트, 밸브가이드, 연소실과 접촉하여 열을 흡수하게 된다. 물재
킷은 보통 실린더 블록 또는 실린더 헤드와 일체형으로 주조하여 제작하고
있다.

둘째, 수온 조절기는 〈그림 4.44〉 ❷에서 보는 바와 같이, 엔진과 라디에
이터 사이에 설치되어 있다. 이 구성품은 냉각수의 온도변화에 따라 자동으
로 유로(flow path)를 개폐하여 라디에이터로 흐르는 유량을 조절함으로써 냉
각수의 적정온도를 유지할 수 있게 한다. 그리하여 이 구성품은 엔진을 일정
한 온도로 유지하게 하여 엔진의 성능을 높이며, 엔진의 과열이나 과냉각을
방지한다. 또한, 엔진 오일의 노화를 방지하고 엔진의 수명을 연장해주며,
차내 난방 효과, 연료 소모 감소, 냉각수 소모를 방지하는 기능을 하는 중요
한 부품이다.

수온 조절기의 종류는 〈그림 4.44〉와 같이 크게 벨로즈 방식(bellows type)
과 펠릿 방식(pellet type)이 있다. 일반적으로 벨로즈 방식보다 수압의 영향을
덜 받아 온도를 정확히 제어할 수 있는 펠릿 방식을 사용하고 있다. 벨로즈
방식은 알코올 또는 에테르와 같은 휘발성 액체를 포함하는 얇은 금속의 원

통형 벨로즈로 구성되어 있으며, 벨로즈에 스템(stem)과 밸브가 장착되어 있다. 작동원리는 만일 물의 온도가 낮으면 벨로즈가 수축하여 밸브를 밸브 시트 면으로 내려오게 한다. 즉, 냉각 통로가 닫혀서 라디에이터에 냉각수가 흘러가지 않게 한다. 그다음 물재킷의 냉각수가 예열되고 벨로즈 속에 있는 휘발성 액체가 가열되면 벨로즈가 팽창하면서 스템을 다시 밀어 올려 밸브가 열리도록 한다. 그리하여 물이 라디에이터로 흐르게 하는 원리이다. 펠릿 방식은 왁스가 구리 또는 황동으로 만든 용기에 밀봉되어 있고, 푸시로드를 통해 밸브에 연결되어 있다. 작동원리는 차가운 왁스가 수축하면 밸브가 닫히고 스프링이 밸브를 닫는다. 하지만 물의 온도가 상승하면 열에 의해 왁스가 팽창하고 밸브를 밀어 올린다. 이러한 원리를 이용하여 대부분의 펠릿 방식은 물의 적정온도(약 80℃)에 도달하면 펠릿(용기)에 들어있는 왁스가 팽창하여 고무 부분을 압축함으로써 그 중심부에 있는 스핀들을 밀어 올리려고 한다. 하지만 스핀들은 용기에 고정되어 있으므로 펠릿이 밀려 내려가서 밸브가 열린다. 반대로, 수온이 낮아지면 팽창했던 왁스가 수축이 되고 펠릿은 스프링에 의해 원위치로 돌아가면서 밸브를 닫는다.

셋째, 라디에이터는 〈그림 4.45〉 ❶에서 보는 바와 같이, 엔진에서 가열

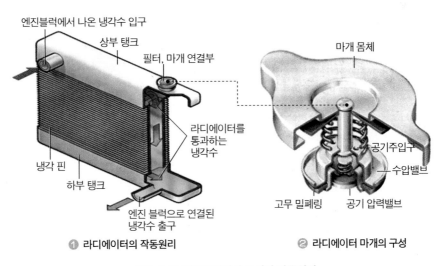

❶ 라디에이터의 작동원리   ❷ 라디에이터 마개의 구성

그림 4.45 라디에이터의 구성과 작동원리

된 냉각수를 냉각하는 장치이며, 넓은 방열면적을 가지고 있고 대량의 물을 받아들이는 일종의 탱크이다. 이 구성품은 상부 탱크와 중앙(core) 및 하부 탱크로 구성되어 있으며, 상부 탱크에는 라디에이터 마개(cap), 오버플로 파이프(overflow pipe), 입구 파이프가 있고, 하부 탱크에는 출구 파이프와 배출구 콕(drain cock)이 부착되어 있다. 라디에이터 중앙은 뜨거워진 냉각수가 흐르는 튜브와 공기가 통하는 핀 부분으로 되어있으며, 방열면적을 넓힌 구조로 되어있다. 라디에이터의 재료는 일반적으로 강성과 내압성이 우수한 알루미늄 소재를 많이 사용하고 있다.

라디에이터 마개(radiator cap)는 〈그림 4.45〉 ❷와 같이, 공기 압력밸브와 공기 주입구가 있다. 공기 압력밸브는 냉각수가 110~120℃ 정도로 압력이 $1.9kg/cm^2$까지 가압이 되면 열리며, 냉각수 보조 탱크로 배출된다. 그리고 엔진 온도가 내려가 라디에이터 내부의 압력이 대기압보다 낮아지게 되면 공기 입구 밸브가 열려 보조 탱크에 있는 냉각수를 빨아들여 냉각수를 보충하는 원리이다.

넷째, 냉각 팬(cooling fan)은 라디에이터 뒤쪽에 부착하여 강제로 통풍시킴으로써 라디에이터의 냉각 효과를 충분히 얻게 한다. 그리고 고속 회전 시에는 배기 다기관 등의 과열을 방지하는 기능도 있다. 일반적으로 냉각 팬은 회전속도를 자동으로 조절하여 팬의 구동에 소비되는 동력손실을 줄이면서 엔진의 과냉각과 소음을 줄이기 위해 클러치방식과 전동식을 많이 사용하고 있다.

끝으로 물 펌프는 실린더 블록의 앞쪽에 부착되어 냉각수를 강제로 순환시키는 장치이며, 원심 펌프를 많이 사용한다. 이 펌프는 임펠러(impeller)의 회전으로 원심력을 이용해서 라디에이터에서 냉각시킨 물을 바깥둘레로 뿜어내어서 실린더 블록의 물재킷으로 물을 보낸다. 펌프의 구동은 크랭크 풀리와 연결되는 V 벨트에 의해서 구동되기 때문에 엔진 회전 중에는 항상 냉각수를 순환시킨다. V 벨트는 크랭크축에 설치된 크랭크 풀리의 회전을 물 펌프의 풀리와 발전기 풀리에 전달하는 역할을 하며, 벨트의 장력이 너무 헐거우면 벨트가 미끄러져 냉각수 송출능력이 저하되어 엔진 과열의 원인이 된다. 또한, 발전기의 출력이 부족하게 되어 충전 불량의 원인이 되기도 한다. 반대로 벨트의 장력이 너무 팽팽하면 물 펌프와 발전기 베어링의 마모가 잘되기 때문에 적절한 장력이 필요하다.

③ 엔진 냉각장치의 제어방식

일반적으로 입구제어와 출구제어 방식이 있으며, 작동원리와 특성은 다음과 같다.

입구제어 방식은 냉각수 온도가 88℃가 되면 수온 조절기가 열리고, 라디에이터에 막혀있던 냉각수가 수온 조절기를 통하여 곧바로 엔진으로 들어가는 방식이다. 이 방식은 수온 조절기가 열려있는 시간이 짧다. 따라서 냉각수 온도분포가 비교적 균일해지고 온도조절을 정밀하게 할 수 있다.

출구제어 방식은 냉각수 온도가 88℃가 되면 수온 조절기가 열리고, 냉각수는 라디에이터로 가서 냉각되고 냉각된 물이 물 펌프, 실린더 블록, 실린더 헤드를 통해 수온 조절기에 도달하는 방식이다. 이 방식은 수온 조절기가 열려있는 시간이 길다. 이 때문에 유동하는 냉각수의 유량이 많고 냉각수의 온도분포 차이가 크다. 그 결과 연료량의 보정이 부정확해져서 배기가스를 줄이기에 불리하다.

④ 냉각수와 부동액

수랭식 냉각장치는 위해 부식 방지제 또는 동결 방지제가 첨가된 냉각수를 사용한다. 동결 방지제가 첨가된 냉각수를 부동액이라 하며, 물이 얼면 약 10% 정도의 부피가 팽창하여 라디에이터나 실린더가 파손될 수 있다. 따라서 겨울철에는 냉각수에 빙점이 낮은 부동액을 첨가하여 냉각수로 사용한다. 부동액에는 보통 에틸렌글리콜에 청색 물감과 안정제, 부식 방지제 등을 넣어 물과 혼합하여 사용한다. 혼합비율은 그 지역의 최저 온도를 기준으로 하여 물과 약 40~50% 정도 희석하여 사용하는 것이 좋다. 부동액을 선정할 때에는 라디에이터의 재질에 따라 선택해야 하며, 종래의 황동제에서는 일반적인 부동액을 사용했으나 알루미늄 라디에이터에서는 알루미늄 전용의 부동액을 사용해야 한다. 알루미늄 라디에이터의 경우에는 일반 부동액과 혼용하면 냉각계통의 부식 또는 침전물이 생기기 때문에 주의해야 한다. 여름철이라고 부동액을 빼고 물만 사용하면 쉽게 녹이 발생하기 때문에 피해야 하며, 사계절용 부동액도 있다.

2. 공기 필터와 엔진 오일 필터

공기 필터(air filter)는 흡기 필터라고도 부르며, 엔진으로 들어가는 공기의 먼지와 불순물을 걸러 완전연소를 도와주는 역할을 한다. 이 구성품은 건식과 습식 필터가 있으며, 습식은 스펀지 같은 여과지에 흡착력이 뛰어난 특수 엔진 오일을 적셔서 사용하는 방식이며, 건식 필터에는 알루미늄 철망방식, 면 재질의 여과지 방식, 종이 여과지 방식 등이 있다.

3. 엔진 오일 순환장치

엔진 오일의 순환장치는 〈그림 4.46〉에서 보는 바와 같이 구성되어 있다. 엔진 오일은 오일 팬에서 오일펌프로 전류식 필터, 엔진의 구성품의 작동부, 스핀-온 필터, 오일 팬으로 순환하게 되어있다. 엔진 오일의 엔진의 작동부에서 열, 마찰, 오염물질 등으로 오염되면 각각의 필터에서 여과하게 하여 재사용할 수 있게 되어있다. 각각의 구성품의 작동원리와 특성은 다음과 같다.[19][20]

첫째, 오일 팬(oil pan)은 엔진 바닥의 뚜껑과 같은 부분으로, 엔진 오일을 저장하는 역할을 한다. 이 구성품은 급출발이나 급정지 그리고 오르막길 주행 시에도 엔진 오일을 충분히 공급할 수 있다.

둘째, 전류방식 필터(full flow filter)는 오일펌프(oil pump)에서 나오는 모든

---

19 Korea Standard, KS M 2121, "Internal Combustion Engine Oils", Dec. 2015.

20 L. Wong, E. Jefferis and N. Montgomery, "Proportional hazards modeling of engine failures in military vehicles", Journal of Quality in Maintenance Engineering, Vol. 16, No. 2, pp. 144~155, 2010.6.

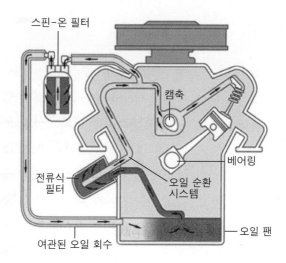

스핀-온 필터

캠축

베어링

전류식
필터

오일 순환
시스템

오일 팬

여관된 오일 회수

그림 4.46 엔진 오일의 순환과정

엔진 오일을 작동 부품을 통과하기 전에 여과기를 통과시키는 필터이다.

셋째, 스핀-온 필터(spin-on filter)는 폐쇄형 시스템이기 때문에 개별 구성품의 기능을 확인할 수 없다. 이는 특히 저렴한 교체 제품을 사용할 경우 장기적으로 엔진 문제를 유발할 수 있다. 예를 들어, 필터 효율이 원래 제품보다 떨어진다면, 더 큰 입자가 엔진 오일 회로에 남게 되어 터보차저와 같은 민감한 컴포넌트가 영구적으로 손상될 위험이 있다. 또한, 회수 밸브의 개방압력이 너무 낮으면, 우회 통과를 통해 오염된 엔진 오일이 여과되지 않은 상태로 남게 된다. 이외에도 필터 매질의 입자 흡수 용량이 너무 낮으면, 입자로 막힌 필터가 우회 통과 모드 상태로 영구적으로 동작하기 때문에 심각한 위험을 유발할 수도 있다.

제6절 제동장치

　　제동장치(brake system)는 주행하는 차량을 감속 또는 정지시키거나 주차상
태를 유지하기 위해 사용되는 장치이다. 제동장치가 정상적인 작동을 하기
위해서 차량의 최고속도 및 차량 중량에 대한 제동 작동이 확실해야 하고,
평지나 경사로에서 주차할 때 제동 효과가 커야 하며, 신뢰성과 내구성이 크
고, 조작 및 점검, 정비가 쉬워야 한다. 그리고 제동장치는 주행할 때 주로
사용하는 브레이크(foot brake)를 밟아서 작용하는 주 제동 브레이크와 주차
시 사용하는 주차 브레이크(parking brake)가 있다.

　　제동장치의 제어는 기계식 브레이크(mechanical brake)와 유압식 브레이크
(hydraulic brake), 그리고 전자제어식 브레이크로 분류할 수 있다. 기계식 브레
이크는 일부 주차 브레이크 등에 사용되고 그 외에는 대부분 유압식 브레이
크를 사용하고 있다. 유압식 브레이크는 브레이크 배력장치(brake booster), 마
스터 실린더(master cylinder), 휠 실린더(wheel cylinder), 드럼 브레이크(drum brake),
디스크 브레이크(disc brake) 등으로 구성되어 있다.

　　유압식 브레이크의 원리는 파스칼의 원리를 응용한 것이다. 이 방식은
제동력이 모든 바퀴에 같은 힘으로 작용하고 마찰 손실이 적다. 반면 페달
조작 힘이 약해도 되지만 유압 회로가 파손되어 오일이 누출되면 제동 기능
이 상실되고, 유압 회로 내에 공기가 침입하면 제동력이 감소하는 현상이 나
타난다. 이들 제어시스템 중에서 유압식 브레이크 시스템은 신뢰성이 높아
서 군용차량 등 다양한 차량에 널리 사용되고 있는 제동방식이다. 이들 방식
중에서 가장 많이 사용되고 있는 유압식과 전자-유압식 브레이크에 대해
알아보도록 하겠다.

1. 유압식 브레이크

(1) 드럼식 브레이크

1 작동원리

드럼식 브레이크는 〈그림 4.47〉 ❶과 같이, 바퀴와 일체로 회전하는 휠 실린더, 브레이크 드럼(brake drum), 브레이크슈(brake shoe), 스프링, 고정장치, 자가 조절장치(self adjuster) 등으로 구성이 되어 있다.

작동원리는 〈그림 4.47〉 ❷에서 보는 바와 같이, 운전자가 브레이크 페달(brake pedal)을 밟으면, 마스터 실린더(master cylinder)와 배력장치(brake booster)에 의해 브레이크 오일압력이 휠 실린더에서 전달된다. 이 힘으로 브레이크 슈를 바깥쪽으로 확장하여 회전하는 원통형의 브레이크 드럼의 내면과 접촉한다. 그 결과 드럼과 하나로 연결된 바퀴의 회전을 막도록 마찰력을 가해 제동을 하게 된다. 이때 브레이크 드럼과 접촉하는 브레이크슈의 브레이크 라이닝(brake lining)은 리벳이나 접착제로 부착되어 있다.[21]

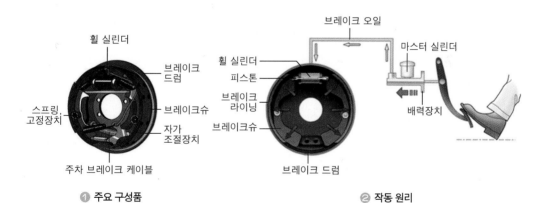

❶ 주요 구성품   ❷ 작동 원리

그림 4.47 드럼식 브레이크의 구성과 작동원리

---

21 https://www.akebono-brake.com/english/product_technology/product/automotive/drum/index.
html

드럼식 브레이크에 장착된 브레이크 라이닝은 내열성이 커야 한다. 이는 브레이크 페달의 조작을 반복할 때 브레이크 드럼과 브레이크슈에 마찰열이 축적되어 제동력이 감소하는 페이드(fade) 현상이 없어야 하기 때문이다. 또한, 기계적 강도 및 내열성이 크고, 온도의 변화, 물 등에 의한 마찰계수의 변화가 적은 것을 사용하고 있다.

② 주요 구성의 구조와 특성

① 마스터 실린더

마스터 실린더는 브레이크 페달을 밟았을 때 유압을 발생시키는 유압식 브레이크의 핵심 구성품이다. 마스터 실린더는 하나의 피스톤으로 유압을 발생시키는 싱글 마스터 실린더와 두 개의 피스톤으로 유압을 발생시키는 탠덤 마스터 실린더(tandem master cylinder)가 있다. 싱글 마스터 실린더는 브레이크 시스템 중에 브레이크액의 누설이나 고장이 생기면 전체 바퀴의 제동 효과에 문제가 생겨 중대한 사고의 원인이 된다. 따라서 이러한 위험을 방지하기 위해 어느 한쪽 브레이크 시스템에 고장이 생겨도 나머지 하나의 브레이크 시스템이 제동하도록 보완된 것이 탠덤 마스터 실린더이다.

탠덤 마스터 실린더의 작동원리는 다음과 같이 두 가지 경우로 나누어 설명할 수 있다. 먼저 운전자가 브레이크 페달을 밟으면, 1차 피스톤이 전진하여 1차 오일탱크(oil tank) 입구를 막는다. 그 결과 1차 피스톤과 2차 피스톤 사이의 압력실이 밀폐되면서 유압이 발생한다. 이 유압에 의해 2차 피스톤이 전진하여 2차 오일탱크의 입구를 막아서 2차 피스톤 앞부분의 브레이크액을 압축하게 되어 유압이 발생한다. 이 유압은 브레이크 라인을 통해 각각의 바퀴에 있는 브레이크에 전달되어 차량을 제동하게 된다.

다음으로 운전자가 브레이크 페달을 놓으면, 압축된 스프링에 의해 피스톤이 원상태로 되돌아가면서 압력이 낮아진다. 만일 어느 브레이크 계통에 누설이나 고장이 발생하더라고 1차 피스톤에서 발생한 유압이나 2차 피스톤의 유압에 의해 제동할 수 있다. 즉, 제동에 의한 중대사고를 방지할 수 있는 장점이 있다.

한편, 브레이크 오일은 주로 피마자기름에 알코올 등의 용제를 혼합한 오일을 사용하고 있다. 특히 이 오일은 점성이 크고 윤활 성능이 우수하며 빙점이 낮고, 비등점이 높다. 또한, 화학적 안정성이 높고 고무 또는 금속 제품을 부식하거나 연화시키지 않는다.

② 브레이크 배력장치

트럭이나 버스와 같이 차량이 대형이 될수록 차량의 무게가 증가하며 고속주행 시에는 더 큰 제동력이 필요하다. 이때 브레이크 페달을 밟는 작동력 (operating force)을 증폭시키는 장치가 브레이크 배력장치이다. 이 장치의 종류는 주로 승용차, 소형 화물차, 소형 버스 등에서 사용되는 진공식과 주로 대형버스, 대형차량에서 사용되는 압축공기식이 있다. 진공 방식은 엔진의 흡기계통의 음압(negative pressure)을 이용하지만, 디젤 기관에서는 높은 음압이 발생하지 않는다. 이 때문에 배출기(ejector)를 장착하여 흡기 다기관의 음압을 이용하거나 진공펌프를 이용하는 방식도 있다.

진공 방식은 대기압과 진공압의 차이로 브레이크 유압을 증가시키는 장치이다. 하지만 압축 공기식은 진공식과 같이 압력 차를 이용하나 압축공기를 이용하는 것이 다른 점이다. 압축 공기식은 차량 중량에 제한받지 않고 공기가 다소 누출되어도 제동 성능이 현저하게 저하되지 않는다. 그러나 엔진의 출력이 일부 소모되고 구조가 복잡하고 값이 비싼 단점이 있다.

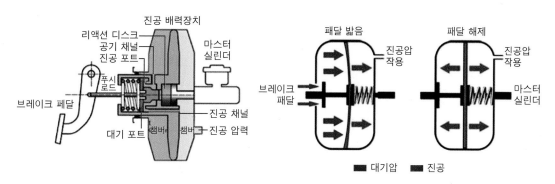

그림 4.48 진공식 배력장치의 작동원리

③ 휠 실린더

휠 실린더에서는 마스터 실린더에 압송된 브레이크 오일(brake oil)이 실린더의 중앙으로 유입된다. 그 결과 2개의 피스톤을 좌우로 밀어 브레이크슈를 드럼에 밀착시켜 제동 작동을 한다. 휠 실린더는 단동식과 복동식이 있으며, 주로 복동식을 많이 사용하고 있다.

(2) 디스크식 브레이크

1 디스크식 브레이크의 종류

디스크식 브레이크는 클러치(clutch)형과 캘리퍼형이 있다. 클러치형은 원판의 전면을 마찰표면이 되도록 설계한 방식이다. 반면에 캘리퍼형은 〈그림 4.49〉 ❶과 같은 구조이며 가장 많이 적용하는 방식이다. 이 방식은 실린더의 작동 방식에 따라서 부동 디스크 브레이크, 부동 캘리퍼 브레이크, 부동 디스크 캘리버 브레이크가 있다. 그리고 이들 방식의 차이점은 다음과 같다.

먼저 부동 디스크 브레이크(floating type disk brake)는 디스크의 소음이 커서 제한적으로 사용하고 있다. 이 방식은 브레이크 디스크의 한쪽에 피스톤과 연결된 패드를 설치하고 반대쪽에는 피스톤 없이 브레이크 패드가 설치되어 있다. 작동 방식은 피스톤이 브레이크 패드를 밀면 반대쪽의 패드는 끌어당겨진다. 그 결과 브레이크 디스크가 브레이크 패드 사이에 끼어 제동력을

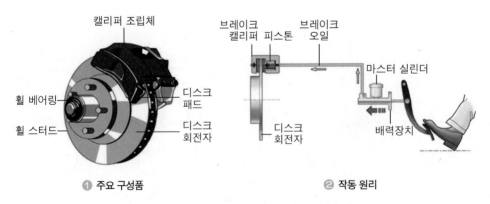

❶ 주요 구성품　　　　　❷ 작동 원리

그림 4.49 디스크식 브레이크의 구성과 작동원리

발생하는 원리이다. 다음으로 부동 캘리퍼 브레이크(floating type caliper brake)는 실린더가 한쪽에만 있고, 반대쪽 브레이크 패드는 반작용으로 작동하는 방식이다. 이 방식의 장점은 실린더를 1개만 사용하여 비용 측면에서 유리하다는 점이다. 끝으로 부동 디스크 캘리퍼 브레이크(floating type disk caliper brake)는 양쪽에 피스톤을 배치하는 방식으로 브레이크 성능이 우수하다. 그러나 피스톤을 2개 설치하기 때문에 가격이 비싸다는 단점이 있다.

② 작동원리

현재 가장 많이 사용하고 있는 디스크 브레이크는 〈그림 4.49〉 ①에서 보는 바와 같이, 피스톤이 1개인 부동 캘리퍼 브레이크이다. 이 방식은 마스터 실린더에서 발생한 유압을 브레이크 캘리퍼로 보내 브레이크 디스크의 양쪽에 설치된 디스크 패드(disc pad)를 디스크 회전자(disk rotor)에 압착 마찰력으로 제동하는 방식이다. 브레이크 캘리퍼는 마찰 패드 바깥쪽에 있는 덮개(housing)이며, 오일 통로와 피스톤이 내부에 설치되어 있다.

한편 〈그림 4.49〉 ②와 같이, 운전자가 브레이크 페달을 밟으면 마스터 실린더의 유압을 받아 피스톤이 브레이크 패드를 밀어 디스크 회전자에 압착이 된다. 브레이크 캘리퍼는 그 반작용으로 반대쪽으로 움직이면서 반대쪽 패드를 디스크 회전자에 압착이 되어서 제동을 하는 방식이다.

③ 드럼식 브레이크와 디스크식 브레이크의 특성 비교

디스크식 브레이크는 다음과 같은 장점이 있다. 첫째, 브레이크 디스크가 대기 중에 노출되어 회전하므로 냉각 성능이 좋고 브레이크 성능이 안정화 되어있어서 페이드 현상이 발생하지 않는다. 둘째, 우수한 냉각 성능으로 열변형이 적어 브레이크 페달을 밟는 거리(stroke) 변화가 거의 없다. 셋째, 부품의 평형이 좋고 한쪽만 제동되는 일이 없다. 넷째, 디스크에 물이 묻어도 디스크 회전에 따라 원심력에 의한 물이 흩어져서 제동력 회복이 빠르다. 다섯째, 구조가 간단하고 부품 수가 적어 차량 무게를 가볍게 할 수 있으며 정비하기 쉽다.

하지만 디스크식 브레이크는 다음과 같은 단점이 있다. 첫째, 자기 배력 작용(self-servo action)이 발생하지 않는다. 여기서 자기 배력 작용이란 브레이크 드럼(brake drum)이 회전하고 있을 때 브레이크슈(brake shoe)가 휠 실린더에 의하여 드럼에 눌리면 마찰력에 의하여 안쪽 브레이크슈는 드럼과 함께 회전하려는 경향이 생겨 바깥쪽으로 벌어지려는 힘을 받아 제동력이 크게 발생한다. 반면에 바깥쪽 브레이크슈는 드럼에서 떨어지려고 하는 힘을 받아서 압착 힘이 약해져서 제동력이 상대적으로 작아지는 현상이다. 또한, 디스크 브레이크는 디스크와 패드의 마찰면적이 좁아서 드럼식 브레이크의 휠 실린더(wheel cylinder)의 유압보다 약 2배 정도의 높은 유압이 필요하다. 둘째, 높은 유압과 작은 마찰 패드(브레이크 패드, brake pad) 면적 때문에 마찰 패드의 내마모성이 우수해야 한다. 그리고 브레이크 패드의 마모로 인하여 교체주기가 드럼식 브레이크의 브레이크 라이닝보다 빠르다. 셋째, 드럼식 브레이크는 브레이크슈가 주차 브레이크로 이용할 수 있으나 디스크식 브레이크에서는 별도로 주차 브레이크를 설치해야 한다. 넷째, 브레이크 디스크에 이물질이 쉽게 부착하는 단점이 있다.[22][23][24]

2. 전기제어식 브레이크

(1) 종류 및 발전추세

전기제어식 제동시스템은 유압식 브레이크에 전자제어시스템을 적용하여 제동 기능뿐만 아니라 차량의 주행 안정성과 승차감을 높여준 시스템이다. 이 시스템은 적용 방법에 따라 다양한 방법이 있으며, 차량의 승차감과 주행 안정성에 적용하고 있는 주행 제어시스템은 〈그림 4.50〉에서 보는 바와 같다. ABS(Anti-lock Brake System), 제동력 분배 시스템(EBD, Electronic

---

22 https://en.wikipedia.org/wiki/Brake

23 https://www.howacarworks.com/basics/how-the-braking-system-works

24 https://en.wikipedia.org/wiki/Regenerative_brake

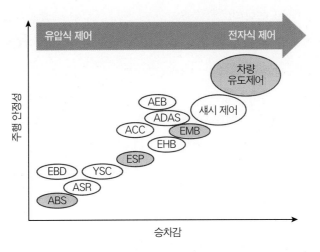

그림 4.50 전자제어식 제동장치의 발전추세

Brake force Distribution), 구동력 제어시스템(TCS, Traction Control System), 요 안정성 제어(YSC, Yaw Stability Control), 전자 안정성 프로그램(ESP, Electronic Stability Program), 고급 운전자 보조 시스템(ADAS, Advanced Driver Assistant System), 자동 비상 브레이크(AEB, Automatic Emergency Brake) 순으로 승차감과 주행 안정성이 우수하다. 더불어 이들 순서대로 관련 기술이 발전되고 있다. 또한, 지속적인 성능 개선과 새로운 기능이 추가되면서 주행 안정성과 승차감이 크게 향상되고 있다. 참고로 〈그림 4.50〉에서 ASR은 스핀 잠김제동기(Anti-Spin Regulator), EMB는 전기기계식 브레이크(Electro Mechanical Brake)이다.

예를 들어, ABS와 ESP와 같은 추가 기능을 사용하려면 고속 솔레노이드 밸브(high speed solenoid valve), 오일 회수 펌프(oil return pump)와 회수 유압 회로와 같은 추가 장치가 필요하다. 따라서 유압식 브레이크 시스템의 구조가 점점 복잡해지고 유지 보수도 점점 어려워지고 있다. 현재 전기 차량(EV), 하이브리드 전기 차량(HEV), 연료전지 전기 차량(FCEV)과 같은 새로운 동력원 차량이 개발되고 있으나 이들 차량은 대부분이 유압식 브레이크 시스템을 사용하고 있다. 유압식은 제동력을 정밀하고 독립적으로 조절할 수 없으므로 EV와 HEV 차량의 회생 브레이크 시스템에 적합하지 않다. 이러한 문제를 해결하는 방법 중에서 하나가 브레이크 바이 와이어(BBW, Brake-by-Wire

System) 시스템이다.[25][26][27]

제동장치는 〈그림 4.50〉에서 보는 바와 같이 ABS, TCS, VDC 순으로 발전하고 있다.

(2) ABS(Anti-lock Brake System)

ABS는 차량이 급제동할 때 바퀴가 잠기는 현상을 방지하기 위해 개발된 특수 브레이크이다. 이 장치의 구성과 작동원리는 〈그림 4.51〉에서 보는 바와 같다. 이 장치는 보통 브레이크에도 있는 배력장치(booster)와 마스터 실린더에 전자제어장치인, 유압 조정장치, 바퀴의 속도를 감지하는 휠 센서(wheel sensors), 브레이크를 밟은 상태를 감지하는 페달감지 센서(pedal travel switch)로

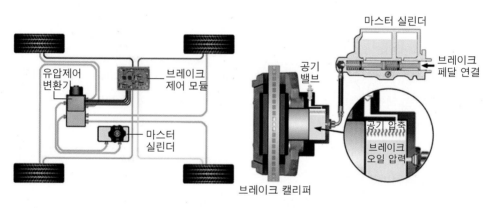

① 제어 회로 구성도　　　② 세부 구조 및 작동원리

그림 4.51　ABS 브레이크의 구성과 작동원리

25　Yu, Z.; Han, W.; Xu, S.; Xiong, L. Review on Hydraulic Pressure Control of Electro-hydraulic Brake System. J. Mech. Eng. 53, pp. 1~15, 2017.

26　Ahn, J.K.; Jung, K.H.; Kim, D.H.; Jin, H.B.; Kim, H.S.; Hwang, S.H. Analysis of a regenerative braking system for Hybrid Electric Vehicles using an Electro-Mechanical Brake. Int. J. Auto motor. Technology. 229-234, 2009, 10.

27　Gong, X. Research on Control Technology of a Novel Brake-by-Wire System for Electric Vehicle; Nanjing University of Science & Technology: Nanjing, China, 2016.

구성되어 있다.

일반적으로 차량이 주행할 때 4개 바퀴에 똑같은 무게가 실리지 않는다. 이런 상태에서 급속 제동하면 일부 바퀴에 잠김(lock-up) 현상이 발생한다. 즉, 차량은 여전히 진행하고 있는데도 바퀴는 완전히 멈춰선 상태가 된다. 이때 차량이 미끄러지거나 옆으로 밀려 운전자가 차량의 방향을 제대로 제어할 수 없는 위험한 상태가 된다. 따라서 이러한 문제를 방지하려면 바퀴가 잠기지 않도록 브레이크를 밟았다 놓았다 하는 펌핑(pumping) 동작을 반복해야 한다. ABS는 펌핑 동작을 전자제어장치나 기계적인 장치를 이용하여 1초에 10회 이상 반복되면서 제동하도록 만든 장치이다.

ABS의 작동원리는 각각의 바퀴에 장착된 휠 센서에서 감지되는 정보를 분석한다. 이때 만일 한쪽 바퀴가 잠기면, 그 바퀴만 펌핑을 해줘 네 바퀴의 균형을 유지한다. 그리하여 차량이 미끄러지는 스키드 현상을 억제하여 조종력을 잃지 않게 한다. 또한, 바퀴가 잠기지 않아 제동거리도 훨씬 짧아진다. 단, 브레이크 조작과 관련된 기계적 반동이 페달에도 그대로 전달되어 페달이 떨리고 소음이 발생할 수 있다.

(3) 구동력 제어시스템(TCS)

1 주요 구성품과 기능

TCS(Traction Control System)는 가속으로 인한 휠 스핀 발생을 방지하기 위한 시스템이다.[28][29] 즉, 타이어가 공회전하지 않도록 차량의 구동력을 제어한다. 이 시스템은 눈길, 빗길처럼 미끄러지기 쉬운 노면에서 출발 또는 가속할 때, 과잉의 구동력이 발생하여 바퀴가 공회전하지 않게 구동력을 제어하는 시스템이다. 이 장치는 바퀴가 미끄러졌을 때 좌우 바퀴의 회전속도가 차이나거나 타이어가 펑크 났을 때 작동한다.

---

28 "Toyota Traction Control System", YouTube 2011.7.17.

29 https://ipg-automotive.com/areas-of-application/vehicle-dynamics/vehicle-dynamics-control-systems/

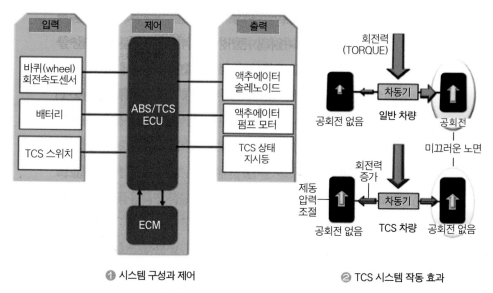

입력　제어　출력

바퀴(wheel)
회전속도센서

배터리

TCS 스위치

ABS/TCS
ECU

ECM

액추에이터
솔레노이드

액추에이터
펌프 모터

TCS 상태
지시등

회전력
(TORQUE)

공회전 없음　일반 차량　공회전

차동기

미끄러운 노면

제동
압력
조절

회전력
증가

공회전 없음　TCS 차량　공회전 없음

차동기

❶ 시스템 구성과 제어　　　　❷ TCS 시스템 작동 효과

그림 4.52 TCS 시스템의 구성과 작동 효과

주요 구성품은 〈그림 4.52〉 ❶에서 보는 바와 같이 입력, 제어, 출력 장치로 구성이 되어있다. 입력장치에는 바퀴의 회전속도를 측정하는 센서와 배터리, TCS 스위치가 있다.

❷ TCS의 작동원리

운전자가 TCS 스위치를 조작하면 제어장치가 입력장치의 신호를 분석하여 액추에이터(솔레노이드 유압펌프)를 작동시켜 엔진을 제어한다. 엔진의 연료 분사량, 점화 시기, 스로틀 밸브 등을 조절하여 엔진 출력을 제어한다. 동시에 구동 바퀴에 제동을 걸어서 제동할 수 있게 구성되어 있다. 그리하여 이 장치는 출발 또는 가속 시 노면과 타이어 사이의 정지 마찰력을 크게 하며, 구동력이 클 때 주행 안전성을 높여준다. 또한, 노면과 타이어 사이의 접지 마찰력에 따라 엔진 토크를 자동으로 조정할 수 있다.

TCS의 작동원리는 〈그림 4.52〉 ❷에서 보는 바와 같이, 휠 속도 센서를 사용하여 휠의 회전속도로 차량의 속도를 측정하여 타이어와 도로 사이에 미끄러짐이 발생하는지 감지한다. 도로와 바퀴 사이에서 미끄러짐이 감지되면, TCS는 차량이 움직이는 데 필요한 마찰을 생성하기 위해 미끄러지는 바퀴에 최소한의 토크만 전달되게 한다. 휠 회전속도 센서는 각 구동 휠의 속도를 끊임없이 측정한 데이터를 ABS와 TCS 그리고 ECU로 송신한다. 만일 타이어와 도로 사이의 미끄러짐이 감지되면, TCS는 미끄러지는 바퀴의 브레이크 압력을 조절한다. 그리고 바퀴의 회전속도를 감속하여 견인력을 회복한다. 동시에 차동장치에 의해서 구동 토크를 미끄러지는 휠과 비교할 때 더 나은 견인력을 가진 반대편 휠에 전달하여 미끄러짐을 줄여준다. 이때 TCS는 〈그림 4.53〉에서 보는 바와 같이, 각 구동 휠의 브레이크 회로를 제어할 수 있는 솔레노이드 밸브가 장착되어 있다. 이 ABS 유압 회로가 작동되어 견인력을 회복하기 위한 브레이크 압력을 조절하여 바퀴의 회전속도를 줄일 수 있다.[30]

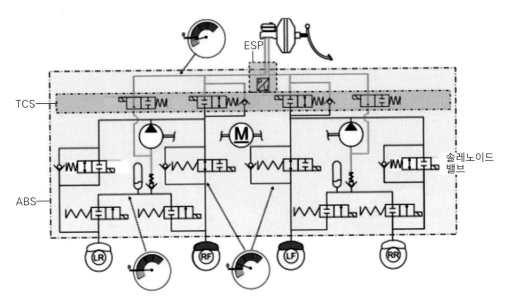

그림 4.53 전자식 제동시스템의 회로 구성도

---

30 https://www.sciencedirect.com/topics/engineering/front-wheel-drive

③ TCS의 특성

차량이 가속 중에 발생하는 휠의 미끄러짐이 일어나면, 〈그림 4.54〉에서 보는 바와 같이, 전륜 구동 차량은 언더 스티어 현상이 일어나고 후륜 구동 차량일 경우에는 오버스티어(over steer) 현상이 발생한다. 휠 속도는 ABS에 의해 계속 모니터링된다. 따라서 2WD 차량에서는 구동 휠의 속도를 비 구동 휠의 속도와 비교하여 휠이 회전 여부를 쉽게 확인할 수 있다. 구동축의 휠이 균일한 마찰력(접착력)으로 노면에 있고 휠 중 하나 또는 둘 모두가 회전할 경우, 엔진 토크 제어만 사용하여 구동력 제어를 할 수 있다. ABS와 마찬가지로 TCS는 사용 가능한 마찰력만 사용할 수 있다. 하지만 제동력은 차량의 모든 휠을 통해 전달된다. 마찰계수가 차량의 각 측면이 다른 경우 마찰력을 잃는 첫 번째 바퀴는 항상 접착력이 낮은 표면의 바퀴이다. 이 경우 낮은 마찰 휠에 전달하는 토크를 제한하기 위해 엔진 출력을 줄이면, 다른 휠이 전달할 수 있는 토크가 제한된다. 즉, 사용 가능한 마찰력을 충분히 활용하지 못하게 된다. 이 경우 차동장치를 통해 회전 휠에 제동력을 적용하여 더 높은 마찰력을 활용할 수 있다. 브레이크와 엔진 제어의 조합을 사용하면 더 빠르게 속도를 높일 수 있다.

한편, TCS에서 브레이크를 계속 사용하면 브레이크 캘리퍼에 많은 열이

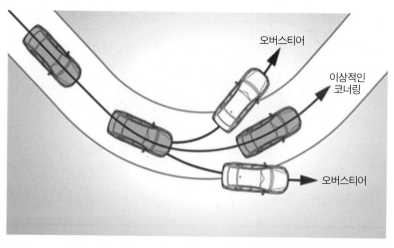

그림 4.54 TCS 시스템에 의한 이상적인 코너링

발생한다. 따라서 TCS는 캘리퍼의 과열을 방지하기 위해서 일정 시간이 지나면 자동으로 중단시키도록 설계되어 있다. 만일 두 개의 구동 휠이 모두 견인력을 잃으면, TCS는 견인력을 회복할 때까지 두 바퀴를 똑같이 느리게 하여 속도를 늦춘다. 그렇지 않으면 시스템은 구동력이 회복될 때까지 엔진 토크를 휠로 낮추기 위해 PCM에 신호를 보낸다. 차량에서 TCS가 활성화되면 계기판을 통해 운전자에게 표시되며, 고성능 차량에는 TCS를 켜거나 끄는 스위치가 있다. 이 시스템이 비활성화되면 경고등이 켜지며, TCS를 꺼도 차량의 ABS는 작동되도록 설계하고 있다.

④ TCS의 적용 사례

일반적으로 눈이나 물웅덩이와 같이 미끄러운 표면에서 발생하며 바퀴가 차량을 움직이는 만큼 충분한 견인력을 발생시킬 수 없다. TCS와 ABS는 동시에 작동하도록 설계되어 있다. 그 이유는 차량의 안정성을 개선하는 데 효과적이기 때문이다. 이들 장치의 차이점은 ABS는 브레이크를 밟는 동안, 즉 감속하는 동안에 휠이 회전하는 것을 멈추게 한다. 반면에 TCS는 차량이 가속하는 동안 휠이 회전하는 것을 중지하게 한다. 이 때문에 TCS는 ASR(Anti-Spin Regulator)이라고 부르고 있다.[31] ASR은 TCS의 한 종류로서 바퀴가 겉돌거나 미끄러지는 현상을 감지하여 주행상태에 적합하게 출력을 제어한다. 이 장치는 엔진계통과 구동 계통을 제어하여, 가속할 때 구동 바퀴에 스키드 현상이 생기는 것을 방지하는 장치로 독일의 벤츠에서 채택하고 있다. 엔진계통의 스로틀 밸브와 구동 계통의 브레이크, 클러치 등을 전자제어하여 미끄러운 노면에서 출발 또는 가속하거나 고단 기어에서 저단 기어로 변속할 때 바퀴가 좌우로 미끄러지는 현상을 방지하여 주행 안정성을 높인다. 이 장치는 눈길이나 빙판길에서 고단 기어로 출발할 때 유용하다.

---

31 "Traction Control Info from Vehicle Manufacturers", U.S. Dept. of Consumer Affairs, Bureau of Automotive Repair.

(4) 차체자세제어장치(VDC)

차체자세제어장치(VDC, Vehicle Dynamic Control)는 운전자가 별도로 제동하지 않아도 차량이 스스로 미끄럼을 감지해 각각의 바퀴의 브레이크 압력과 엔진 출력을 제어하는 장치이다. 즉, 어떠한 환경 속에서도 주행하는 차체를 운전자가 원하는 방향으로 움직일 수 있도록 도와주는 능동식 차체제어 장치다. 이 장치의 기능과 제어는 〈그림 4.55〉에서 보는 바와 같다. VDC는 TCS와 ABS 시스템을 제어하도록 구성되어 있다. 만일 운전자가 VDC의 작동 스위치를 끄면, TCS와 ABS 시스템만 작동되고, TCS 작동 스위치까지 끄면 일반 차량처럼 ABS 시스템만 작동한다.

VDC 시스템은 내리막길 주행 제어, 전복사고 방지, 비상제동, 유압 브레이크 보조, 측풍 보조(crosswind assist), 오르막길 주행 제어 등의 기능이 있다. 특히, 고속주행 시 불어오는 차량의 측면으로 부는 강한 바람에 의해 차량이 밀려 차선을 이탈하는 것을 방지할 수 있다. 또한, 각 바퀴와 조향 휠의 움직임을 분석해 차체의 자세를 교정함으로써 운전자가 원하는 방향으로 차량이 주행할 수 있도록 보조한다. 하지만 빗길이나 눈길에선 반대로 VDC 장치를 끈 후에 주행 방향을 수정해야 하는 단점도 있다.

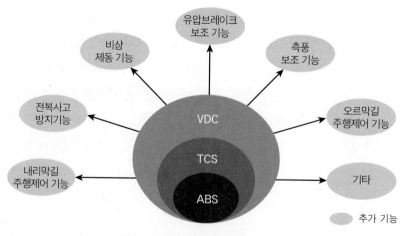

그림 4.55 VDC 시스템의 구성과 기능

(5) 유압-회생 제동시스템[32]

유압-회생 제동시스템(hydraulic regeneration brake system)은 차량의 제동력 일부로 전기를 발전시키는 장치를 말한다. 견인용 전기 모터의 회전 방향을 바꾸어 발전기로 동작시켜 전기자가 자속을 절단할 때 회전을 방해하려는 힘이 발생한다. 이 힘을 제동력으로 사용하고 나머지 전류는 다시 인버터로 되돌려 보내어 배터리에 전기를 저장할 수 있는 제동장치 중 하나이다.

이 시스템은 〈그림 4.56〉 ❶에서 보는 바와 같이, 각각의 바퀴에 장착된 브레이크 캘리퍼, 캘리퍼에 적정 유압을 공급하는 유압 모듈레이터 등으로 구성되어 있다. 그리고 유압 모듈레이터의 작동과정을 살펴보면 〈그림 4.56〉 ❷와 같다. 먼저 운전자가 브레이크 페달을 밟으면 마스터 실린더에서 유압이 증폭된다. 이때 펌프 모터가 일정한 유압을 제공하며, 실시간으로 압력 센서가 각 바퀴에 장착된 휠 실린더의 입구와 출구의 압력을 입구 밸브와 출구 밸브로 제어한다. 그 결과 휠 실린더가 브레이크의 캘리버와 디스크 사이의 마찰력을 조절하여 제동하게 되는 원리이다. 이 시스템에서 축압기(accumulator)는 맥동압력이나 충격압력을 흡수하여 유압장치를 보호하고 유

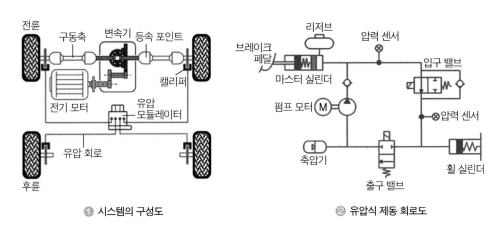

❶ 시스템의 구성도　　　　　　　❷ 유압식 제동 회로도

그림 4.56 유압-회생 제동시스템의 구성과 회로

---

32 https://www.researchgate.net/figure/Overall-structure-of-the-regenerative-and-hydraulic-blended-braking-system_fig1_268389110

압펌프의 작동 없이 유압장치의 순간적인 유압을 공급하는 압력 저장장치이다.

(6) 전기식 제동장치(BBW)

전기식 제동장치(BBW, Brake By Wire)는 기계적인 수단인 케이블, 연결막대(connecting rod) 또는 유공압 등으로 브레이크를 정밀하게 작동시키고 응답성을 높인 장치를 말한다. 최초에는 1970년대 항공기에 적용하다가 1990년대부터 차량에도 적용하기 시작한 방법이다. 이 장치는 조향장치, 현가장치, 제동장치에 적용하고 있다.

전기식 제동장치는 기계식 제동장치보다 디자인의 유연성과 연비를 크게 높일 수 있다. 특히 운전석에서 차량의 모든 바퀴에 복잡한 유압 또는 공압식 제동계통을 단순한 와이어로 대체할 수 있다. 그리고 제동할 때 응답시간을 획기적으로 단축하여 제동거리를 짧게 할 수 있다. 하지만 기계식을 전자식으로 대체하였을 때 제어계통의 오류와 단전이나 단선 등에 대한 안정성을 확보해야 하는 단점이 있다.

전기식 제동장치는 크게 전기-유압식 브레이크(EHB, Electro-Hydraulic Brake)와 전기-기계식 브레이크(EMB, Electro-Mechanical Brake) 그리고 복합 전기-유압식 브레이크(HEMB, Hybrid Electro-Mechanical Brake)가 있다. 이들 브레이크의 원리와 특성을 살펴보면 다음과 같다.

1 전기-유압식 브레이크

전기-유압식 브레이크(EHB)는 〈그림 4.57〉과 같이 구성되어 있다. 이 브레이크는 전동캘리퍼 또는 전자식 디스크로 작동하는 건식(dry type) 브레이크이다. 그리고 작동원리는 운전자가 브레이크 페달을 밟으면, 전기 제어장치가 밸브를 조작하여 각각의 바퀴에 유압을 공급한다. 그리고 공급된 유압에 의해 캘리퍼를 작동시켜 제동하는 방식이다.[33]

---

33 https://cdn.vehicleservicepros.com/files/base/cygnus/vspc-sap/image/2012/03/ma0911undercar4.png

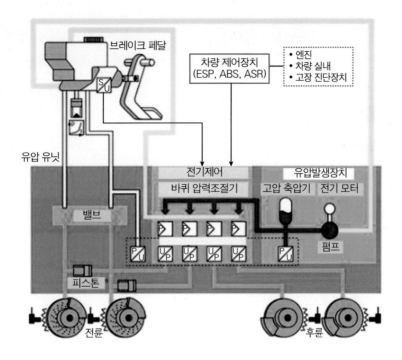

그림 4.57 전기-유압식 브레이크의 구성과 회로

② 전기-기계식 브레이크

전기-기계식 브레이크(EMB)는 〈그림 4.58〉 ①과 같이 구성되어 있다. 그림에서 보는 바와 같이 완전한 전기식으로 유압을 전혀 사용하지 않는 친환경 제동장치이다. 이 브레이크는 유압 브레이크와 근본적으로 다른 새로운 유형의 액추에이터이다. 이 기술은 펌프, 유압호스, 유체, 벨트, 진공 서보기구와 마스터 실린더와 같은 기존 구성 요소를 전자 센서 및 액추에이터로 대체한 것이다. 따라서 기존의 기계식 및 유압식 제어시스템을 전기 기계식 액추에이터와 페달 및 조향장치와 같은 인간-기계 인터페이스를 사용하는 전자 제어 시스템이다.[34][35]

---

34 https://en.wikipedia.org/wiki/Brake-by-wire

35 https://www.semanticscholar.org/paper/Analysis-of-a-Regenerative-Braking-System-for-a-

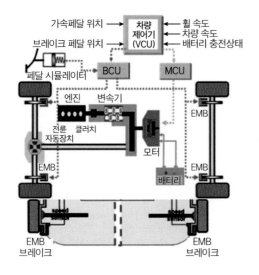

❶ EMB의 회로 및 작동개념도

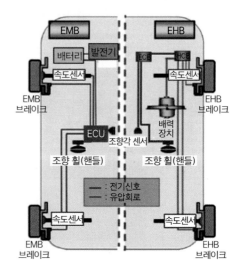

❷ EMB와 EHB의 회로 비교

그림 4.58 전기-기계식 브레이크의 구성과 회로

한편 EMB는 〈그림 4.58〉 ❷에서 보는 바와 같이 EHB와 차이가 있음을 알 수 있다. EMB는 차량에 따라서 VCU 또는 엔진 제어유닛(ECU)으로 제어하는 제동장치이다.[36]

❸ 복합 전기-유압식 브레이크

복합 전기-유압식 브레이크(HEMB)는 EHB와 EMB의 중간 단계의 기술로 적용된 장치이다. 이 방식은 전륜에는 기존의 제동장치처럼 유압식 제동장치를 적용하고, 후륜에는 EMB를 채택하고 있다.

HEMB는 후륜 제동력이 작은 경우에 적합하며, 전자식 주차 제동장치(Electric Parking Brake)의 기능도 쉽게 추가시킬 수 있는 장점이 있다. 특히 전륜에 유압식 브레이크를 사용하기 때문에 EHB보다 전기적인 고장에 의한 안정성 문제가 적다. 또한, ABS 또는 ESC 등 제어기능을 두 개의 채널로 구현

Hwang-Kim/b435b6281062cfda77a7d639b0794ea6848ff153/figure/2

36 https://www.audi-mediacenter.com/en/technology-lexicon-7180/drive-system-7227

할 수 있어서 제작비가 저렴하다. 그리고 제동계통이 긴 후륜 설계를 간소화할 수 있어서 제작 시 유연성이 우수하다.[37][38]

---

37 https://www.hitachi.com/rev/archive/2018/r2018_01/10a04/index.html

38 https://www.st.com/en/applications/chassis-and-safety/electric-parking-brake-epb.html

1. 차량의 동력전달장치 중에서 마찰 클러치와 유체 클러치의 구성과 작동원리를 그림을 그려서 간단히 설명하시오. 그리고 이들 클러치의 장단점과 적용 사례를 비교하시오.

2. 일반 클러치와 토크 컨버터의 구조, 작동원리, 특징 그리고 적용 사례를 설명하시오.

3. 수동식 변속기는 작동 방식에 따라서 크게 활동 물림 방식, 상시 물림 방식, 동기 물림 방식으로 분류한다. 이들 방식의 원리와 장단점 그리고 적용 사례를 설명하시오.

4. 자동식 변속기와 수동식 변속기의 차이점을 비교하시오. 그리고 자동변속기에 있는 유성기어의 구조와 작동원리를 그림을 그려서 설명하시오.

5. 동력전달계통 중 하나인 슬립 조인트와 유니버설 조인트의 기능과 적용 사례를 설명하시오. 그리고 등속 조인트 구성과 작동원리를 설명하시오.

6. 종감속 기어와 차동장치의 기능을 설명하고, 종감속비와 총감속비를 정의하고, 총감속비를 낮추면 차량의 가속 성능은 어떻게 되는가? 그리고 그 이유를 설명하시오.

7. 차동제한 장치(LSD)의 작동원리와 기능을 〈그림 4.18〉에서 설명하시오.

8. 차량의 구동 방식 중에서 전륜, 후륜, 4륜 구동 방식의 원리와 장단점 그리고 적용 사례를 설명하시오. 그리고 전술 차량에서 주로 사용하는 방식은 어떤 방식이며 그 이유를 설명하시오.

9. 4륜 구동 방식 차량의 구동 토크 제어방법에 관한 그림으로 작동원리와 장단점을 설명하시오.

10. 현가장치 중에서 일체 차축방식과 독립 차축방식의 차이점과 장단점을 비교하시오. 그리고 독립 차축방식의 종류와 각각의 특징과 적용 사례를 설명하시오.

11. 에어백과 좌석벨트의 구성과 작동원리를 〈그림 4.33〉을 보고 간략히 설명하시오.

12. 조향장치의 주요 구성과 가변식 동력조향장치의 작동원리와 특징을 설명하시오.

13. 아래 그림은 엔진의 냉각장치와 에어컨디셔너 회로도이다. 이 그림에서 각각의 구성품의 기능과 시스템의 작동원리를 설명하시오. 그리고 수온 조절기의 작동원리와 그 필요성을 설명하시오.

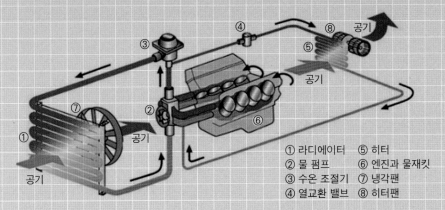

① 라디에이터   ⑤ 히터
② 물 펌프   ⑥ 엔진과 물재킷
③ 수온 조절기   ⑦ 냉각팬
④ 열교환 밸브   ⑧ 히터팬

14. 전기제어식 브레이크의 발전추세와 ABS(Anti-lock Brake System)와 TCS(Traction Control System)의 작동원리와 장단점을 설명하시오.

15. 차체자세제어장치(VDC)의 구성과 기능을 설명하시오. 그리고 아래 그림과 같은 유압-회생 제동시스템의 회로에서 작동원리를 설명하시오.

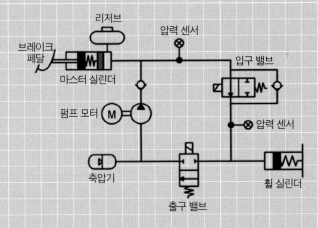

16. 최신의 브레이크 시스템인 전기-유압식 브레이크, 전자-기계식 브레이크, 복합 전기-유압식 브레이크의 구성과 작동원리를 설명하시오. 그리고 이들 방식의 장단점을 도표를 그려서 비교하시오.

제5장
전기 차량과
자율주행 차량

제1절 전기 차량

오늘날 차량은 다양한 동력원을 사용하고 있다. 대표적인 사례로, 가솔린 기관 차량, 디젤 기관 차량, 하이브리드차(HEV, Hybrid Electric Vehicle), 플러그인 하이브리드 전기차(PHEV, Plug in Hybrid Electric Vehicle), 전기 차량(BEV, Battery Electric Vehicle), 수소연료전지 차량(FCEV, Fuel Cell Electric Vehicle) 등이 있다. 이들 차량 중에서 BEV, FCEV 차량의 작동원리는 거의 비슷하지만 동력원이 다르다. 그리고 이들 차량은 센서와 정보통신기술을 이용하여 자율주행이 가능한 수준까지 발전하였다.

본 장에서는 차세대 차량 중에서 전기 차량과 수소연료전지 차량의 구조와 작동원리를 중점적으로 다루었다.

1. 발전과정

최초의 EV는 1881년 프랑스인 Gustave Trouvé에 의해 개발된 세발자전거이다. 이 자전거는 납산 배터리로 0.1 마력의 직류 모터로 구동하였으며, 운전자와 자전거의 무게를 합하여 약 160kg이었다. 이어서 1883년에 이와 비슷한 자전거를 개발하였다. 하지만 이들 차량은 15km/h의 속도로 최대

그림 5.1 "La Jamais Contente" 전기차(1899)

16km밖에 주행할 수 있었다. 그리하여 마차와 경쟁할 만큼 대중의 관심을 많이 끌지 못했다.

1864년 파리에서 루앙으로의 레이스는 모든 것을 바꿔 놓았다. 평균 속도 23.3km/h로 48시간 53분 만에 1,135km의 거리를 달렸다. 이 속도는 말이 끄는 마차보다 훨씬 뛰어난 성능이었다. 그 결과 일반 대중들이 차량에 관심이 고조되었다. 그 후 20년은 전기차가 가솔린 기관 차량과의 경쟁하는 시대였다. 이것은 몇몇 도시 외곽에 포장도로가 많지 않은 미국에서 특히 그러했으며 제한된 범위의 EV는 문제가 되지 않았다. 그러나 유럽에서는 포장도로의 수가 급증하면서 주행거리를 확장해야 하므로 가솔린 기관 차량을 선호하게 되었다.

최초의 상용 EV는 Morris와 Salom이 개발한 'Electro boat' 차량이다. 이 차량은 초기에 뉴욕시에서 택시로 운영했으며, 말이 끄는 택시보다 수익성이 높은 것으로 판명되었다. 더 높은 구매 가격. 90분의 재충전 시간으로 4시간의 3교대로 사용할 수 있었다. 그리고 최대 속도 32km/h로 40km까지 주행할 수 있는 1.5 마력의 전기 모터로 구동하는 차량이었다.

당시 가장 중요한 기술적 진보는 프랑스인 M. A. Darracq가 1897년에 발명한 회생 제동 기술이다. 이 방법은 배터리를 제동할 때 발생하는 제동력으로 재충전하면서 차량의 운동에너지를 회수하여 주행거리를 크게 향상하였다. 이는 도시 주행에서 에너지의 효율을 높여서 전기와 HEV 기술에 가장 중요한 공헌을 하였다. 또한, 랑스인 Camille Jenatzy가 개발한 "La Jamais Contente" 차량은 시속 100km에 도달한 최초의 차량이었다. 하지만 가솔린 기관 차량의 성능이 향상되고 전기 차량보다 작동이 쉬워서 전기 차량이 사라지기 시작했다. 그 결과 전기 차량이 1905년 이후 거의 60년 동안 판매된 사례는 골프 카트와 배달 차량뿐이었다.

1945년 Bell 연구소에서 전기와 전자 공학의 획기적인 전환점이 된 트랜지스터를 발명하였다. 그 결과 신호 전자 장치용 진공관을 트랜지스터로 대체하게 되었고, 사이리스터(thyristor)가 개발되어 고전압에서 고전류를 스위칭할 수 있게 되었다. 사이리스터를 통해 매우 비효율적인 가변저항 없이 전기 모터에 공급되는 전력을 조절할 수 있게 되었고 가변 주파수에서 AC 모터를 작동할 수 있었다. 1966년 GM(General Motors) 차량회사는 사이리스터로 제작된 인버터에 의해 공급되는 유도 전동기에 의해 추진되는 전기 승합차를 개발하였다. 당시 가장 중요한 전기 차량은 Lunar Roving이었다. 이 차량은 아폴로 우주 비행사가 달에서 사용한 차량이다. 차량 자체의 무게는 209kg이며, 적재량은 490kg이었으며, 항속거리는 약 65km이었다. 그러나 이 차량의 설계는 지구상에서 거의 의미가 없었다. 중력이 작고, 진공상태이고, 차량의 속도가 느려서 달에서는 더 먼 거리를 주행할 수 있었기 때문이다.

1960년대와 1980년대 초까지 환경에 대한 우려로 인해 전기 차량 연구가 일부 시작되었다. 그러나 배터리 기술과 전력 전자 장치의 발전에도 불구하고 제한된 범위와 성능은 여전히 큰 장애 요소였다. 1990년대에는 GM과 EV1이 장착된 GM과 106 Electric이 장착된 PSA와 같은 몇 가지 현실적인 차량이 출시되었다. 한 번 충전하면 최장 208km를 150km/h로 달릴 수 있는 이 모델은 수익성이 없다는 이유만으로 GM 측이 단종시킨 후, 모두 회수해서 폐차했다. 전기 차량은 주행거리와 성능 측면에서 가솔린 기관 차량과 경쟁할 수 없었다. 그 이유는 배터리에서 같은 에너지 함량에 대해 가솔린 기관 차량보다 훨씬 더 무거운 전극의 금속에 저장되기 때문이었다.

2000년대부터 석유 가격의 상승과 배기가스 규제 강화 그리고 대체 에너지 수요 증가에 따라서 전기차의 개발은 급속히 빨라졌다. 특히 배터리의 성능이 향상되면서 전기차의 성능도 고성능화되었고 시장 규모도 급성장하고 있다. 대표적인 전기차 중에서 미국의 테슬라사에서 2012년에 개발한 기존의 '모델 S'가 있다. 이 차량은 1회 충전으로 426km 주행을 할 수 있고, 2020년에 개발한 '모델 X'는 565km 주행을 할 수 있다.[1]

한편 2020년대 들어서면서 전기 차량의 시장은 세계의 주요 자동차회사에서 급성장하고 있다. 대표적으로 우리나라의 현대자동차사 '아이오닉

---

1 ngehttps://electrek.co/2020/02/14/tesla-releases-long-ra-plus-model-s-x-with-390-351-mile-range-new-wheels/(2021.1.25)

5 모델', 기아자동차사 'EV6 모델' 등과 유럽, 미국, 중국, 일본 등 여러 국가서도 전기 차량을 대량으로 양산하고 있다. 그리고 이들 차량은 주행거리가 500km이고, 배터리 충전시간도 20분 이내 수준이고, 반자율 주행이 가능하며, 통신망을 통하여 정보기술 기기로 활용하는 커넥티드 차량(connected car)이라고도 부르고 있다. 이들 차량은 〈그림 5.2〉에서 보는 바와 같이, 정보통신기술과 차량을 연결하여 양방향 인터넷, 모바일 서비스 등이 가능하다. 예를 들어, 외부에서 원격으로 시동을 걸거나 히터나 에어컨디셔너 등을 조작할 수 있으며, 기상이나 뉴스 등의 정보를 운전자가 실시간으로 볼 수 있다. 그리고 동영상, 음악, 게임 등 각종 디지털콘텐츠를 실시간 사용할 수 있으며, 음성, 터치 등으로 위치 검색이나 전화 걸기 등도 가능하다. 최근에는 차량과 다른 장치와 연결하는 V2X 기능으로 다른 차량과 연결(V2V, Vehicle to Vehicle)이나 집(V2H), 네트워크(V2N), 신호등(V2I), 스마트폰(V2P), 디지털 장비(V2D) 등과 연결할 수 있다. 이처럼 커넥티드 차량은 바퀴 달린 전자장비라고 할 수 있다. 따라서 종래의 기계 장치 중심의 차량에서 전자 장치 위주로 크게 변화되고 있다.

최근에 개발된 커넥티드 차량은 내장 방식(embedded type)과 미러링 방식(mirroring type)이 있다. 내장 방식은 스마트폰을 통하여 5G(5th Generation

그림 5.2 커넥티드 차량의 개념도

Mobile Telecommunication) 등 초고속 이동 통신망으로 차량에 설치된 모델과 연결하는 방식이다. 물론 원격 조종이 가능하나 모뎀(MODEM, Modulator and Demodulator)을 설치해야 한다. 그리고 미러링 방식은 스마트폰과 와이파이, 블루투스 등으로 차량에 있는 AVN(Audio, Video, Navigation) 모니터에 연결하는 방식이다. 이 방식은 스마트폰에 있는 음악이나 영상, 내비게이션 등을 작동할 수 있다.[2]

2. 차량의 구성과 특성

(1) 차량의 구성

최근 개발된 전기 차량은 일반적으로 〈그림 5.3〉과 같이 구성되어 있다. 내연 기관 차량에 있는 엔진을 대신하여 배터리와 전기 모터 그리고 직류 전력을 교류 전력으로 변환하는 인버터(inverter, 전력변환장치라고도 함)와 전자제

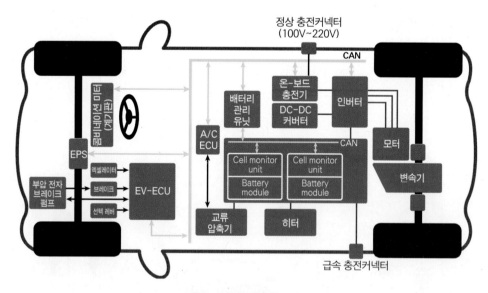

그림 5.3 전기 차량의 구성도

---

2   https://www.cbinsights.com/research/cybersecurity-for-auto/

어장치(EV-ECU), 그리고 온 보드 충전기(on-board battery charger), 급속충전기 등으로 구성되어 있다. 이들 구성품을 제외하고는 변속기, 센서, 냉난방 장치 등은 내연 기관 차량과 비슷하다.

전기 차량은 배터리에 저장된 전기에너지를 이용하여 전기 모터의 회전력으로 출발하거나 가속한다. 이러한 과정을 EV(Electric Vehicle) 주행이라 부른다. 일반적으로 운전자가 가속페달을 밟게 되면 모터를 더 빠르게 회전시켜 차량을 가속한다. 출발하거나 언덕을 올라가는 경우처럼 강한 구동력이 필요하다. 이때 전기 모터의 회전속도를 낮추고 토크를 높여야 한다. 전기 차량은 변속기가 없어도 단지 전기 모터의 회전력을 조절이 가능한 장점이 있다. 또한, 감속 시에는 회생 제동(regenerative breaking)으로 손실 에너지를 회수하여 배터리에 충전하면서 주행하게 된다. 운전자가 가속페달을 작게 밟거나 브레이크를 작동시킬 경우, 전기 모터에서 나오는 구동력이 필요가 없다. 이 경우 전기 모터는 발전기 역할로 전환되어 전기에너지를 생산하여 고전압 배터리에 저장하게 되어있다.

(2) 차량의 작동원리

전기 차량의 주행상태(driving mode)는 〈그림 5.4〉에서 보는 바와 같이 가속 상태, 감속(회생 제동) 상태, 충전 상태로 구분할 수 있다. 이들 상태에 따른 전기에너지의 흐름을 살펴보면 다음과 같다.

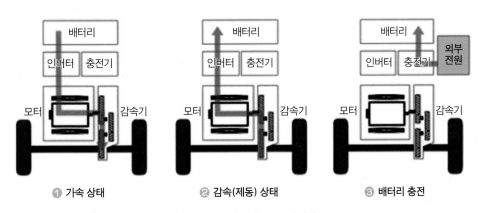

그림 5.4 주행상태에 따른 전기에너지의 흐름도

첫째, 가속 상태인 경우, 〈그림 5.4〉❶과 같이 배터리에서 공급되는 직류 전력이 인버터에서 교류 전력으로 변환되어 전기 모터를 회전시킨다. 이 회전 구동력은 감속기에서 속도를 조절한 후 바퀴를 회전시켜 차량이 주행할 수 있다.

둘째, 감속이나 제동할 경우, 〈그림 5.4〉❷와 같이 회생 제동한다. 운전자가 브레이크 페달을 밟으면 감속기에서 얻은 감속 에너지로 전기 모터를 구동시켜 교류 전력을 발생시키게 된다. 그리고 인버터에 의해 직류 전력으로 변환되어 배터리에 충전하였다가 전기 모터를 구동시킬 때 사용한다. 이러한 기능은 하이브리드차에도 적용하고 있다.

셋째, 차량이 정지하여 배터리를 충전할 경우는 〈그림 5.4〉❸과 같이 외부의 교류전원으로 배터리를 충전한다. 이때 충전기는 교류 전력을 직류 전력으로 변환시키는 장치이다.

3. 주요 구성품

(1) 고전압 배터리

전기 차량에 탑재된 배터리는 충전과 방전할 수 있도록 하나 이상의 전기화학 셀로 구성된 2차 전지(secondary battery)이다. 2차 전지는 납산 배터리, 니켈-카드뮴 배터리, 니켈-수소 배터리, 리튬 이온(Li-ion) 배터리, 리튬이온 폴리머(Li-ion polymer) 배터리 등 여러 가지 전극 재료와 전해질 물질로 조합한 배터리가 있다. 이 중에서 전기 차량에는 주로 리튬이온 폴리머 배터리를 탑재하고 있다. 하지만 향후 전(소) 고체 배터리(solid-state battery)로 대체될 전망이다. 이 차세대 배터리는 양극과 음극 사이의 전해질이 고체로 된 2차 전지(배터리)인데 에너지 밀도가 높고 대용량으로 구현할 수 있다. 그리고 전해 물질이 불연성 고체이기 때문에 발화할 가능성이 작다.[34]

---

3 https://en.wikipedia.org/wiki/Rechargeable_battery

4 David Linden etc, "Hand book Of Batteries 3rd Edition". McGraw-Hill, New York, 2002.

고전압 배터리는 정격 직류전압의 배터리에 전기 모터를 작동시키기 위한 전기에너지를 공급한다. 그리고 〈그림 5.5〉에서 보는 바와 같이, 주로 차량의 하부에 설치하여 차량의 무게 중심을 낮추어 주행 안정성을 높이고 차량 내부공간과 다양한 차체 설계 등이 가능하게 한 전기 차량은 내연 기관 차량처럼 엔진의 크기와 형상 그리고 무게 등에 따라서 차량의 설계에 미치는 영향이 적다. 이 때문에 전기 차량은 고전압 배터리, 통합 전력제어장치(EPCU, Electric Power Control Unit), 전륜과 후륜구동용 전기 모터, 양방향 전력 충전 플러그, 조향장치를 하나의 구성품으로 규격화한 플랫폼을 사용하고 있다.[5]

종류는 주로 리튬이온 폴리머 배터리를 사용하고 있으며 폭발위험이 있는 액체 전해질 대신 화학적으로 가장 안정적인 폴리머(고체 또는 젤 형태)의 고분자 중합체 상태의 전해질을 사용하고 있다. 미래에는 고분자 중합체를 대체한 완전한 고체 배터리가 사용될 전망이다.

리튬이온 폴리머 배터리의 장점으로는 가볍고 높은 에너지 저장밀도를 갖고 있다. 그리고 같은 크기의 니켈-카드뮴이나 니켈-망간 배터리의 에너

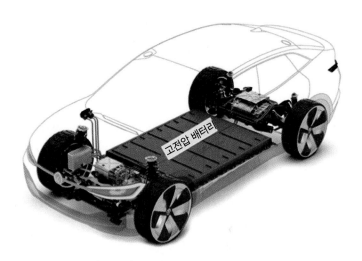

그림 5.5 전기 차량의 플랫폼과 고전압 배터리

---

5 https://www.volkswagen-newsroom.com/en/electric-vehicles-3646

지 저장밀도보다 약 3배 높다. 그리고 영하 30℃~60℃ 범위에서도 작동하며, 수은 등 중금속이 없어서 친환경적이다. 하지만 단점은 시간에 따라 열화 현상이 발생하며, 수명이 짧다. 또한, 온도에 민감하고 고온에서 용량이 감소하여 수명이 짧아진다. 그리고 전해질이 누액이 되면 폭발위험이 있는 단점이 있다.

일반적으로 전기 차량용 배터리는 진동 시험, 열충격 시험, 연소 시험, 단락 시험, 과충전 시험, 과방전 시험, 과열방지 시험, 과전류 시험, 침수 시험, 기계적 충격시험, 기계적 압착 시험, 낙하 시험 등 안전기준 시험을 통과해야 한다. 예를 들어, 원래의 배터리 팩이 50% 수준까지 압축하거나 직접 열을 가해도 폭발하거나 발화되지 않아야 한다. 또한, 침수, 방전 설계를 하여 배터리 내부에 물이 들어가면 자동으로 배터리와 차량 사이에 연결된 모든 전력이 차단되도록 설계하고 있다.

(2) 고전압 구동 모터

고전압 구동 모터는 차량의 주 동력원으로 내연 기관 차량의 엔진 역할을 하는 핵심 구성품이다. 〈그림 5.6〉에서 보는 바와 같이 고전압 단자, 회전자(rotator), 리졸버(resolver), 고정자(stator), 모터 하우징(motor housing) 등으로 구성되어 있다. 모터는 동력 제어장치 중 하나인 모터제어 유닛(MCU, Motor Control Unit 또는 인버터)으로 제어한다.

한편 고전압 구동 모터 구성품은 다음과 같은 기능을 한다. 먼저 고전압 단자는 구동 모터 회전에 필요한 전원을 고전압 배터리로부터 공급받기 위한 커넥터이며 이 커넥터는 3핀으로 이루어져, 각각 U, V, W 상으로 구성되어 3상 제어방식으로 제어를 한다. 회전자는 회전자, 영구자석, 로터 코어로 되어있고, 로터 코어의 8극은 영구자석 8개로 되어있다는 뜻이다. 한편 레졸버는 회전 위치 센서이며, 회전자의 정확한 위치를 검출하여 구동 모터의 정밀한 제어에 사용한다. 그리고 위치 센서 내부에는 구동 모터 온도를 감지하는 온도 센서가 있다. 끝으로 고정자는 회전기의 고정이 되어있는 부분이며 고정자 스테이터는 영구자석 48개로 구성이 되어있다. 이 구성품은 구동

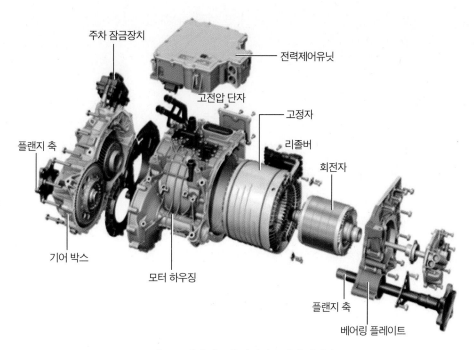

주차 잠금장치

전력제어유닛

고전압 단자

고정자

플랜지 축

리졸버

회전자

기어 박스

모터 하우징

플랜지 축

베어링 플레이트

그림 5.6 기어 박스에 연결된 고전압 배터리

모터에 장착되어 모터 정밀 제어를 담당한다. 이때 제어하는 과정을 살펴보면 먼저 모터 회전자의 절대 위치를 확인한 후 모터 제어유닛으로 전송한다. 그리고 3상 제어에 따라 정밀하게 속도를 제어한다. 그리하여 구동 모터는 효율적인 제어와 엔진시스템에서의 동력제어를 위한 센서 기능을 하고 있다.[6]

(3) 전자전력제어유닛(EPCU)

▣ EPCU의 주요 구성품

전기 차량의 핵심 제어장치는 전자전력 제어유닛(EPCU, Electric Power Control Unit)이 있다. 이 장치에는 MCU와 차량제어 유닛(VCU, Vehicle Control Unit) 그리고 저전압 직류변환장치(LDC, Low voltage DC-DC Converter)가 내장되

---

6   https://technotoday.com.tr/elektrikli-audi-e-tronun-motoru-nasil-uretiliyor/

어 있다. 이들 장치 중 인버터는 내연 기관 차량에는 없는 장치이며, 이들 장치의 기능은 다음과 같다.

2 MCU와 VCU, LDC의 기능

MCU는 〈표 5.1〉에서 보는 바와 같이 구동 모터의 토크와 인버터의 보호 기능, 차량의 운전제어 기능이 있다. 이 유닛의 세부 작동 조건과 제어기능은 표에 제시된 내용을 참고하기 바란다.

표 5.1 구동 모터제어유닛(MCU)의 주요 제어기능

제어 분류	세부 작동 조건	제어기능
토크 제어기능	회전자의 위치에 따라 고정자의 전류의 크기와 방향을 독립적으로 제어하여 토크를 발생	잔류제어 회전자 위치 및 속도 검출
보호 기능 (과온 제한, 고장검출)	인버터 모터의 제한 온도가 초과하였을 때 출력을 제한	인버터와 구동 모터의 온도에 따라 최대 출력을 제한
	외부 인터페이스 관련 문제점을 검출하여 인버터 내부의 고장을 검출	인버터 외부 연결하여 고장을 검출, 성능 관련 고장을 검출, 인버터 하드웨어의 고장을 검출
협조 제어 (차량 운전제어)	차량에서 필요한 정보를 타 제어기와 통신	요구되는 토크와 배터리 상태 등의 정보를 수신, 인버터의 상태정보를 송신

VCU는 EPCU의 중요한 부품 중 하나이며, 차량제어를 하는 데 있어 모두 관여한다. 이 유닛은 〈표 5.2〉와 같이, 구동 모터제어, 회생 제동제어, 공조 부하제어, 전장 부하 전원공급 제어, 클러스터 표시, 주행 가능 연료량, 예약 및 원격 충전이나 공조 제어, 아날로그/디지털신호 처리 및 진단 등의 제어기능이 있다. 그리고 세부적인 내용은 〈표 5.2〉를 참고하기 바라며, 기술 발전에 따라서 제어기능이 점차 추가될 전망이다.[7][8][9]

---

7   https://www.energysage.com/electric-vehicles/101/how-do-electric-car-batteries-work/

8   http://large.stanford.edu/courses/2016/ph240/mok2/

9   https://www.evgo.com/ev-drivers/types-of-evs/

표 5.2 차량제어유닛(VCU)의 주요 제어기능

제어 분류	제어기능과 내용
구동 모터제어	배터리 가용전력, 모터 가용 토크, 운전자 요구(가속기 페달 센서, 브레이크 스위치, 변속기 레버)를 고려한 모터 토크 지령 계산
회생 제동제어	회생 제동을 위한 모터의 토크 지령 계산, 회생 제동의 실행량 연산
공조 부하제어	배터리 정보 및 자동온도조절장치 요청 전력을 이용하여 최종 자동온도조절장치의 허용 전력 송신
전장 부하 전원공급 제어	배터리 정보 및 차량 상태에 따른 저전압 직류변환장치(LDC) ON/OFF 및 동작 상태 결정
클러스터 표시 (Cluster Display)	구동 동력, 에너지 흐름도, ECO 수준, 동력 감소, 변속기 상태, 서비스 램프, 준비상태 램프 점등 요청
주행 가능 연료량(DTE, Distance to Empty) 계산	배터리 가용에너지, 과거 주행 전비를 기반으로 차량의 주행 가능 거리를 표시, AVN(AVN(Audio, Video, Navigation)을 이용한 경로 설정 시 경로의 전비 추정을 통해 DTE 표시 정확도 향상
예약 및 원격 충전/공조 장치 제어	TMU((Telematics Unit)에 내장된 모뎀을 활용한 원격 제어(시동), 센터를 통한 목적지 설정, 자동으로 사고 통보, 경제 운전안내, 차량 자가 진단 제공 등 편리한 운행 환경 제공
아날로그 및 디지털 신호처리 및 진단	가속페달 센서, 브레이크 스위치, 시프트 레버, 에어백 전개 신호처리 및 진단

LDC는 저전압 직류 변환장치이다. 전기차에는 교류 발전기(alternator)가 없다. 이 때문에 보조배터리를 충전하기 위해 LDC가 장착되어 있다. LDC는 고전압 배터리의 고전압(DC 360V)이 LDC를 거쳐 저전압으로(DC 12V) 변환시켜 차량에서 사용되는 전자기기에 전력을 공급하는 장치이다. 이 장치의 작동개념은 〈그림 5.7〉과 같다. 이 장치는 12V 배터리를 충전하는 변환장치이며 내연 기관의 발전기와 같은 기능을 한다. 특징은 회생 제동 시 회생 제동 전압으로 LDC에 공급하며 12V 충전은 준비 상태에서만 작동한다.

한편 〈그림 5.7〉에서 CAN(Controller Area Network)이란 차량의 안전시스템, 편의사양 장치 등과 전자 제어유닛 간의 데이터 전송이나 정보통신 시스템, 엔터테인먼트 시스템의 제어 등에 사용하는 데이터 전송선이다. CAN은 꼬여 있거나 피복재로 차폐가 되어있는 2가닥의 데이터 배선을 통해 데이터를

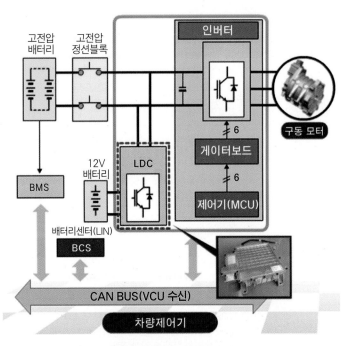

그림 5.7 저전압 직류변환장치(LDC)의 작동개념도

전송할 수 있다.

③ EPCU의 제어과정

EPCU는 VCU와 MCU에 의해 〈그림 5.8〉과 같이 구동 모터를 제어한다. 이들 제어유닛은 가속 시뿐만 아니라 감속 시에도 관여하며 제어과정을 정리하면 다음과 같다. 운전자가 조작하는 가속페달, 브레이크 페달, 변속레버를 센서로 감지하여 VCU에 입력된다. 동시에 배터리 관리시스템(BMS, Battery Management System)에서 배터리의 가용전력과 충전 상태와 MCU로부터 구동 모터의 가용 토크 정보를 수신한다. VCU는 수신된 데이터를 처리하여 최적의 구동 모터의 토크를 MCU에 지령한다. MCU는 수신된 최적의 토크로 구동 모터가 회전하도록 구동 모터에 전력을 공급한다. 이때 MCU는 PWM(Pulse Width Modulation) 신호를 생성하여 구동 모터를 제어한다. 한편 회전하는 구동 모터는 회전자의 위치와 온도 데이터를 MCU에 송신한다.

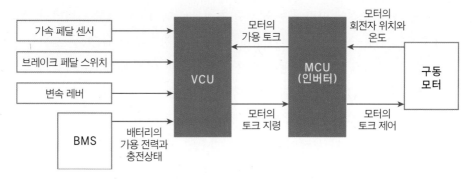

그림 5.8 주행 시 EPCU의 제어흐름도

그 결과 최적의 토크와 회전속도로 구동 모터가 작동할 수 있다.

이때 MCU는 고전압 직류 전기를 교류로 변환하며, 회생 제동 시 모터에서 발생하는 교류전압을 직류로 변환한다. 이때 MCU에 있는 인버터는 3상(X, Y, Z) 교류로 제어한다. 또한, MCU는 모터의 회전속도와 토크 그리고 회생 제동 기능을 담당한다. 이때 모터의 구동은 인버터 내부의 전력용 반도체를 사용하여 특정한 주파수와 전압을 가진 교류로 변환하여 회전속도를 제어하게 된다. 차량제어 유닛은 〈그림 5.9〉에서 보는 바와 같이, 통신을 통

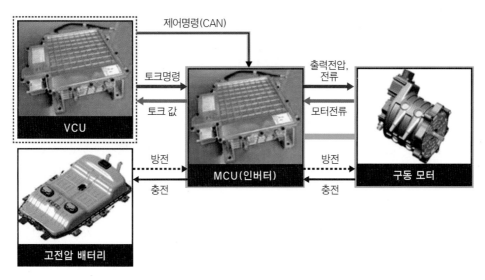

그림 5.9 구동 모터의 최적제어 개념도

하여 주행 조건에 따라 구동 모터를 최적으로 제어하는 역할을 나타낸 작동 흐름도이다. 즉, VCU가 제어 명령을 MCU에 전달하면, MCU는 고전압 배터리에 충전된 전기로 구동 모터를 작동시킨다. 이때 MCU는 적정 출력전압과 전류를 MCU에 의해서 제어한다. 그리고 구동 모터는 제동 등의 운전 상태에서는 반대로 고전압 배터리에 충전하도록 제어하게 되어있다.

한편 운전자가 브레이크 페달을 밟으면 차량은 회생 제동하며, 〈그림 5.10〉과 같이 구동 모터를 제어하게 된다. 이때 제어에 관여하는 장치는 유압식 능동 배력장치(AHB, Active Hydraulic Booster), 배터리 관리장치(BMS), 차량제어유닛(VCU), 모터제어유닛(MCU)이다.[10][11]

운전자가 브레이크 페달을 밟게 되면 AHB가 작동하여 제동계통의 유압을 제어하게 된다. AHB는 운전자 요구에 따른 총제동량을 연산하여 이를 유압 제동량과 회생 제동 요구량으로 분배시킨다. 이때 VCU는 회생 제동 요구량, 배터리 가용 동력, 모터 가용 토크의 값을 계산하여 회생 제동을 위한 모터 충전 토크를 지령한다. 그리고 구동 모터의 회전자 위치와 온도를 검출하여 모터의 가용 토크와 실제 모터의 출력 토크를 연산한다. VCU는

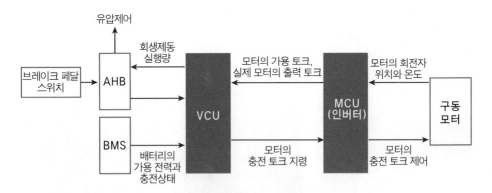

그림 5.10 회생 제동 시 제어흐름도

---

10 Inhye Park etc, " Brake System Using an Active Hydraulic Booster", KSAE, 2013.

11 Chankyu Lee etc, "An Investigation of Vehicle-to-Vehicle Distance Control Laws Using Hardware-in-the Loop Simulation", KSME A, Vol. 26, PP. 1401~1407, 2002.7.

회생 제동 실행량을 AHB에 전달하여 유압을 제어한다. 동시에 MCU는 모터 가용 토크 및 모터 실제 출력 토크 정보를 제공하며 VCU에서 수신한 모터 토크 지령을 구현하기 위해 신호를 발생시킨다.

4 전력 제어장치

일반적으로 전기차의 전력(power electric) 제어는 〈그림 5.11〉과 같은 과정으로 작동한다. 먼저 완속 충전기 또는 급속 충전기로 고전압 배터리에 전기를 충전시킨다. 그리고 배터리에 충전된 전기는 VCU와 MCU, LDC 장치로 구동 모터, 전동 압축기(compressor), 히터 등에 공급되는 전력을 제어한다. 제어 회로는 그림을 참조하기 바라며, 통합 브레이크 보조유닛(IBAU, Integrated Brake Assist Unit)은 브레이크 페달과 제동장치의 이질감을 최소화하는 브레이크 보조유닛이다.

한편 전력을 제어하여 작동하는 구성품의 작동원리를 살펴보면 다음과 같다. 먼저 냉난방 제어기는 자동 온도제어(FATC, Full Automatic Temperature Control)를 한다. 운전자가 냉난방을 요구하면 VCU에 PTC 히터(Positive Temperature Coefficient heater)의 요청 전력을 송신하고 허용 전력 범위 내에서 공

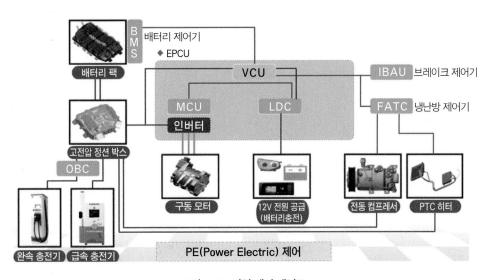

그림 5.11 전력 제어 개념도

조 부하를 제어한다. 이때 BMS는 배터리 가용전력의 정보를 제공한다. 그리고 VCU는 배터리 정보 및 FATC 요구 전력을 이용하여 최종 FATC 허용 전력을 송신한다.

한편, PTC 히터는 PTC 히터는 온도가 적정 이상으로 올라가면 자체적으로 전류의 양을 줄여 적정온도를 유지해주는 특성이 있다. 만일 온도가 너무 높아지면 전기 저항이 함께 커지면서 전류의 양을 감소시켜 온도를 낮춘다. 또한, 히터 온도가 낮아지면 전기 저항은 낮아지고 전류의 양은 증가 되어 다시 발열이 시작되는 발열체이다. 이는 전력 소모가 적고 고온으로 인한 화재 위험이 없어서 차량용 히터에 적합하며, 재질은 티탄산바륨(barium titanate) 물질이다.

끝으로 차량 탑재용 충전기(OBC, On Board Charger)는 급속 충전기와 완속 충전기가 있다. 급속 충전기는 완전 방전 상태에서 30분 이내에 충전이 가능한 장점이 있다. 고용량의 전력을 공급해야 하므로 주로 50kW급(충전시간 15~30분) 충전기가 개발되어 있다. 완속 충전기는 완전 방전 상태에서 완전 충전까지 약 4시간 이상 소요된다. 배터리 용량은 약 3~7kW 전력 용량을 가진 충전기가 주로 사용된다, 하지만 배터리 기술의 발전에 따라 전기차의 충전시간은 점차 단축되고 있다.

(4) 전자제어식 브레이크

1 자세제어 장치

① 주요 구성과 기능

차량의 자세를 제어하는 자세 제어장치(VDC, Vehicle Dynamic Control)는 휠 스핀(wheel spin), 언더 스티어(under steer), 오버 스티어(over steer) 등의 발생을 억제하여 사고를 방지하기 위한 장치이다. 여기서 휠 스핀이란 타이어가 지나친 구동력으로 접지력의 한계를 넘어 공전하는 현상이다. 만일 타이어가 공전하면 다시 접지력을 잃게 하여 차량의 방향성을 나쁘게 만드는 문제가 있다.

이 장치는 〈그림 5.12〉 ❶에서 보는 바와 같이, 주행 간에 전자안정 프로그램(EPS, Electronic Stability Program), 미끄럼 방지장치(ASR, Acceleration Skid Control), ABV(Automatic Braking-force distribution), ABS(Anti-lock Brake System)를 통해 브레이크가 작동하여 차량의 자세를 안정시킨다. 이들 시스템이 작동하려면 차량의 속도, 각속도, 엔진 상태 그리고 운전자의 브레이크 조작상태를 알아야 한다. 이 때문에 엔진 제어유닛, 유압 제어유닛, 조향각 센서, 브레이크 마스터 실린더, 횡 가속도 센서, 요잉(yawing) 각가속도 센서, 횡 센서가 장착되어 있다.

자세제어 장치 중에서 ESP는 가속, 제동, 코너링할 때 극도의 불안정한 상황에서 발생하는 미끄러짐으로 인한 위험을 크게 줄여주는 전자식 주행 안정 프로그램이다. ESP는 제동력이 앞차축 또는 뒤 차축에 선택적으로 작동하며, 운전자의 실수까지도 보정하는 기능이 있다. 이때 각종 센서는 휠 회전속도, 제동압력, 조향 휠의 각도, 측면 가속도, 차체의 기울어짐 등을 측정 정보를 ESP 장치로 보낸다. 그러면 ESP는 이러한 정보들을 검색해 차량의 미끄러짐 상태를 초기에 파악할 수 있다. 그다음 전자장치들이 적절한 휠에 브레이크를 가해 주행 중인 차량에 안정을 회복시킬 수 있다. 만약 차의 뒷부분이 오른쪽으로 쏠리면(오버스티어) ESP는 운전자가 감지하기도 전

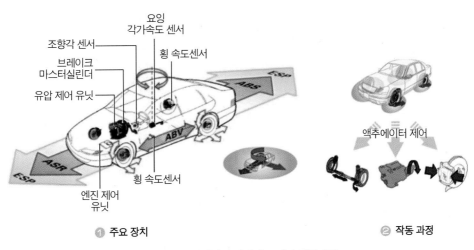

❶ 주요 장치　　　　　　　　　❷ 작동 과정

그림 5.12 자세제어 장치의 구성과 작동과정

에 정확한 제동압력을 좌측 앞바퀴에 공급해서 차량이 바른 위치에서 주행할 수 있도록 한다. 이처럼 ESP는 각각의 휠을 정확하게 제동할 수 있는 가장 효과적인 주행 안정화 제어방법이다. 참고로 언더 스티어는 차량이 코너링할 때 발생하여 가속하면 목표보다 바깥쪽으로 나가 버리는 현상이다. 즉, 앞바퀴의 조향각에 비하여 실제의 조향 반지름이 커지는 현상이며 뒷바퀴에서 발생하는 선회 구심력(cornering force)이 큰 경우에 발생한다. 일반적으로 차량은 가벼운 언더 스티어의 특성이 나타나고 있고, 주로 전륜 구동 방식 차량에서 많이 발생한다. 반대로, 오버 스티어는 코너링할 때 안쪽으로 꺾어들려는 경향을 말한다. 일반적으로 직진 주행성을 좋게 하려고 약한 언더 스티어가 있도록 설계하고 있다.

ASR은 급출발 시 구동 바퀴에서 미끄러짐이 발생하면 즉시 자동으로 엔진의 출력을 줄이고 동시에 구동 바퀴를 제동하는 장치이다. 이 시스템은 가속 시 모든 속도 범위 내에서 제동성이 향상되며, 보통 ABS 브레이크와 하나로 통합되어 있다.

ABV(Automatic control of Braking force distribution Valve)는 승차 인원이나 차량의 적재 하중에 맞추어 앞뒤 바퀴에 적절한 제동력을 자동으로 배분함으로써 안정된 제동 성능을 발휘할 수 있게 하는 장치이다. 이 장치는 ABS 브레이크와 함께 장착하여 ABS 브레이크의 성능과 차량의 안전성을 높이기 위한 안전장치이다. 이 장치의 원리는 브레이크 압력을 노면에 유효하게 전달하기 위해 차량의 적재 상태와 감속에 의한 무게 이동에 따라 앞뒤 제동력을 적절하게 분배할 수 있다. 만일 뒷바퀴 제동력을 확보할 경우, 앞뒤 바퀴 속도의 차이를 검출한 뒤 ABS 브레이크의 액추에이터를 통해 뒷바퀴에 최적의 제동력을 분배한다. 이 장치는 운행 중에 적재 하중의 변화가 큰 차량에 적용하면 효과적이다.

② 작동원리

자세제어 장치의 작동원리는 제동력과 구동력을 제어하여 차량의 자세를 안정시키면서 주행할 수 있게 하는 장치이다. 이 장치는 〈그림 5.12〉 ❶

에서 보는 바와 같이, 모든 바퀴에 개별적으로 제동하여 차체의 길이(x축) 방향 및 횡(y축) 방향의 안정성을 확보할 수 있다. 또한, 차량의 수직축(z)을 중심으로 회전하게 하는 요-토크의 발생을 방지할 수 있다. 일반적으로 ABS, ABV, TCS(Torque Control System), YMR(Yaw Moment Regulation) 장치를 네트워크화된 데이터-버스를 이용하여, 휠 회전속도, 브레이크 압력, 요잉 비율(yawing rate), 조향각, 횡 가속도, 실험결과 데이터가 저장된 특성곡선 등을 이용하여 브레이크 간섭을 제어함으로써 차량의 자세를 안정되게 유지할 수 있다.

한편, 이들 장치로부터 차량 안정성을 유지하기 위해 요구되는 제어량을 계산하여 〈그림 5.12〉❷와 같이 현가장치와 엔진 그리고 모든 바퀴를 제어하게 되어있다. 예를 들어, 〈그림 5.13〉❶과 같이 현가장치에 의해 좌우 바퀴의 높이 h를 조절하여 회전반경 D만큼 차체를 회전시켜 차체의 안정성을 유지할 수 있다. 이때 좌우에 있는 두 개의 실린더에서 나오는 힘 ΔF을 발생시키는 유압 제어시스템은 〈그림 5.13〉❷에서 보는 바와 같다. 즉 VDC로부터 제어 신호를 받아서 솔레노이드 밸브를 제어하여 현가장치에 실시간 유압을 조절하면 유압 피스톤이 작동한다. 이때 그림에서 보는 바와 같이 유압펌프에 의해 일정한 유압을 발생한다.

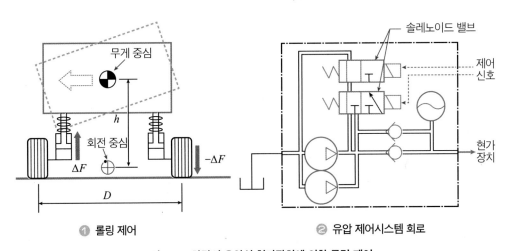

❶ 롤링 제어　　　　　　　❷ 유압 제어시스템 회로

그림 5.13 차량의 유압식 현가장치에 의한 롤링 제어

② 언덕길 밀림방지 제어

언덕길 밀림방지 제어는 차량이 언덕길에 정지한 상태에서 밀리지 않도록 함으로써 출발을 쉽게 할 수 있게 도와주는 보조 장치이다. 이 장치는 〈그림 5.14〉와 같이, 언덕길에서 감속을 시작하여 정지할 때까지는 밀림방지 제어장치는 작동하지 않는다. 하지만 정지 상태에서 출발준비를 할 때 이미 브레이크의 유압 제어 밸브를 ON 상태로 유지하여 운전자가 부드러운 출발을 할 수 있게 설계되어 있다.

일반적으로 오토 홀드(auto hold) 기능이 있는 차량은 브레이크에서 무심코 발을 떼어도 브레이크가 걸려 차가 나가지 않도록 잡아 준다. 그리고 운전자가 가속페달을 밟으면 저절로 브레이크가 풀리며, 언덕길에서는 차가 뒤로 밀리지 않도록 도와준다.

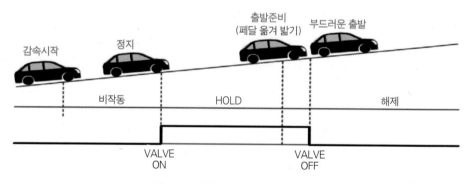

그림 5.14 언덕길 밀림방지 제어개념도

③ 능동형 전자제어식 브레이크

① 주요 구성과 기능

전기 차량은 모터의 동력만으로 주행하는 엔진의 진공 압력을 이용한 제동장치를 사용할 수 없다. 따라서 자체적으로 직접 제동에 필요한 유압을 생성하여 필요한 제동력을 확보할 수 있는 능동형 전자제어 브레이크(AHB, Active Hydraulic Booster)를 사용하고 있다. 이 장치는 〈그림 5.15〉와 같이 브레이크 페달, 통합 브레이크 보조유닛(IBAU), 유압 발생유닛(PSU, Pressure Source

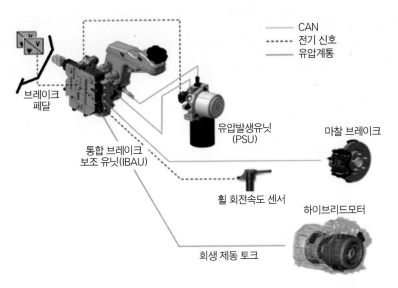

그림 5.15 능동형 전자제어 브레이크의 구성도

CAN
전기 신호
유압계통

브레이크
페달

통합 브레이크
보조 유닛(IBAU)

유압발생유닛
(PSU)

마찰 브레이크

휠 회전속도 센서

하이브리드모터

회생 제동 토크

Unit), 휠 회전속도 센서, 요(yaw)와 X, Y축 가속도 센서, 하이브리드 모터, 마찰 브레이크로 구성되어 있다.

한편 이들 구성품의 주요 기능은 다음과 같다. 먼저 IBAU는 유압 제어, 브레이크 페달 느낌 시뮬레이터, 백업 브레이크, 회생 제동제어를 하며 ABS, TCS, ESC, VAF와 연동되어 작동하는 장치이다. 다음으로 PSU는 모터와 어큐뮬레이터를 이용하여 제동 시 필요한 고압(약 150bar)을 생성하고 저장하는 유압 발생 장치이다. 끝으로 하이브리드 모터는 회생 제동 시 발전기 역할을 하는 구성품이다.

② 작동원리

능동형 전자 제어장치는 휠 회전속도 센서와 브레이크 페달로부터 수신된 데이터를 처리하여 최적의 제동압력으로 브레이크와 하이브리드 모터를 제어한다. 또한, 회생 제동 시 운동에너지를 전기에너지로 변환시켜 고전압 배터리를 충전하는 회생 제동을 하게 된다. 이때 제동력 제어방식은 세 가지가 있으며, 〈그림 5.16〉에서 보는 바와 같다.

첫째, 회생 제동 상태로 회생 제동량은 차량의 속도, 배터리의 충전량 등에 의해서 결정되며, 가속 및 감속이 반복되는 시가지 주행 시 연비를 크게 높일 수 있다. 둘째, 회생 제동 협조 제어는 능동형 전자제어 브레이크에서 회생 제동을 형성하는 경우에 모터로 제동한다. 이때 모터의 회전력을 이용해 충전하고, 나머지 제동력은 브레이크의 유압을 형성하여 운전자가 요구하는 총 제동력에 사용하는 제어방법이다. 여기서 운전자가 요구하는 총 제동력은 회생 제동력과 유압 제동력을 합한 제동력이다. 셋째, 회생 제동량은 차량의 속도와 배터리의 충전량 등에 의해서 결정된다. 그리고 유압 제동력은 운전자의 요구 제동력에서 회생 제동력을 뺀 값이고 능동형 전자제어 브레이크에서 발생한다. 만일 고장이 발생하여 회생 제동이 되지 않으면, 총 제동력은 능동형 전자제어 브레이크에서 발생하게 설계되어 있다.[12]

한편 〈그림 5.16〉에서 제시된 회생 제동이 시작된 후 차량이 정지할 때까지 협조 제어과정은 〈표 5.3〉과 같이 다섯 단계로 작동된다.[13][14][15]

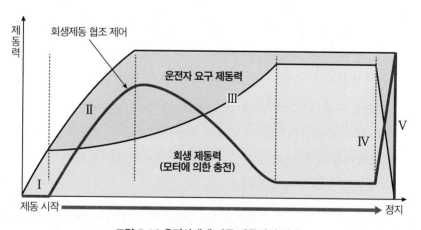

그림 5.16 운전상태에 따른 제동력의 변화

12 전기 차량 시스템 사용자 설명서, 영일교육시스템, 2015.

13 https://en.wikipedia.org/wiki/Regenerative_brake

14 Hellmund, "Discussion on the 'Regenerative braking of electric vehicles'" Transactions of the American Institute of Electrical Engineers, pp.36~68. 2014.11.

15 "Where are regenerative brakes headed?". greeninginc.com. 2018.12.

표 5.3 회생 제동의 5단계

단계	제동 모드	브레이크 유압과 제동력의 변화	
I	회생 제동	유압 일정	운전자 요구 = 회생 제동
II	회생 + 유압 제동	유압 증가	운전자의 요구하는 제동력이 상승하면서 유압 제동력도 상승
III		유압 감소	회생 제동력이 상승하면서 유압 제동력이 감소
IV		유압 급증	정지 상태에 근접하면서 회생 제동력이 급감하고 유압 제동력이 급증
V	유압 브레이크	운전자 요구 = 유압 제동력	최종 유압 제동력에 의해 차량 정지

4. 차량의 공조시스템

전기 차량은 내연 기관이 없어서 엔진의 냉각수를 이용한 히터를 작동시키기 불가능하다. 따라서 전기 차량은 냉기와 온기를 효율적으로 사용하기 위해 개별 공조(공기조화)시스템을 채택하고 있다.

(1) 공조시스템에 적용하는 기술

전기 차량의 공조시스템 관련 신기술은 히트펌프의 폐열을 이용하는 방법, 개별공조 제어방법, 내기 및 외기 혼입 제어방법, 스마트폰을 이용한 원격예약 충전 및 공조방법 등이 있다. 이들 방법의 원리와 특성을 살펴보면 다음과 같다.

첫 번째, 히트펌프(heat pump)를 이용하는 방법이 있다. 이 방법은 외부 공기로부터 열을 흡수하여 난방하는 방법이다. 장점은 전장부품의 폐열을 활용하기 때문에 차량의 성능을 높일 수 있다.

두 번째, 개별공조 제어방법이 있다. 이 방법은 사람이 탑승하지 않는 좌석에 불필요한 공조 장치의 작동을 차단하여 전력손실을 최소화할 수 있는 장점이 있다.

세 번째, 〈그림 5.17〉과 같이, 내기 및 외기를 혼입 제어하는 방법이다.

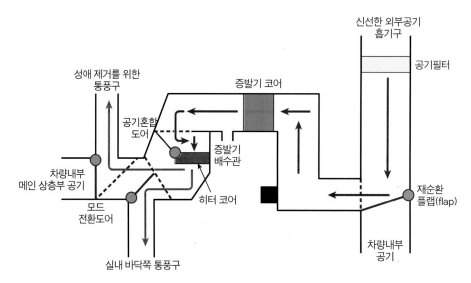

신선한 외부공기
흡기구

공기필터

증발기 코어

성애 제거를 위한
통풍구

공기혼합
도어

증발기
배수관

차량내부
메인 상층부 공기

재순환
플랩(flap)

모드
전환도어

히터 코어

실내 바닥쪽 통풍구

차량내부
공기

그림 5.17 전기 차량의 내기와 외기의 혼입 제어장치

이 방법은 전기 차량뿐만 아니라 내연 기관 차량에도 적용되는 방법이다. 작동원리는 신선한 외부 공기가 공기 필터를 통과하면서 먼지나 균 등이 제거되어 공조시스템으로 흡입된다. 흡입된 공기는 히터와 증발기로 설정 온도만큼 가열 또는 냉각하여 차량 내부로 공급되는 방식이다. 만일 실내공기의 습도가 높아서 유리에 성애가 발생할 경우, 공기를 히터 코어로 가열한 후 성애제거를 위해 통풍구를 통해 외부로 배출시킨다. 또한, 외부흡입 공기가 증발기 코어를 통과할 때 냉각되어 응축으로 생긴 물은 증발기의 배수관을 통해서 물이 빠져나갈 수 있다.

네 번째, 원격예약 충전 및 공조방법은 배터리 충전 시 공조하는 방법이다. 이 방법은 사람이 승차하기 전에 냉난방을 예약함으로써 전력손실을 최소화할 수 있으나 충전 상태에서만 가능하다.

(2) 공조시스템의 작동원리

일반적으로 전기 차량의 난방은 PTC 히터(Positive Temperature Coefficient heater)와 히트펌프를 동시에 사용하여 배터리의 전력소모량을 최소로 하여 차량의 주행거리를 증가시킨다. 그리고 냉방은 히트펌프를 사용하거나 내연 기관 차량처럼 에어 컨디셔너(air conditioner)가 장착되어 있다.

1 PTC 히터에 의한 난방

전기 차량의 공조시스템은 〈그림 5.18〉에서 보는 바와 같이, 고전압 배터리에서 나오는 고전압 전기로 냉방장치의 전동식 압축기와 PTC 히터를 작동시킨다. PTC 히터는 고전압 배터리의 직류를 인가시켜 작동한다. 하지만 전동식 압축기는 압축기 내부에 있는 인버터가 직류를 교류로 변화시켜 전동식 압축기를 구동한다. 또한, CAN 통신 버스를 연결된 FATC(Full Automatic Temperature Control)에서 제어 신호를 받아 냉방 부하에 따른 공기조화 시스템을 제어할 수 있도록 설계되어 있다.

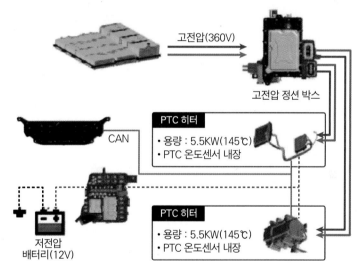

그림 5.18 PTC 히터에 의한 난방시스템

2 히트펌프에 의한 냉난방

히트펌프(heat pump)는 냉매의 순환 방향을 전환하여 고온, 고압의 냉매를 열원으로 이용하는 난방장치이다. 이 장치는 고전압 PTC 히터에 의한 난방에 소비되는 전력을 줄여서 차량의 주행거리를 증가시킨다. 또한, 〈그림 5.19〉 ❶에서 보는 바와 같이, 전장품(EPCU, 구동 모터 등)의 냉각을 할 때 발생

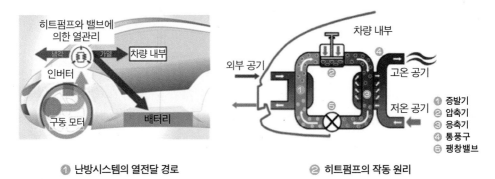

① 난방시스템의 열전달 경로　　　　② 히트펌프의 작동 원리

그림 5.19 히트펌프에 의한 전기 차량의 난방시스템

하는 폐열을 활용하여 차량 내부의 난방과 배터리의 온도 유지에 필요한 열로 사용한다.

히트펌프의 구성과 작동원리는 〈그림 5.19〉 ②에서 보는 바와 같다. 이 장치는 크게 증발기(evaporator), 압축기(compressor), 응축기(condenser), 통풍구(air conditioning grille), 팽창밸브(expansion valve)로 구성되어 있다. 작동원리는 냉동기의 냉매를 반대 방향으로 순환시켰을 경우라 생각하면 이해하기 쉽다. 즉, 히트펌프의 냉매(작동 유체)가 화살표 방향으로 순환되면서 외부 공기로부터 증발기를 통과하면서 열을 흡수한다. 그리고 응축기에서 실내의 저온 공기를 가열하여 통풍구를 통해 차량 내부에 고온 공기를 공급한다. 이때 작동 유체는 액체상태로 증발기로 유입되어 외부 공기 열을 흡수하여 기체 상태가 된다. 이어서 압축기를 통과하면서 온도와 압력이 상승한 기체 상태로 응축기로 유입된다. 그리고 응축기에서 저온의 실내공기에 의해서 냉각되어 액체상태로 팽창밸브를 통과하면서 팽창하면서 냉매의 온도가 떨어진 후 다시 증발기에 유입되는 순환과정으로 에너지를 수송하는 원리이다. 이 장치는 극저온에서도 연속적인 사이클이 이루어지며, 일반적으로 외부 공기의 온도가 약 -20℃에서 15℃ 범위일 때 에너지의 효율이 높다. 그리고 이 작동범위 이외에서는 PTC 히터로 난방을 하게 되어있다. 보통 외부 공기를 열원으로 할 경우, 차량의 외부 온도가 5℃ 이하일 경우에 성능이 떨어지는 단점이 있다.

한편, 냉방을 시킬 경우, 히트펌프의 냉매를 난방상태와 반대 방향으로 순환시키면 된다. 즉, 응축기는 증발기로, 증발기는 응축기로 작용하도록 만들어 응축된 냉매가 더운 외부 공기와 열을 교환하여 실내공기를 냉각시킬 수 있다. 따라서 냉매의 순환 방향을 전환하기 위해 4개의 냉매전환 밸브가 있다. 이 밸브를 제어하여 냉방 시와 난방 시에 각각 다른 형태의 냉각 사이클을 만들 수 있다. 통상 히트펌프에는 어큐뮬레이터(Accumulator)가 있다. 이 구성품은 실내기의 출구 측과 압축기 흡입 측 사이에 설치한다. 그리하여 냉방 시 냉매가 증발기를 통과하면서 증발하지 못한 액체상태의 냉매가 압축기로 들어가는 것을 막는다.

③ 냉난방 제어시스템

차량의 냉난방 시스템의 제어과정은 〈그림 5.20〉에서 보는 바와 같다. 먼저 운전자가 채널을 조작하여 VCU에 공조 허용요구 값을 입력하면, VCU는 공조허용 신호와 공조허용 전력을 차량 모니터나 계기판에 전시한다. 그다음 압축기에 허용 신호와 목표 RPM(분당 회전수)을 지령하고, 압축기에 있는 속도 센서는 현재 회전속도와 자기진단 데이터를 냉난방 제어시스템에 송신한다. 동시에 차량의 통풍구에서 나오는 공기의 토출 온도를 제어하며, MCU에 냉각 팬의 속도를 제어한다.

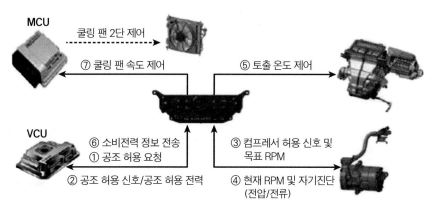

MCU
쿨링 팬 2단 제어
⑦ 쿨링 팬 속도 제어
⑤ 토출 온도 제어
VCU
⑥ 소비전력 정보 전송
① 공조 허용 요청
② 공조 허용 신호/공조 허용 전력
③ 컴프레서 허용 신호 및 목표 RPM
④ 현재 RPM 및 자기진단 (전압/전류)

그림 5.20 냉난방 제어시스템의 단계별 작동개념도

제2절 자율주행 차량

자율주행이란 스스로 주행 환경을 인식(sensing)하고, 상황을 적절하게 판단(Processing)하여, 차량을 제어(acting)함으로써 원하는 목표까지 제한된 시간 내에 도달할 수 있는 수준으로 수행하는 것이다. 즉, 운전자의 조작 없이 차량 스스로 주행 환경을 인식하여 목표지점까지 운행할 수 있는 차량이 자율주행 차량이다.

1. 자율주행의 분류

자율주행차는 운전자의 개입 없이 운행이 가능한 인공지능 기반의 차량이다. 자율주행 차에 적용되는 인공지능은 인지뿐만 아니라 센서, 측위, 제어에도 상용될 수 있다. 차량용 인공지능시스템은 라이다(Lidar) 센서, 레이더, 초음파 센서, 적외선 카메라, 모노 또는 스테레오 카메라 등을 차량 외부에 장착하여 이 센서를 통해 외부의 정보를 수집하여 분석한 후 차량 스스로 주변 환경을 인식하여 위험한 상황을 판단하고 주행 경로를 계획하는 등 운전자의 주행 조작을 최소화하는 데 적용된다. 인공지능은 차량이 스스로 안전하게 주행하도록 해주는 핵심시스템이다.

그림 5.21 자율주행 차량과 주요 센서

차량용 인공지능시스템의 적용은 크게 4단계로 분류한다. 먼저 레벨 1은 기능특화 자동 단계이다. 이 단계는 운전자가 정상주행 또는 충돌 직전에 일부 기능을 제외한 차량의 제어 권한을 인공시스템이 갖는 시스템이다. 레벨 2는 조합기능 자동 단계이다. 이 단계는 어떤 주행 환경에서 2개 이상의 제어기능이 조화롭게 작동하는 시스템이다. 그러나 레벨 2는 운전자가 여전히 모니터링과 안전에 책임을 지고 차량의 소유권을 소유해야 한다. 레벨 3단계는 제한된 자율주행단계이다. 이 단계는 측정한 교통 환경에서 차량이 모든 안전기능을 제어한다. 그러나 차량이 모니터링 권한을 갖되 운전자에게 제어가 필요할 때 경보 신호를 제공하고 운전자는 간헐적으로 차량을 제어하게 된다. 끝으로 레벨 4는 완전자율주행 단계이다. 이 단계는 차량이 모든 안전기능을 제어하고 상태 모니터링이 가능하다. 운전자는 목적지나 운행을 차량에 입력하면 된다. 그리고 안전운행에 대한 책임은 차량이 진다.

2. 자율주행 차량의 핵심 기술

자율주행 차량의 핵심 기술은 크게 4가지로 요약할 수 있다. 첫째, 차량 위치 및 환경과 관련된 기술이다. 예를 들어 3차원 이미지 처리기술, 인공 신경망 기술, 멀티프로세서 그래픽 하드웨어 등이다. 둘째, 예측 및 의사 결정 알고리즘 기술이다. 예를 들어, 딥 러닝, 머신 러닝, 멀티프로세서 하드웨어, 비 통계적 검증, 가상 시뮬레이션 기술, 패턴인식 기술, 자동번역 기술, 음성인식 기술 등이다. 셋째, 초정밀 실시간 맵핑 시스템기술이다. 예를 들어, 주변 환경과 공간 모델링 기술, 동시 위치기반 맵핑 시스템 등이다. 넷째, 차량 주행 인터페이스 기술이다. 이 기술은 편의성과 부드러운 주행을 위한 고성능 검색엔진, 전자 장치 등이다.[16][17][18]

---

16 https://en.wikipedia.org/wiki/Self-driving_car

17 Knight, "The Future of Self-driving Cars". MIT Technology Review. 2016.7.

18 https://en.wikipedia.org/wiki/Cruise_%28autonomous_vehicle%29

표 5.4 차량용 인공지능시스템의 핵심소요 기술[19] [20]

구분		세부내용	핵심 소요기술
예방 안전	전후방 모니터링	운전자의 사각 지역 모니터링 기술	거리 인지기술
	가변전조등	주행차의 진행 방향과 연동시킨 전조등을 비추어 커브길 등에서 보행자 조기 발견하는 기술	도로 프로파일 인식기술
	차선이탈경보	주행 차량의 이탈이 예상되는 경우에 운전자에게 경고하는 기술	차선과 차량 인식기술
	후방과 측방경보	충돌사고가 예상될 경우, 운전자에게 경고하는 기술	차량인식 기술
	야간 식별	야간주행 시 적외선 카메라로 사물을 식별기술	적외선 카메라 화질 기술
자동 운전	적응 순항 제어	다양한 주행조건에서 전방에 있는 차량과의 안전거리를 유지하면서 자동 주행이 가능한 기술	차량, 동적 객체, 거리, 표지판 인식, 경로예측기술
	자동 주차 보조	주차 시 조향 액추에이터로 운전자를 보조하는 기술	차량, 동적 객체 인식기술
사고 회피	사고 예방	전방 장애물을 감지하여 충돌 위험성에 따라 운전자에게 경고, 충돌이 불가피한 경우, 조석 벨트를 최적의 위치로 제어하여 에어백에 의한 운전자의 충돌 상해 경감기술	장애물 인식과 상황 인식 기술
	졸음운전 방지	운전자의 눈동자 변화를 검출하여 운전자에게 졸음 경고, 사고 예상 시 조향 및 제동하는 기술	운전자 상태 인식기술
	충돌 회피	전방, 측방, 후방 사각 지역 장애물을 인식하여 충돌 사고 예방 기술	차량, 동적 객체의 거리 인식기술
도로 인프라 연계	위험속도 방지	전방 도로상황에 맞는 적정 주행속도를 인식하여 경보하거나 자동으로 감속하는 기술	차량, 표지판 인식기술
	긴급제동 통보	후방차량 운전자에게 긴급제동을 통보	차량인식 및 거리 추정
	교차로 충돌 경보	교차로의 주행상황을 인식하여 접근하는 차량의 운전자에게 위험 상황을 실시간 통보	차량, 보행자, 환경, 행동 등의 인식기술

---

19 https://builtin.com/artificial-intelligence/artificial-intelligence-automotive-industry

20 http://ai.stanford.edu/users/sahami/ethicscasestudies/AutonomousVehicles.pdf

한편 자율주행 시스템은 외부환경 인식(경로 탐색, 고정지형지물 인식, 인동물체 인식), 판단 및 주행전략(상황판단 주행전략, 주행궤적 생성), 차량제어에 필요한 장치로 구성된다. 이때 경로 탐색을 위해서는 정밀지도 및 측위(고해상도 지도와 초정밀 GPS), 이동물체 인식을 위해서는 인접 차량 및 인프라 통신(V2X)과 Lidar, 스테레오 카메라, 레이더 등을 이용한다. 상황판단과 전략을 위해서는 학습형 판단 및 제어시스템, 주행기록 기반의 주행 알고리듬, 주행궤적을 생성하기 위해서는 센서 기반의 주행상황 인식 시스템이 필요하다. 끝으로 차량제어를 위해 통합 차량제어 솔루션이 필요하다.

한편, 자율주행 차량용 인공지능시스템은 예방 안전, 자동 운전, 사고 회피, 도로 인프라와 연계된 시스템으로 구성되며, 핵심소요 기술은 〈표 5.4〉에서 보는 바와 같다.[21]

---

21 자율주행 차량 인공지능 보고서, 비파괴기술거래, 2017.

제3절 무인 전투차량

무인 차량(UGV, Unmanned Ground Vehicle)은 크게 원격 조종방식, 유무인 조종방식, 완전 자율주행 방식 차량으로 분류할 수 있다. 하지만 원격 조종 방식은 숙달된 조종인력이 필요하고, 전파방해 시 조종이 제한되어 자율적으로 임무를 수행할 수 있는 유무인 또는 무인 차량이 군사용으로 유용하다.

무인 차량은 1960년대부터 연구되기 시작했으며 점차 상용 차량에도 적용하고 있어 미래 차량의 필수 기능이 될 것이다. 특히, 병력 배치가 곤란한 적지 종심지역, 또는 대량피해가 예상되는 지역, 병력 배치지역, 화생방 오염 예상지역 및 장애물 지대 등 인명 피해를 최소화하면서 최대 효과를 달성하기에 유용한 차량이다. 그리고 정보수집, 수색 정찰, 표적획득, 화생방 오염 감시과 오염 제독, 폭발물 취급, 장애물 설치 또는 제거 임무 등에 유용하다.[22]

1. 군사적 적용 분야

군사적 분야에서 무인 체계로 특정 임무를 달성하는 차량을 무인 차량이라 한다. 무인 차량의 장점은 전투원이 수행하기 어려운 동굴 내부, 지하시설, 수풀들이 많은 산 등에서 임무 수행이 가능하다. 그리고 전투원의 경우, 생리나 심리상태의 제약을 받아 장기간 경계 임무나 매복 작전 등이 불가능하나, 무인 차량은 동력이 허용하는 한 장기간 임무 수행이 가능하다. 또한, 화생방 오염상황, 폭발물처리, 지뢰 탐색 및 제거 등 전투원이 못하거나 혹은 수행하기 어려운 임무 수행이 가능하며, 치열한 전장에서 전투원의 인명 손실을 줄일 수 있다. 하지만 스스로 판단하여 임무를 수행하는 완전 자율형 및 완전지능형으로 개발하기에는 많은 연구개발과 예산 소요가 발생한다. 아직도 차량에 필요한 동력 발생기술이나 배터리와 같은 에너지 저장기술의 한계로 장시간 운용이 곤란하다. 또한, 태풍, 폭우, 폭설 등 악천후에는 유

---

22 US Department of Defense, "FY2009–2034 Unmanned Systems Integrated Roadmap", 2009.

인 장비와 마찬가지로 무인 장비도 영향을 받을 수 있다. 또한, 무인 차량에서 획득한 정보는 해킹에 취약하여 고도의 정보보호 대책이 필요하다.

무인 차량은 자율주행 차량과 달리 성공적인 임무 수행을 위해 무소음, 대용량, 고효율 에너지원인 2차 전지(배터리), 연료전지 등의 전원 발생 및 에너지 저장기술과 최적의 동력 변환, 에너지 재생, 주행 구동 제어 등의 추진 · 주행 동작 제어기술이 필요하다. 통신 · 네트워크 기술은 지휘통제소와 무인 차량 간 대용량의 정보를 실시간 송수신 · 중계하고, 실시간 네트워크 제어처리 및 정보보안 기술을 확보해야 한다. 또한, 생존에 필요한 반응장갑 · 능동방호 시스템기술과 피탐지 확률 감소를 위해 열상 · 전자파 등에 대한 흡수 · 반사, 형상설계 등의 스텔스 기술의 적용도 필요하다.

2. 주요 적용 사례

미국의 록히드 마틴의 무인 주행 시스템인 AMAS(Autonomous Mobility Applique System)는 미 육군 전차 자동화연구소(TARDEC)와 협력으로 연구되는

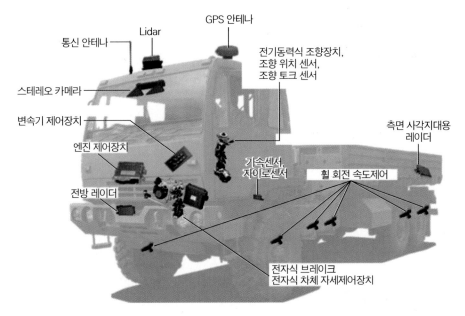

그림 5.22 전술 차량의 자율주행 장치

군용 무인 주행 프로젝트이다. AMAS에는 〈그림 5.22〉와 같이 라이다(Lidar, Light Detection And Ranging) 센서와 GPS 센서, 카메라를 비롯하여 차량통합 패키지 등을 장착하여 대형 트럭을 무인 차량으로 개발하였다.

　이 차량에 탑재된 자율주행 관련 장치는 장애물이나 다른 차량 등과의 거리나 형상을 인식하여 조향장치와 엔진, 브레이크 그리고 변속기를 제어하여 주행할 수 있도록 구성되어 있다. 또한, 주행 전에 입력된 주행 경로를 차량에 입력하거나 원거리에서 입력하면, 차량은 GPS로 자기 위치를 실시간 파악하고, 동시에 전방과 측방에 설치된 레이더, 라이다, 적외선 카메라, 광학 카메라, 초음파 센서, 휠 센서, 가속도 센선 등의 센서 등으로부터 얻은 데이터를 처리하여 최적의 경로로 주행을 할 수 있도록 구성되어 있다. 신호 등이나 보행자 등 장애물 그리고 노면 상태에 따라서 구동력을 제어하면서 주행을 할 수 있다. 그리고 다른 무인 트럭들과 서로 연동하여 이런 동작들을 동시에 진행할 수 있다. 아프가니스탄 등의 군사작전 지역에서 인명사고가 발생하는 상황 중 상당수가 물자수송 과정이라는 점을 생각할 때, 이 무인 트럭은 무고한 희생을 줄일 수 있는 대안으로 떠오르고 있다. 미국은 〈그림 5.23〉과 같이 종속 주행할 수 있는 단계까지 무인 대형 전술 차량을 전력화하는 단계까지 도달하였다. 따라서 기존의 전술 차량에 간단한 아플리케 장치를 장착하여 무인화를 추진하는 등 다양한 방식으로 유인 차량을 무인

그림 5.23 미국의 무인 대형 전술 차량의 종속 주행장면

차량으로 발전시키고 있다.

한편 전술 차량에 다양한 화기와 장비를 탑재하여 병력수송뿐만 아니라 무인 전투차량으로 발전시키는 추세이다. 대표적으로 이스라엘은 가자지구 국경의 야간 순찰에 〈그림 5.24〉와 같이 Guardium 무인 차량을 운용 중이다. 이 차량은 360도 전방위 카메라와 적외선 카메라, 마이크를 가지고 있으며 울타리에 낮은 자세로 은폐 및 접근하는 사람을 탐지 및 경고할 수 있다. 그리고 의심되는 표적이 확인되면 표적에 접근하여 아랍어와 이스라엘어로 2회에 걸쳐 경고 방송을 할 수 있다. 그 외 모든 동작은 모두 자동이나 수동 방식 중 하나를 선택할 수 있다. 이 시스템은 인간보다 훨씬 장시간, 지치지 않고 넓은 영역을 감시할 수 있다. 그리고 입력된 프로그램에 따라 동작하며 박격포나 로켓에 의한 기습공격이 수시로 벌어지는 상황에서 인명 피해가 없다. 이 차량은 모듈식 설계로 다양한 관측 장비와 카메라를 임무에 따라 탑재할 수 있다. 또한, 보병의 지원이 없어도 연속 약 4일간 순찰 임무를 수행할 수 있으며 자율운행과 장애물 대응 능력을 갖추고 있다.

러시아는 BMP-3 보병용 전투차량을 무인화한 우란-9(Uran-9) 전투차량을 개발하였다. 이 차량은 구경 30mm 기관포와 7.62mm 기관총, Ataka 대전차유도 미사일 등이 탑재하였으며 원격 제어방식이다. 이 차량의 특징은 통신 두절이나 해킹되면 적에게 포획될 우려가 있다. 하지만 원격조정 방식

❶ Guardium 무인정찰차량

❷ Uran-9 무인전투차량

그림 5.24 대표적인 무인 차량의 형상

을 적용하면 대테러전이나 소규모 국지전에서 유리하기 때문에 비정규전을 벌이는 테러리스트나 게릴라전에 더 효과적이다. 즉, 무인 차량으로 차량의 크기를 크게 줄였기 때문에 게릴라들이 사용하는 소형 대전차 무기로 명중시키기도 어렵고 인명손실이 없다. 이 차량은 2019년 전력화된 후 시리아 내전에 투입되어 정찰 임무를 수행하였다.

1. 전기 차량의 발전과정과 커넥티드 차량의 개념을 그림을 그려서 설명하시오. 그리고 최근 상용
   화된 전기 차량의 제원과 특징 그리고 장단점을 예를 들어 설명하시오.

2. 전기 차량과 내연 기관 차량의 차이점을 설명하고, 전기 차량의 주행상태에 따른 전기에너지의
   흐름도를 그림을 그려서 설명하시오.

3. 아래 그림은 기어 박스에 연결된 고전압 배터리를 나타낸 그림이다. 이 장치의 각각의 구성품의
   기능과 장치의 작동원리를 설명하시오.

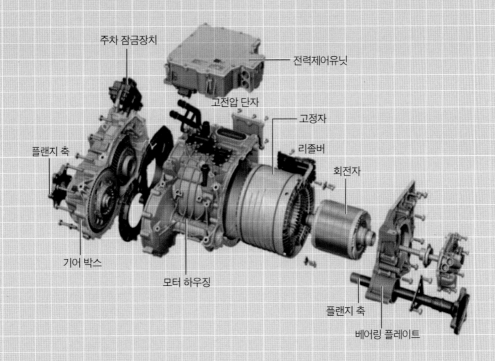

주차 잠금장치
전력제어유닛
고전압 단자
고정자
리졸버
회전자
플랜지 축
기어 박스
모터 하우징
플랜지 축
베어링 플레이트

4. 전기 차량의 구동 모터제어유닛(MCU와 차량제어유닛(VCU)의 주요 제어기능을 도표를 그려서
   설명하시오. 그리고 저전압 직류변환장치(LDC)의 작동개념을 〈그림 5.7〉을 보고 설명하시오.

5. 아래 그림은 차량의 유압식 현가장치와 롤링 제어를 나타낸 그림이다. 롤링 제어의 원리와 효과, 그리고 유압 제어시스템 회로의 작동과정을 간략히 설명하시오.

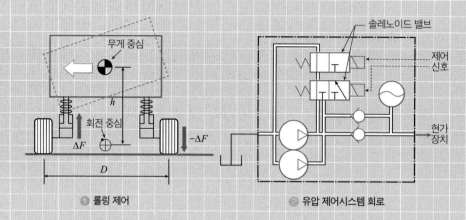

❶ 롤링 제어   ❷ 유압 제어시스템 회로

6. 능동형 전자제어식 브레이크의 회생 제동 과정을 단계별로 설명하시오. 그리고 운전상태에 따른 제동력의 변화를 제동력과 제동 시간에 따른 그래프를 그려서 설명하시오.

7. 전기 차량의 내기와 외기의 혼입 제어장치의 구성과 작동과정을 회로도를 그려서 설명하시오.

8. 전기 차량의 공조시스템 중에서 PTC 히터에 의한 난방과 히트펌프에 의한 냉난방 방법의 원리와 장단점을 설명하시오. 그리고 내연 기관 차량의 공조시스템과의 차이점과 그 이유를 비교하여 설명하시오.

9. 자율주행 차량이란 무엇이며, 이 차량을 제작하기 위한 소요기술을 예방 안전, 자동운전, 교통사고 회피, 도로 인프라와의 연계성 측면으로 구분하여 설명하시오. 그리고 상용화된 자율주행 차량이 적용된 기술을 사례를 들어 설명하시오.

10. 무인 전투차량의 군사적인 적용 분야를 기동, 화력, 방호, 정보, 지휘/통제, 작전 지속지원, 무기 체계로 구분하여 설명하시오.

11. 아래 그림은 전장의 복잡도와 임무의 복잡도에 따른 무인 항공기, 무인 전술 차량, 로봇의 관계
를 나타낸 그림이다. 그림에서 무인 전술 차량이 복잡한 전장에서 단순한 임무를 수행하는 사례
를 실제 전력화된 무인 차량을 예를 들어 설명하시오.

12. 무인 차량의 등장으로 인한 사회적 군사적 변화를 논하시오. 그리고 자율주행 차량의 실용화를
위한 법적, 윤리적 그리고 기술적 문제를 논하시오.

제6장
전술 차량

제1절 전술 차량의 성능

1. 일반 차량의 주행 성능

일반 차량은 성능, 조향성, 승차감, 가속과 감속 능력, 장애물 극복능력, 견인하고 감속하는 능력 등이 있다. 조향성은 운전자의 명령에 대한 차량의 반응과 외부 방해에 대한 주행의 안정화 능력과 관련이 있다. 승차감은 주행로의 불규칙성에 의해 야기된 차량의 진동과 그 영향과 관련이 있다. 따라서 이들 요소를 차량의 설계에 반영해야 차량에서 요구하는 성능을 발휘할 수 있다.[1]

〈그림 6.1〉은 일반적으로 차량이 주행할 때 차량과 운전자 그리고 주행조건의 관계를 나타낸 개념도이다. 운전자는 주행 시에 전방에 나타나는 물체, 안개 등 시각 정보를 갖고 판단한 후 가속 또는 제동장치, 조향장치를 작동하여 차량을 주행하게 된다. 동시에 차량은 지표면의 상태(습기, 눈 등)와 노면의 요철에 의한 불규칙성 그리고 공기역학적 영향을 받으면서 주행하게 된다. 이들 요소는 차량의 성능과 조향성, 그리고 승차감에 영향을 미친다.

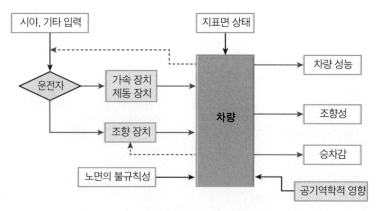

그림 6.1 주행 시 차량-운전자-주행조건의 관계 개념도

---

1   J. Y. Wong etc, "Theory of Ground Vehicle", John % Sons, INC., 4th Edition, 2008.8.

따라서 운전자의 행동과 차량의 물리적 및 기하학적인 특성을 고려하여 지상 차량의 설계와 평가 요소에 반영하고 있다.

2. 전술 차량의 주행 및 방호 성능

(1) 장애물 극복능력

전술 차량은 성능은 장애물 통과능력이 중요하다. 따라서 〈그림 6.2〉에서 보는 바와 같이, 도섭 능력, 수직 장애물 통과능력, 참호 통과능력, 횡 경사로 통과능력, 종 경사 통과능력이 요구된다. 이들 요구 조건은 지형조건이나 전술적 사용 목적에 따라 다르고 이를 설계에 반영하고 있다. 그림에서 횡 경사와 종 경사 통과능력은 경사각을 의미하며 단위가 백분율로 표시되어 있다. 예를 들어 차량이 수평 100m 이동할 때 고도(수직거리)가 30m 높아지는 경사로이면 30%의 경사각이라는 뜻이다.

그림 6.2 일반적인 전술 차량의 주행 성능

군용차량은 비포장도로, 하천 등 험로 주행이 가능해야 한다. 따라서 설계 시 예상되는 작전 지역의 지형을 고려하여 〈그림 6.3〉과 같이 주행 시 필요한 형상과 능력을 반영해야 한다. 〈그림 6.3〉 ❶은 축간거리(wheel base), 접근각(approach angle), 이탈각(departure angle), 램프각(ramp break over angle)의 정의를 나타낸 그림이다. 이들 개념을 살펴보면 다음과 같다. 첫째, 축간거리는 차량의 전륜 중심과 후륜 중심 사이의 거리로, 축거(軸距)라고도 부르고 있다.

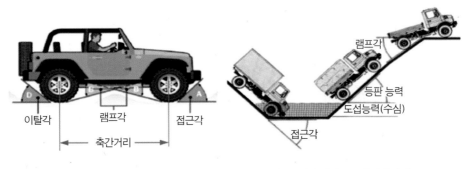

① 차량 하부의 핵심 설계 요소   ② 수상과 경사로 주행 관련 설계 요소

그림 6.3 차체의 하부 설계와 주행 관련 설계 요소

축간거리가 길수록 더 긴 화물 적재함을 차대(chassis)에 장착할 수 있다. 하지만 길어짐에 따라 회전 반지름은 비례해서 커지는 단점이 있다. 둘째, 접근각은 전륜 타이어와 접촉하는 면과 접지면이 이루는 최대 각도이다. 이 각도를 크게 설계하면 지면이 움푹 들어간 험로나 급경사 주행로에서 수평 주행로로 이어진 도로를 주행할 수 있다. 셋째, 이탈각은 후륜 타이어와 접촉하는 면과 접지면이 이루는 최대 각도이다. 차량에 견고하게 부착된 부품을 포함한 차량의 어떠한 부품도 이 평면 아랫부분에 위치하지 않도록 설계할 필요가 있다. 넷째, 램프각은 주행 중 전륜이 타고 넘은 돌기나 지면의 턱을 하체 밑이 받치지 않도록 하기 위한 한계각도이다. 즉, 적어도 하나의 전륜 차축과 하나의 후륜 차축이 있는 차량이 차축 이외의 차량의 어떤 지점에 닿지 않고 주행할 수 있는 최대 각도이다. 이 각도는 차량의 지면과 가장 낮은 지점 사이의 최단 거리인 지상고(road clearance) 개념과 다르다.[2] 지상고는 노면과 차 밑바닥의 틈새의 크기이며, 이 간격이 크면 요철 도로에서도 차 밑바닥이 노면에 스칠 염려가 적으나 차체의 안전성은 나빠지는 단점이 있다.

만일 타이어의 변형이 없는 이상적인 경우, 축간거리와 접근각의 관계는 식 [6-1]과 같이 나타낼 수 있다.

---

2   Division of the Federal Register, "United States: The Code of Federal Regulations of the United States of America", pp. 447. U.S. Government Printing Office, 1979. ISSN 1946-4975.

$$접근각 = 2 \cdot \tan^{-1}\left(\frac{2 \times 지상고}{축간거리}\right) \text{\dotfill} [6-1]$$

〈그림 6.3〉 ❷는 차량의 접근각, 도섭 능력, 램프각, 등판능력(종 경사)의 정의를 나타낸 그림이다. 참고로 우리나라의 K151 소형 전술 차량은 지상고 420mm, 접근각 62°, 이탈각 48°, 종 경사 60%, 횡 경사 40%, 도섭 능력 760mm의 장애물을 극복할 수 있다.

(2) 전술 차량의 방호 성능

전술 차량은 일반적으로 〈그림 6.4〉에서 보는 바와 같이 소총이나 기관총 공격으로부터 보호하기 위해 방탄 설계를 적용하고 있다. 따라서 최근에 개발된 전출 차량은 통상 차체의 하부는 지뢰, 측면은 소총 또는 기관총탄, 상부는 포탄 파편에 대한 방호가 가능하도록 제작하고 있다. 그리고 기관총이나 유탄발사기 등 화기도 승무원이 차량 내부에서 원격으로 제어할 수 있도록 원격 사격 통제 시스템(RCWS, Remote Control Weapon System)을 적용하는 추세이다. 따라서 이렇게 설계하면 승무원이 탑승한 상태에서도 지뢰와 기관총 수준의 화기 공격에도 승무원의 안전을 보장받을 수 있다.[3]

그림 6.4 NATO에서 개발한 소형 전술 차량

---

3   https://www.gd-ots.com/lightweight-tactical-vehicles/

제2절 타이어와 주행 성능

1. 주요 구성

공압식 타이어의 구조와 주요 명칭은 〈그림 6.5〉에서 보는 바와 같다. 차축에 연결된 휠에 타이어가 장착되며 타이어는 지면에 접촉하는 트레드(tread), 브레이커(breaker), 카카스 플라이스(carcass plies), 내부 라이너(innner liner), 비이드 와이어(bead wire), 카카스(carcass) 등으로 구성되어 있다.

트래드 ──
브레이커 ──
카카스 플라이스 ──

비이드와이어 ──
카카스 ──
내부 라이너 ──

그림 6.5 공기압 타이어의 주요 명칭

(1) 트레드

트레드(tread)는 노면과 직접 접촉하는 부분이며, 카카스와 브레이커의 외부에 접착된 강력한 고무층을 말한다. 트레드에 파여있는 길이 방향 홈 (groove)은 타이어의 선회 안정성을 유지하게 하며 가로 방향 홈은 구동력을 전달하는 기능을 한다. 그리고 트레드의 접지 면적에서 홈의 면적이 실제로 노면과 접촉하는 면적보다 클 경우를 부(음) 트레드(negative tread) 상태라고 하며, 이 상태에서 주행하면 지면과의 마찰력이 커서 겨울철이나 노면이 젖어 있는 도로주행 시 미끄럼 현상이 감소하기 때문에 좋다. 하지만 주행 중에 트레드 접지면의 변형이 발생하여 부(-) 트레드에 밀폐된 공간이 형성될 가능성도 있다. 이 공간이 노면에 빠르게 진입하거나 진출하는 경우에 홈에 공기가 채워졌다가 누출되면서 소음을 증가시키는 원인이 될 수 있다.

(2) 브레이커

트레드와 카카스의 사이에 있는 코드 벨트(cord belt)로서 외부 충격이나 간섭에 의한 내부 코드의 손상을 방지하는 역할을 한다. 따라서 고속주행을 하는 차량이나 하중이 큰 트럭의 타이어에는 여러 겹의 브레이커가 있다. 브레이커 코드는 강철, 직물 또는 아라미드 섬유(aramid fiber)와 같은 고장력 재료를 사용하고 있다.

(3) 카카스

카카스는 타이어의 골격을 형성하는 중요한 부분이다. 이 구성품은 타이어 전체 원주에 걸쳐서 내부 비이드에서 외부 비이드까지 연결되어 있다. 그리하여 타이어가 받는 하중을 지지하면서 충격도 흡수한다. 동시에 타이어 공기압을 유지할 수 있도록 해주는 기능을 한다. 카카스는 주행 중 굴신 운동에 대한 내피로(fatigue resistance) 성능이 우수해야 한다. 이 때문에 고강도 코드와 벨트(belt)를 겹쳐서 만들며, 주로 인조섬유(나일론, 레이온(rayon), 폴리에스터(polyester), 아라미드)나 강철을 사용하고 있다.

(4) 비이드

비이드는 카카스 코드 벨트의 양단이 감기는 강철 와이어를 말한다. 이 구성품은 고장력 강철 와이어에 고무 막을 피복시키고 나일론 코드 벨트로 감싼 후 다시 카카스로 감싸서 탄성이 강하다. 그리고 이를 타이어를 휠의 림(rim)에 강력하게 고정하여 타이어의 구동력이나 제동력 또는 횡력을 노면에 전달하는 기능을 한다. 동시에 타이어와 림 사이의 기밀을 유지할 수 있도록 하는 기능이 있다.

(5) 사이드월

사이드월(side wall)은 타이어의 옆 부분을 말한다. 사이드월은 카카스를 보호하고 타이어를 굽혔다가 펴는 운동을 반복하면서 승차감을 높이는 기능이 있다. 사이드월의 높이가 낮으면, 타이어의 강성(rigidity)이 증가하기 때문에 주행 시에 조향 정밀성은 좋아진다. 반면에 승차감이 떨어지는 문제가 있다.

2. 주요 기능과 종류

(1) 타이어의 기능

공기 역학 및 중력 외에도 지상 차량의 주행에 영향을 미치는 주요 힘과 모멘트는 주행 중인 지면과의 접촉을 통해 이루어진다. 따라서 주행 장비와 지면 사이 상호작용의 기본 특성을 이해하는 것은 지상 차량의 성능 특성과 승차감 그리고 조향 동작을 연구하는 데 중요하다. 일반적으로 지상 차량의 바퀴는 차량의 무게를 지탱하고, 차량 표면의 불규칙성에 의한 충격에 대해 완충작용을 하여 운전 및 제동에 충분한 견인력을 제공하여 적절한 조향 제어 및 방향 안정성을 제공할 수 있다. 공압식 타이어는 효과적이고 효율적으로 수행할 수 있다. 따라서 도로주행용 차량에는 이 방식을 보편적으로 사용하고 비포장 주행용 차량에도 널리 사용하고 있다.

따라서 공압식 타이어 역학은 지상 차량의 성능과 특성을 이해하는데 중요한 분야이다. 타이어 역학은 공학적으로 크게 포장도로 주행과 비포장 지형 주행으로 구분할 수 있다.

(2) 타이어의 종류와 특성

타이어의 접지 부분인 트레드는 고무이지만 그 밑층은 타이어 코드라 부르는 부분이 있다. 이 부분은 천을 겹겹이 접합시켜 만들며, 하중을 견디는 중요한 역할을 한다. 그리고 타이어가 지면의 굴곡 운동을 하더라도 타이어 골격을 그대로 유지한다. 일반적으로 이 부분은 나일론, 폴리에테르, 케블라, 레이온 섬유 등 합성섬유나 가는 철사를 꼬아서 만든 강철 코드로도 사용하고 있다.

이때 강철 코드를 어떤 모양으로 겹겹 구조를 만들었는지에 따라 타이어

편향된 각도 방향으로
엮은 카카스 가닥

코드

❶ 바이어스 타이어

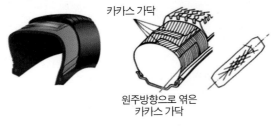

카카스 가닥

원주방향으로 엮은
카카스 가닥

❷ 레이디얼 타이어

그림 6.6 바이어스 타이어와 레이디얼 타이어

종류를 분류한다. 예를 들어, 〈그림 6.6〉❶과 같이 겹이 서로 엇갈려 대각선을 이루는 바이어스 타이어(bias tire), 〈그림 6.6〉❷와 같이 타이어 원주에 직각으로 둥근 모양인 레이디얼 타이어(radial tire)가 있다. 이들 타이어 모두 타이어-코드 사이의 보강을 최대한으로 늘리기 위한 디자인이다.

(3) 타이어의 구조와 특성

공압식 타이어는 압축공기로 채워진 원뿔곡선 회전면(toroid) 모양의 유연한 구조이다. 타이어의 가장 중요한 구성 요소는 카카스(carcass)이다. 카카스는 타이어 내부에 여러 겹의 코드(cords) 층으로 되어있어 형상을 보존하는 역할을 하는 주요 구성품이다. 이것은 〈그림 6.7〉에서 보는 바와 같이, 탄성률(modulus of elasticity)이 낮은 고무 화합물의 매트릭스에 감싸져 있는 탄성률이 높은 유연한 코드 층으로 구성되어 있다. 코드는 천연, 합성 또는 금속 재질과 섬유 재질로 되어있다. 그리고 인장 강도가 높은 강철 와이어로 고정되어 있다.

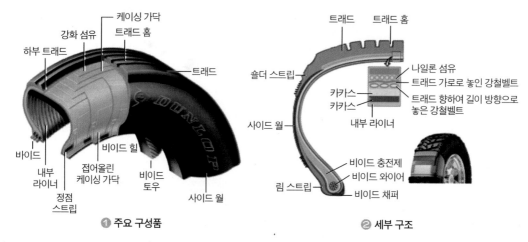

① 주요 구성품

② 세부 구조

그림 6.7 레이디얼 타이어의 구성품과 세부 구조

비드(bead) 구성품은 카카스 구성품의 기초 역할을 하며, 림에 타이어를 적절하게 장착하게 하는 구성품이다. 한편 타이어의 고무 화합물의 성분은 타이어에 특정한 특성을 제공하도록 선택된다. 일반적으로 사이드월(sidewall)용 고무 화합물은 피로와 긁힘에 대한 저항성이 높아야 한다. 이 때문에 주로 스타이렌-뷰타다이엔 고무(styrene-butadiene rubber)를 사용하고 있다. 이 고무는 천연고무보다 가격이 싸고, 품질이 고르며, 일정한 가황 속도(rate of cure)를 갖는다. 그리고 열에 강하고 쉽게 마모되지 않으며 변질이 잘 되지 않는 장점을 갖고 있다.

끝으로 트레드는 타이어 유형에 따라 재질을 달리한다. 예를 들어, 대형 트럭용 타이어는 천연고무 화합물을 주로 사용하고 있다. 그 이유는 고하중(high load) 강도로 인해 내마모성, 찢김 및 균열 성장에 대한 저항성이 높고 히스테리시스가 낮은 재질을 사용하여 내부 열 발생과 주행 저항(rolling resistance)을 감소시켜야 하기 때문이다.[456]

---

4   Foster, Patrick R., "The History of America's Greatest Vehicle", Motor books. p.11. ISBN 9780760-345856, 2014.

5   https://www.irjet.net/archives/V5/i4/IRJET-V5I4718.pdf

6   http://skyshorz.com/university/resources/dynamo_basics.pdf

3. 타이어의 주행 저항

(1) 주행 저항의 정의

주행 저항은 〈그림 6.8〉에서 보는 바와 같이 정의하고 있다. 이 그림은 바퀴가 바닥(카펫)을 누르는 하중인 중력 F_g와 지면의 수직 반발력 N이라 할 때, 바퀴가 굴러가도록 주행 방향으로 미는 힘의 반발력인 주행저항력 F_{rr}의 관계를 나타낸 자유 물체도이다. 만일 바퀴의 질량이 m이고, 중력가속도 g, 차량의 가속도가 a라면 바퀴에 작용하는 힘은 식 [6-2], [6-3]과 같이 나타낼 수 있다.

$$F_{rr} = ma \quad\text{⸱⸱⸱}\quad [6\text{-}2]$$

$$N = mg \quad\text{⸱⸱⸱}\quad [6\text{-}3]$$

만일 주행저항력과 수직력의 비를 주행저항계수 C_{rr}라고 정의하면, 식 [6-4]와 같이 쓸 수 있다.

$$C_{rr} = \frac{N}{F_{rr}} = \frac{ma}{mg} = \frac{a}{g} \quad\text{⸱⸱⸱}\quad [6\text{-}4]$$

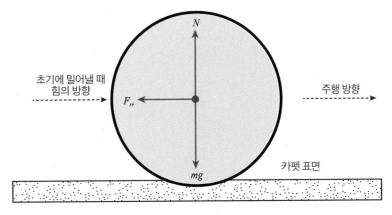

그림 6.8 주행 시 바퀴의 자유 물체도

여기서 주행 저항은 차량이 노면을 주행할 경우, 노면이나 타이어의 변형, 노면의 요철에 의한 충격, 타이어의 미끄러짐 등에 의해 생기는 저항을 말한다. 따라서 노면 상태와 차량의 총중량에 따라 결정되며 노면의 상태에 따라 다르다. 자갈길에서는 약 0.033, 아스팔트 포장 도로에서는 약 0.01이다.

(2) 주행 저항의 발생 원리

주행 저항은 〈그림 6.9〉에서 보는 바와 같이, 타이어 폭의 크기에 따라서 차이가 있다. 타이어 폭이 좁은 경우에는 지면과의 접촉 길이가 길고 폭은 좁다. 이 때문에 타이어의 변형이 커지며 사이드월(side wall)의 작용면적이 넓어져서 주행 저항이 크다. 하지만 폭이 넓은 광폭 타이어는 변형량이 적어서 사이드월의 작용면적이 좁아지고 따라서 주행 저항이 작다.[7]

일반적으로 타이어의 주행 저항의 비중은 〈표 6.1〉에서 보는 바와 같으며 주로 타이어 표면과 공기, 타이어의 트레드와 지면, 타이어의 사이드월과 바닥부의 상호작용에 의한 저항 때문에 발생한 요인이다.

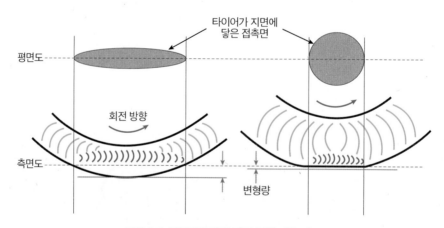

그림 6.9 타이어의 폭에 따른 주행 저항 비교

---

7   Evans L. R, "Tire Fuel Efficiency Consumer Information Program Development: Phase 2 - Effects of Tire Rolling Resistance Levels on Traction Tread wear, and Vehicle Fuel Economy", U.S. Department of Transportation 2009.

표 6.1 일반 타이어의 주행 저항의 주요 원인

구분	타이어 표면과 공기	타이어 트레드		사이드월과 바닥부
원인	공기 순환	변형으로 인한 에너지 소산(히스테리시스 손실)		
		지면에서 미끄럼	굽힘, 압축, 전단	굽힘, 전단
작동 현상				
비율	15% 이하	60~70%		20~30%

먼저 타이어 표면과 공기와의 마찰이 발생하면서 타이어 회전을 방해하면서 주행 저항이 발생한다. 다음으로 차량의 하중에 의해 타이어가 변형하면서 에너지가 소산되어 주행 저항이 발생한다. 이 현상은 지면과의 미끄럼 현상, 타이어의 굽힘, 압축, 전단, 그리고 사이드월과 바닥부 사이의 타이어 굽힘과 전단이 발생하여 주행 저항이 발생한다. 주행 저항의 비율은 일반적으로 공기 순환과 지면에서 미끄럼 현상에 의해서 15% 이하, 타이어 트레드의 굽힘과 압축 전단에 의해 60~70%, 타이어 사이드월과 바닥에 의해 20~30% 정도이다.

(3) 노면에 따른 주행 저항의 영향

1 노면 상태에 따른 주행 저항 계산

단단한 표면에서 타이어의 주행 저항은 주로 타이어 재료의 히스테리시스로 인해 발생한다. 이것은 타이어가 구르는 동안 카카스의 처짐 때문이다. 히스테리시스는 지면 반발력이 비대칭으로 분포한다. 〈그림 6.10〉 ❶과 같이 접촉 영역의 앞쪽 절반의 압력은 뒤쪽 절반의 압력보다 크다. 이 현상은 지상 반발력을 앞쪽으로 이동시킨다. 이 전방으로 이동된 지면 반발력은 휠 중심에 정상적인 하중이 작용하여 휠의 회전에 반대되는 순간이 발생한다. 연약한 표면에서 주행 저항은 주로 지표면의 변형으로 인해 발생하며,

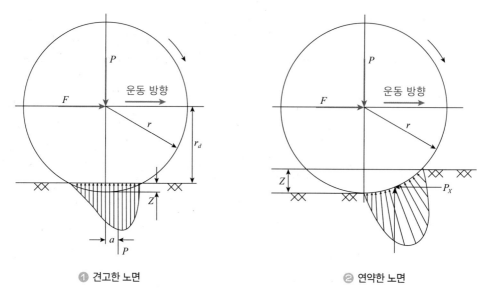

① 견고한 노면   ② 연약한 노면

그림 6.10 노면 상태에 따른 주행 저항과 처짐 현상 비교

〈그림 6.10〉 ②와 같다. 그림에서 보는 바와 같이, 지면의 반발력은 거의 완전히 앞쪽 절반 위치로 이동하는 것을 볼 수 있다.

먼저 〈그림 6.10〉 ①에서 지면의 반응으로 반발력의 위치가 전진 이동하면서 생성된 순간적인 힘 F에 의해서 생긴 주행 저항 모멘트(rolling resistant moment) T_r은 식 [6-5]와 같이 표현할 수 있다.

$$T_r = Pa \quad\quad\quad\quad\quad\quad\quad\quad\quad\quad\quad\quad\quad [6\text{-}5]$$

바퀴가 계속 굴러가기 위해서는 바퀴의 중심에 작용하는 힘 F가 이 주행 저항 모멘트의 균형을 맞추어야 한다. 이 힘은 식 [6-6]과 같이 나타낼 수 있다.

$$F = \frac{T_r}{r_d} = \frac{Pa}{r_d} = P\left(\frac{a}{r_d}\right) = Pf_r \quad\quad\quad\quad\quad [6\text{-}6]$$

여기서 r_d는 타이어의 유효 반지름이고, f_r은 주행 저항계수이다. 이러한 방식으로, 주행 저항 모멘트는 바퀴의 움직이는 방향과 반대 방향으로 바퀴 중심에 작용하는 수평 힘으로 동등하게 대체될 수 있다. 이 등가 힘을 주행 저항력 F_r이라고 정의하며 식 [6-7]과 같이 표현할 수 있다.

$$F_r = Pf_r \qquad \text{[6-7]}$$

여기서 P는 회전 휠의 중심에 작용하는 정상 하중이다. 차량이 비탈길에서 주행할 때 정상 하중 P는 노면에 수직 방향으로 작용하는 힘만 고려해야한다. 따라서 $F_r = Pf_r \cdot \cos\alpha$이며, 여기서 α는 경사각도이다. 이때 주행저항계수 f_r은 타이어의 재질, 구조, 온도, 공기압, 트레드의 형상, 도로 거칠기, 도로의 재질과 도로 위의 액체 유무에 따라 달라진다. 다양한 도로의 주행저항계수의 전형적인 값은 〈표 6.2〉와 같다. 최근에는 연료 절감을 위해 승용차용 저저항(주행 저항계수 0.01 미만) 타이어가 개발되고 있다.[8]

표 6.2 노면에 따른 주행저항계수

도로 조건	주행저항계수 f_r
콘크리트 또는 아스팔트 도로(승용차 타이어)	0.013
다짐용 롤러로 다져진 자갈 도로(승용차 타이어)	0.02
쇄석과 타르를 섞어 굳힌 포장도로	0.025
비포장도로	0.05
야지	0.1 ~ 0.35
콘크리트 또는 아스팔트 도로(트럭 타이어)	0.006 ~ 0.001
기차 레일(기차 바퀴)	0.001 ~ 0.002

〈표 6.2〉에서 제시된 주행 저항계수는 속도에 따른 변화를 고려하지 않은 값이다. 실제 주행 실험의 결과를 바탕으로 단단한 노면 주행 저항을 계

---

8   Mehrdad Ehsani, Yimin Gao, "Modern Electric, Hybrid Electric, and Fuel Cell Vehicles", CRC Press LLC, 2005.

산하기 위한 많은 실험식이 제안되었다. 예를 들어, 콘크리트 도로에서 승용차의 주행 저항계수는 식 [6-8]과 같이 속도와 함수관계로 계산할 수 있다.

$$f_{r'} = f_0 + f_s \left(\frac{V_r}{100} \right)^{\frac{1}{4}} \quad\text{.......................................}\quad [6-8]$$

여기서 V_r은 차량 속도[km/h], f_o와 f_s는 타이어의 팽창 압력에 따른 실험값이다.

한편 차량 성능을 계산할 때 주행 저항계수는 차량의 속도와 선형적인 비례 관계가 있다. 따라서 타이어의 팽창 압력 범위에서 콘크리트 도로를 주행하는 승용차의 주행 저항계수는 식 [6-9]를 적용할 수 있다.

$$f_{r'} = 0.01 \left(1 + \frac{V_r}{100} \right) \quad\text{.......................................}\quad [6-9]$$

단, 식 [6-9]는 차량의 속도가 최대 128km/h까지 적용할 수 있다.

② 타이어 종류에 따른 주행 저항 비교

주행 저항은 지표면의 상태에 따라 다르다. 견고한 지면인 경우, 주행 저항은 주로 회전 중 카카스의 변형으로 인한 타이어 재료의 히스테리시스(hysteresis) 마찰로 인해 발생한다. 이때 타이어의 마찰력은 점착(adhesion) 마찰력과 히스테리시스 마찰력을 합친 힘이다. 타이어는 주로 고무로 만드는데 고무는 튀어 오를 때 에너지 일부가 형태를 바꾸는 데에 사용하며, 이 에너지는 결국 열이 되어 에너지가 손실된다. 이때 손실에너지는 히스테리시스 손실이라 부르고 있다.

일반적으로 타이어와 지면의 마찰력은 구동 계통을 통하여 전달되는 엔진에서 발생 된 동력, 즉 타이어가 노면을 끌어당겨 밀어내는 구동력과 브레이크의 작동 시 발생하는 제동력이 가해졌을 때 발생하는 힘이다. 구동력과 제동력이 가해지지 않는 상태에서도 트레드에 마찰력이 작용한다. 예를 들면, 전륜 구동(FF) 차량의 앞 타이어에는 엔진에서 전달된 구동력과 같은 크기의 마찰력이 작용하기 때문에 차량은 전진한다. 즉 타이어는 미끄러지지 않고 굴러가는 것이기 때문에 당연히 마찰력이 발생한다. 실제 승용차용 레이디얼 타이어는 마찰계수가 0.01~0.015 정도로 매우 작다. 다음으로 주행 저항에 미치는 영향에는 미끄러짐으로 인한 타이어와 도로 사이의 마찰이나 타이어 내부의 공기 순환으로 인한 저항, 그리고 주변 공기에 대한 회전 타이어의 팬 효과에 의해 발생한다. 하지만 차량의 속도가 128~152km/h일 때, 주행 저항에 미치는 영향은 타이어의 내부 히스테리시스 손실로 인해 90~95%, 타이어와 지면 사이의 마찰로 인해 2~10%, 공기저항으로 1.5~3.5% 정도이다.[9][10]

트럭용 레이디얼 타이어의 경우, 벨트를 포함한 트레드의 히스테리시스 손실이 73%, 사이드월 13%, 숄더(shoulder region) 12%, 비드(bead) 2% 정도이다. 타이어가 굴러갈 때 카카스는 지면 접촉면에서 휘어진다. 즉 타이어 왜곡의 결과로, 접촉면의 앞쪽 절반의 정상 압력이 뒤쪽 절반의 압력보다 높다. 정상 압력의 중심이 주행 방향으로 이동한다. 이 변화는 주행 저항 모멘트인 타이어의 회전축에 대한 모멘트를 발생시킨다.

공기 타이어의 주행 저항에 영향을 미치는 요인은 다양하다. 예를 들어, 타이어의 구조와 재료 그리고 표면 상태, 공기압, 속도, 온도 등 작동 상태가 이에 속한다. 특히 타이어의 구조는 주행 저항에 큰 영향을 준다. 대표적인 사례로 〈그림 6.11〉 ❶은 승용차의 평탄한 도로에서 바이어스 타이어와 레이디얼 타이어의 주행속도와 주행 저항계수의 관계를 나타낸 그림이다. 바이어스 타이어가 레이디얼 타이어보다 주행 저항계수가 더 크고, 주행속도의 증가에 따라서 주행 저항계수는 더 많이 증가하는 현상을 볼 수 있다.[11] 한편 일반적으로 합성 고무 화합물로 만들어진 타이어가 천연고무로 만든 것보다 주행 저항이 크다. 그리고 견인력과 도로 유지력이 우수한 부틸 고무

9 Jazar, Reza, "Vehicle Dynamics: Theory and Application", Springer Science & Business Media. ISBN 9781461485445, 2013.11.

10 Wong, Jo Yung, "Theory of Ground Vehicles", New York John Wiley. ISBN 0-471-35461-9, 2001.

11 Automotive Handbook, 2nd ed. Robert Bosch GmbH, 1986.

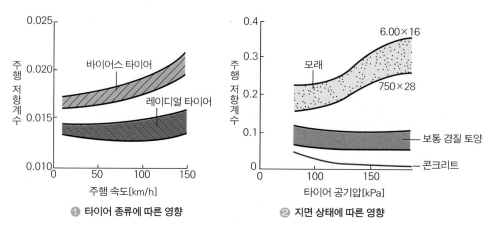

| ❶ 타이어 종류에 따른 영향 | ❷ 지면 상태에 따른 영향 |

그림 6.11 주행 저항계수에 미치는 영향 비교

화합물로 만든 타이어는 기존 합성 고무로 만든 타이어보다 주행 저항이 훨씬 더 크다. 합성 고무 컴파운드로 만든 트레드 타이어와 부틸 고무 컴파운드로 만든 타이어의 주행 저항은 천연고무 컴파운드로 만든 것보다 각각 약 1.06배와 1.35배인 것으로 알려져 있다.

또한, 표면 상태도 주행 저항에 영향을 미치며, 〈그림 6.11〉 ❷에서 보는 바와 같다. 단단하고 매끄러운 표면에서 주행 저항은 요철이 심한 도로에서보다 상당히 낮다. 그리고 주행 저항은 젖은 표면인 경우가 건조한 표면보다 더 크다.

❸ 타이어의 스탠딩 웨이브 현상

스탠딩 웨이브(standing waves) 현상은 〈그림 6.12〉에서 보는 바와 같이, 고속으로 달리는 타이어의 접지부 뒤쪽에 나타나는 파상(波狀)의 변형을 나타낸 그림이다. 타이어가 고속으로 회전하면서 타이어의 트레드가 접촉면을 떠난 후 타이어 변형으로 인한 변형으로부터 즉시 회복되지 않고 잔류 변형이 파동을 시작하기 때문에 스탠딩 웨이브가 형성된다. 이 웨이브의 진폭은 지면을 떠날 때 가장 크며 타이어 둘레 크기가 감소한다. 스탠딩 웨이브 형성은 에너지 손실을 크게 증대시켜 타이어 고장으로 이어질 수 있는 상당한 열을 발생시키는 요인이다.

타이어 접지부의 변화는 물결로 앞뒤에 전해지고, 이 물결의 전파 속도

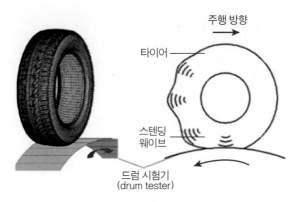

주행 방향

타이어

스텐딩
웨이브

드럼 시험기
(drum tester)

그림 6.12 타이어의 스탠딩 웨이브 현상

보다 빠르게 타이어가 회전하면 이들이 겹쳐 큰 물결로 발생한다. 접지부의 앞쪽으로 향하는 물결은 타이어 회전으로 인하여 추월되어 사라지고, 뒤쪽으로만 물결이 생긴다. 타이어 표면에 생기는 물결로 인해 차축이 흔들리는 것은 아니므로 스탠딩 웨이브가 생겨나도 진동은 일어나지 않기 때문에 운전자는 알 수 없다. 하지만 주행 저항이 차량의 속도 상승에 따라서 순간적으로 커져 가속이 힘들어지는 현상이 발생한다. 스탠딩 웨이브가 발생하면 타이어 발열이 급속히 증가하여 짧은 시간 안에 타이어는 파괴될 수 있다. 이때 스탠딩 웨이브 발생 속도는 타이어 공기압의 제곱근에 비례한다. 그리고 타이어의 공기압을 높이면 스탠딩 웨이브 현상을 억제할 수 있다. 따라서 계절과 차량의 주행속도에 따라서 타이어 공기압을 조절해야 이러한 문제를 예방할 수 있다.

한편 〈그림 6.12〉와 같이, 스탠딩 웨이브가 발생하기 시작하는 속도, 즉 임계 속도(threshold speed) V_{th}는 식 [6-10]과 같이 계산할 수 있다.

$$V_{th} = \sqrt{\frac{F_t}{\rho_t}} \quad \text{..} \quad [6\text{-}10]$$

여기서 F_t는 타이어의 원주 방향의 인장력이고, ρ_t는 단위 면적당 트레드 재질의 밀도이다.

제3절 전술 타이어

1. 런플랫 타이어

전술 차량은 대부분 펑크방지 타이어(run flat tire)가 장착되어 있다. 이 타이어를 장착하면 적의 소구경 화기 공격으로 타이어가 펑크가 나도 일정한 거리까지 신속히 기동할 수 있다.[12][13]

펑크방지 타이어는 〈그림 6.13〉에서 보는 바와 같이, 특수 강화 고무가 타이어 측면 내벽에 부착되어 있다. 그리고 같은 고무 지지링(supporting ring)을 바퀴(wheel)에 끼워 넣었다. 펑크방지 타이어 속에 있는 지지링은 타이어가 펑크 나더라도 지면의 충격을 흡수할 수 있다. 이러한 장점이 있어서 승용차, 특수차량, 대형 트럭 등 상용 차량에도 많이 적용하고 있다.

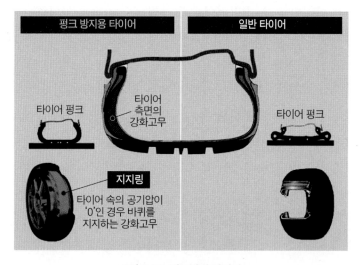

그림 6.13 펑크방지 타이어

---

12 https://www.tires4car.com/run-flat-tires-types-pros-and-cons/

13 "Test Operations Procedure (TOP) 02-2-698 Run flat Testing", U.S. Army Test and Evaluation Command, 2015.

2. 타이어 공기압 조절장치[14]

타이어 공기압 조절장치(CTIS, Central Tire Inflation System)는 2차 세계대전 당시 소련과 바르샤바 조약 국가의 열악한 도로에서 전술 차량의 기동성을 높이기 위해 개발되었다. 이후 1980년대 초부터 미국에서 생산된 대부분의 군용 전술 차량에는 CTIS 장치를 장착하였다. 이후 농업이나 임업 등에 사용되는 차량에도 적용되기 시작하였다. 오늘날 장갑차, 전술 차량 등 대부분 군용차량에는 CTIS 장치를 장착하고 있다. 그리고 최근에는 승용차까지도 이 장치가 장착되고 있으며 운전자가 차량의 타이어 공기압을 변경할 수 있도록 온 보드 전자-기계 시스템(on board, electromechanical system)으로 발전하였다.[15]

일반적으로 CTIS 장치는 〈그림 6.14〉에서 보는 바와 같이, 공기압축기 장치(보조 유틸리티 또는 브레이크 시스템 압축기), 솔레노이드 밸브, 공기 다기관,

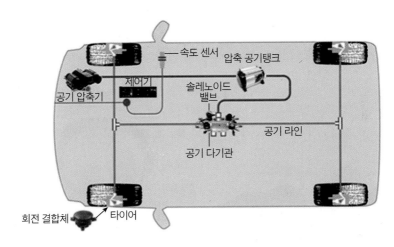

그림 6.14 일반적인 차량의 CTIS 장치의 구성도

---

14 Mohammad Reza Ghaffariyan, "Impacts of Central Tire Inflation Systems application on forest transportation", Journal of Forest Science, pp. 153–160, 2017.

15 https://auto.howstuffworks.com/self-inflating-tire2.htm

공기 라인, 회전하는 타이어로 공기를 공급하기 위한 회전 결합체로 구성되어 있다. 이 장치의 작동원리는 속도 센서와 바퀴에 있는 타이어 압력 센서로 자동 또는 운전자의 조작으로 각각의 타이어 공기압을 제어한다. 적정 공기압은 제어기가 공기압축기에 의해 압축된 공기는 공기 다기관에서 각각의 솔레노이드 밸브를 제어기가 개폐시켜 요구되는 타이어 공기압을 조절할 수 있다. 이때 바퀴는 회전하기 때문에 공기 라인과 타이어 사이의 틈새로 공기가 누출하지 못하게 차단하는 회전 결합체가 있다.

CTIS 장치는 차량 중량, 주행로 노면 유형, 주행속도에 따라서 적절한 타이어 공기압을 선택할 수 있다. 그리고 브레이크용 공기압축기를 사용하는 경우에는 브레이크 압력이 안전한 수준보다 높을 때만 타이어 팽창을 허용함으로써 브레이크 장치의 작동을 보장할 수 있도록 공기 우선 밸브가 포함되어 있다. 또한, 차량의 속도에 따라서 타이어의 손상을 줄이기 위해 차량의 하중에 따른 타이어 공기압을 조절할 수 있다.

한편 〈그림 6.15〉는 일반적으로 대형 전술 차량에 장착하고 있는 CTIS 장치의 구성과 세부 구조를 나타낸 그림이다. 〈그림 6.15〉 ❶에서 보는 바와 같이, 대형 전술 차량은 통상 공기 압축 탱크에 있는 공기압으로 브레이

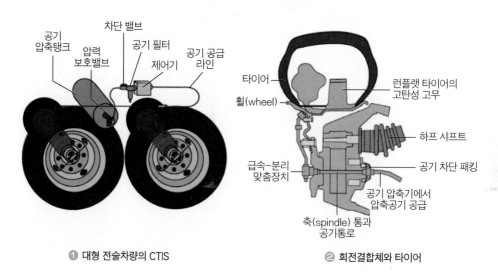

❶ 대형 전술차량의 CTIS   ❷ 회전결합체와 타이어

그림 6.15 전술 차량의 CTIS 장치의 구성과 세부 구조

크를 작동시킨다. 동시에 이 공기로 CTIS 장치를 작동시켜 타이어 공기압을 조절하거나 일정한 공기압을 유지할 수 있다. 이때 회전하는 휠과 타이어는 〈그림 6.15〉 ❷와 같이 구성되어 있다. 먼저 하프 샤프트(half shaft)가 휠을 구동하면 휠과 타이어는 회전하게 된다. 여기서 하프 샤프트는 휠을 구동하는 독립 현가장치의 차축이며, 종감속 기어와 휠에 각각 등속 조인트로 연결되어 있다. 회전하는 타이어에 압축공기를 공급하기 위한 회전 결합체는 그림과 같이 축 통과 공기 통로와 급속분리 맞춤 장치 때문에 공기가 외부로 누출되지 않고 타이어 내부에 공급된다. 그리하여 타이어에 적정 공기압을 유지할 수 있다. 하지만 타이어가 펑크가 나면 CTIS 장치는 소용이 없어서 이러한 상황을 대비하여 일반적으로 군용차량은 런플랫 타이어(run flat tire)를 장착하고 있다.[16]

---

16 https://www.unece.org/fileadmin/DAM/trans/doc/2018/wp29grrf/GRRF-86-17e.pd

제4절 차체와 좌석의 설계

1. 주요 기능 및 특성[17]

군용 지상 차량은 전투원 탑승자 부상을 완화하기 위해 점차 개선되고 있다. 차량 하부에 폭발 시 심각한 수직 하중이 발생하며, 이러한 충격 에너지를 흡수할 수 있는 좌석이 필요하다. 최근 전장 감시체계가 발전함에 따라서 전술 차량에 대한 위협이 증가하고 있으며 이 위협에 대응하려면 지뢰에 의한 차량 하부에서의 폭발 시 발생하는 폭풍으로 인한 탑승자의 부상을 줄여야 한다. 따라서 차량의 덮개 구조(차체 구조), 내부의 구성 요소, 좌석 배치 및 구조 등을 폭발 효과를 완화하도록 설계해야 한다. 특히 차량의 하부와 측면으로부터 폭발 에너지를 편향시키고 분산시킬 수 있도록 차체의 하부 설계가 중요하며, 이를 대비한 대표적인 차량이 〈그림 6.16〉과 같은 지뢰방호(MRAP, Mine-Resistant Ambush Protected) 차량이다.[18]

❶ 소형 전술차량　　　　❷ 중형 전술차량　　　　❸ 대형 전술차량

그림 6.16 대표적인 지뢰방호 차량

---

17 M. Müller, "Blast protection in military land vehicle program: approach, methodology and testing", WIT Transactions on State of the Art in Science and Engineering, Vol 60, 2012.

18 www.dtic.mil/ndia/2011tactical/TuesdayMRAPpanel900.pdf

2. 폭발 형태와 차체 설계

차량 하부나 주위에서 지뢰나 급조 폭발물로 인한 폭발 충격파의 효과는 차량 구조, 폭발물의 충전 모양, 포장 상태, 매설 깊이, 토질에 따라서 다르다. 장갑차는 기본적으로 폭발성 폭발 압력과 발사체에 의한 충돌로 인해 순간적으로 충격을 받는다. 예를 들어, 압력식 지뢰가 폭발하면 궤도와 휠 아래에서 충격이 시작된다. 하지만 자기식 또는 인계식 기폭장치가 있는 지뢰는 상황에 따라 다양한 위치에서 충격이 발생할 것이다. 따라서 지뢰 방호를 위해 차량의 하부를 볼록한 구조(belly structure)로 설계할 필요가 있다. 또한, 전술 차량은 차량의 외부에서 국소 지역 또는 넓은 지역에서 폭발하더라도 기동할 수 있어야 한다. 만일 국소 지역에 폭발이 발생할 경우, 차체가 너무 고강도 재질일 경우에는 내부 장치와 연결부가 파괴될 수 있다. 이때 내부 장치와 장비는 일종의 발사체가 되어 탑승자나 장비 등에 충격을 가하는 2차 피해가 발생할 수 있다. 따라서 차량의 하부, 승무원 객실, 탑승자 등을 고려한 설계가 필요하다. 특히, 최대 200m/s의 속도에서도 국소 변형이 발생하지 않도록 설계하여야 한다.

3. 좌석 설계 시 고려 요소

폭발에 의한 에너지 흡수를 위한 차량 설계 시 고려 요소는 다음과 같이 다섯 가지로 요약할 수 있다.

첫째, 전술 차량에서 효과적으로 에너지를 흡수하기 위한 설계 시 고려 요소는 폭발 시 발생하는 최고 가속력과 탑승자의 크기이다. 예를 들어, 최고 가속력이 크고 탑승자의 무게가 무거울수록 차체 충격에 의한 흡수하는 에너지는 커야 한다. 따라서 충격 에너지 흡수장치는 더 강성이 커야 한다. 둘째, 전장에서 기동성 및 기타 운영 요구 사항을 고려해야 한다. 예를 들어, 전투원의 무장, 보급품 등에 따라 적재량 결정에 영향을 미친다. 셋째, 전투장비, 탄약 등에 따라 탑재 중량을 고려하여야 한다. 넷째, 폭발 완화를 위한

그림 6.17 장갑차의 독립 작동식 좌석

하부 설계를 고려하여야 한다. 다섯째, 〈그림 6.17〉에서 보는 바와 같이, 좌석을 설계할 때 서로 상대적으로 독립적으로 작동하도록 설계해야 충격에 의한 탑승자의 부상을 최소화할 수 있다.

제5절 군용 하이브리드 차량

1. 발전과정

하이브리드차의 개념은 차량 자체만큼이나 오래되었다. 이 차의 주된 목적은 연료 소비를 낮추는 것이 아니다. 내연 기관 차량에 필요한 수준의 성능을 제공하도록 보조 동력을 제공하고자 이 방식을 적용하게 되었다. 실제 초기에는 내연 기관 기술이 전기 모터기술보다 덜 발전했다.

현재 알려진 최초의 하이브리드차는 1899년 파리 전시회에서 공개되었다. 이 차는 벨기에의 Liège 회사와 프랑스의 Vendovelli 회사가 합작으로 설립한 소규모 제작사에서 개발한 Pieper 차량이다. 이 차는 전기 모터와 납산 배터리(lead acid storage battery)로 지원되는 소형 공랭식 가솔린 기관이 장착된 병렬 방식 하이브리드차로 주행하거나 정지했을 때 엔진에 의해 배터리를 충전하는 방식이었다. 필요한 구동력이 엔진 동력보다 클 때 전기 모터가 추가 동력을 제공했다. 또 다른 하이브리드차는 1899년 파리에서 소개된 최초의 직렬 방식 차량이다. 이 차량은 독립 모터로 구동되는 두 개의 뒷바퀴가 있는 세발자전거였다. 1.1kW 발전기에 연결된 추가 3/4 마력의 가솔린 기관을 차량에 장착하였으며, 차량 뒤에 견인되어 배터리를 재충전하여 주행거리를 연장할 수 있었다. 참고로 납산 배터리는 전해액으로 묽은 황산($2H_2SO_4$)을 넣은 용기 속에 양극판과 음극판을 넣은 것이다. 그리고 양극판은 과산화납(PbO_2)이고, 음극판은 납(Pb)이다. 이 전지의 충전과 방전은 이들 극판과 전해액 사이의 화학적 반응으로 이루어진다.

프랑스인 Camille Jenatzy는 1903년 병렬 방식 하이브리드차를 개발하였다. 이 차량은 6마력 가솔린 기관과 14마력 전기 기계를 결합하여 엔진에서 배터리를 충전하거나 엔진의 동력으로 주행할 수 있다. 또 다른 프랑스인 H. Krieger는 1902년에 두 번째로 보고된 직렬 방식 하이브리드차를 개발하였다. 그는 앞바퀴를 구동하는 두 개의 독립적인 DC 모터를 사용했다. 그들은 DC 발전기에 연결된 4.5마력 알코올 스파크 점화 엔진에 의해 재충전된

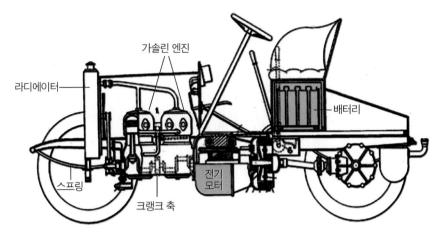

그림 6.18 벨기에와 독일에서 개발한 하이브리드차(1905)

44개의 납산 배터리로 동력을 얻었다. 〈그림 6.18〉은 1905년 벨기에와 독일이 합작하여 개발한 하이브리드차의 특허로 등록한 그림이다. 이 차량에는 경사로나 속도를 높일 때 내연 기관을 보조하기 위해 전지 모터를 구동하기 위한 배터리와 전기 모터가 있다.[19]

병렬 및 직렬 유형의 다른 하이브리드차는 1899년부터 1914년까지의 기간 동안 제작되었다. 하지만 이들 차량은 전기 제동을 사용하였으나 회생 제동은 적용되지 않았다. 초기 하이브리드차는 1차 세계대전 이후 성능이 크게 향상된 가솔린 기관과 경쟁할 수 없었다. 가솔린 기관은 출력 밀도(power density) 측면에서 엄청난 향상을 가져 왔다. 기존 차량보다 더 작고 효율적이며, 전기 모터의 도움이 필요 없었다. 하이브리드차는 전기 모터를 장착할 때 소요되는 추가 비용과 배터리와 관련된 위험이 있어서 1차 세계대전 이후 사라지게 되었다. 하지만 이러한 초기 설계에서 가장 큰 문제는 전기 기계를 제어하기가 어렵다는 점이었다. 전력 전자 장치는 1960년대 중반과 초기 전기 모터가 기계식 스위치와 저항으로 제어될 때까지 사용할 수 없었다.[20]

---

19 https://en.wikipedia.org/wiki/Hybrid_electric_vehicle#/media/File:Pieper-patent-fig1.gif (2021.1.25.)

20 Mehrdad Ehsani, Yimin Gao, "Modern Electric, Hybrid Electric, and Fuel Cell Vehicles", CRC Press LLC, 2005.

한편 1975년 Victor Wouk가 개발한 병렬 방식 하이브리드차가 있다. 이 차량의 엔진은 수동 변속기와 결합한 Mazda 회전식 엔진이었다. 그것은 변속기의 앞쪽에 장착한 15hp DC 모터로 보조 동력을 얻었다. 8개의 12V 차량 배터리가 에너지 저장에 사용되었다. 최고속도는 129km/h이며 16초 만에 0~100km/h의 가속이 가능하였다. 1973년과 1977년의 두 차례의 석유 위기에도 불구하고 환경 문제가 발생하였으나 하이브리드차가 시장에 출시되지 않았다. 차량 연구자들의 초점이 1980년대에 발표된 전기 차량의 시제품에 집중되었기 때문이다. 이 시기에 하이브리드차에 관심이 부족한 이유는 실용적인 전력 전자 장치, 전기 모터, 배터리 기술의 부족 때문이었다. 1980년대에는 기존의 내연 기관에 의한 구동 차량의 소형화와 배기가스 촉매 변환기가 도입, 연료 분사 방법 적용 등이 일반화되었다.

하이브리드차의 개념은 전기 차량이 에너지 절약 목표를 달성할 수 없다는 것이 분명해진 1990년대에 큰 관심을 끌었다. 특히 미국의 포드 차량, 크라이슬러 등 많은 회사가 하이브리드차 개발에 많은 투자를 하게 되었다. 예를 들어, 크라이슬러사에서 개발한 Intrepid ESX 1, 2, 3이 있다. 이들 차량 중에서 ESX-1 모델은 소형 터보차저 3기통 디젤 기관과 배터리 팩으로 구동되는 직렬 방식 하이브리드차이다. 이 차에는 두 개의 100마력 전기 모터가 뒷바퀴에 장착되어 있다. 그 결과 내연 기관 구동 방식 차량보다 하이브리드차의 연비가 크게 향상되었다. 한편 프랑스 르노 차량회사에서는 개발한 750cc 가솔린 기관과 2개의 전기 모터를 사용하는 소형 병렬 하이브리드차가 있다. 이 시제품은 기존 차량에 필적하는 최대 속도와 가속 성능으로 1리터(liter) 연료로 29.4km 거리를 주행할 수 있었다. 당시 전 세계 많은 차량회사가 하이브리드차의 연구개발에 집중하기 시작하였다. 특히 1997년 Toyota 차량회사는 일본에서 Prius 모델 세단형 차량, Honda 차량회사는 Insight와 Civic Hybrid 모델을 각각 출시하였으며, 이 차량은 우수한 연료 소비량을 달성하였다.

2000년대 이후에는 우리나라를 비롯하여 다수의 국가에서 하이브리드차를 상용화하였다. 우리나라는 2002년 현대차량의 클릭(click)을 시작으로

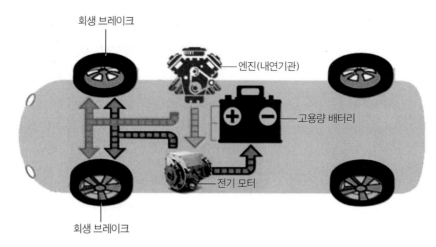

회생 브레이크

엔진(내연기관)

고용량 배터리

전기 모터

회생 브레이크

그림 6.19 하이브리드차의 회생 제동의 작동개념도

아반떼, 쏘나타 등 중소형 승용차 위주로 시작하여 2020년에는 그랜저 등 대형 승용차에도 적용하고 있다. 이러한 추세는 유럽, 일본, 미국 등에서 비슷한 추세이다.

2. 작동원리와 특징

하이브리드차는 엔진과 전기 모터의 동력을 조합하여 구동하며, 출발과 저속 주행 시에는 엔진 가동 없이 모터의 동력만으로 주행한다. 따라서 일반 차량보다 엔진 효율이 높고 유해가스 배출량을 획기적으로 줄일 수 있다. 그러나 전기 모터의 동력만으로 구동하는 순수 전기 차량보다 다음과 같이 불리한 점이 있다. 전기 차량은 첫째, 엔진이 조용하고 에너지 효율적이고 기계적인 구조가 단순하다. 둘째, 일반적으로 하이브리드차보다 더 효율이 높으며, 중량 대비 출력 비율이 더 높다. 셋째, 다양한 속도에서 토크를 제공하여 변속기에 대한 의존도가 낮다. 이러한 장점에도 불구하고 순수 전기 차량을 군사용으로 사용하기에는 아직은 기술적으로 해결해야 할 문제가 많다. 예를 들어 전기 차량은 작전 지역에서 쉽게 재충전할 수 없는 것이 큰 문제이다. 최근 배터리 기술이 발전하고 있지만 동일 공간과 무게에 대해 석유

연료 에너지보다 에너지 저장밀도가 낮다.

반면에 하이브리드차는 보조 연료통을 차량에 싣고갈 수 있어서 필요에 따라 주행거리를 쉽게 연장할 수 있다. 그러나 전기 차량은 신속하게 연료를 재공급할 방법이 없다. 즉 작전을 지속할 수 있는 군수지원이 매우 어렵다. 따라서 전기 차량의 획기적인 기술발전이 없다면 군용차량에는 하이브리드 엔진이 적용될 가능성이 크다.

3. 적용 사례와 장단점

(1) 전투차량에 적용된 사례

현대 전투차량은 전력의 수요가 급격히 증가하고 있으며 전력 관리시스템이 중요해지고 있다. 하이브리드차 기술이 민간 부문에서 발전하고 있다. 하지만 전기 구동 시스템을 갖춘 전투차량에 대한 아이디어는 오랜 역사가 있다. 예를 들어 Saint-Chamond 전차는 프랑스가 1916년에서 1918년 사이에 생산하여 1차 세계대전에 사용하였다. 그리고 독일은 2차 세계대전에서 Ferdinand(일명 코끼리) 전차를 배치하였다. 또한, 미국은 1943년에 전기 구동장치가 있는 T23 전차를 개발하여 성능을 평가하였다. 그러나 이러한 이 전차들은 DC 모터로 구동되었으며, 관련 기술이 성숙하지 못해서 개발을 포기하였다.[21][22]

2000년대부터 민간 부문에서 HEV 기술이 발전함에 따라 군용 HEV의 연구개발이 다시 활성화되었다. 대표적으로 미국은 미래 전투 시스템(FCS)과 합동 경 전술 차량(JLTV) 개발 시 HEV 기술을 적용하였다. 영국은 FRES(Future Rapid Effects System), 스웨덴은 SEP(Spliterskyddad Enhets Platform) 사

---

21 R. Ogorkiewicz, "Electric transmission for tanks," Int. Defense Review, Vol. 2, pp.196~197, 1990.

22 G. Khalil, "Challenges of hybrid electric vehicles for military applications," Proc. IEEE Vehicle Power and Propulsion Conference, pp.1~3, 2009.9.

업에서 차륜과 궤도 차량을 모두 연구하였다.[23][24]

일반적으로 하이브리드 구동 시스템은 각 구성 요소의 연결에 따라 직렬 및 병렬 유형으로 분류된다. 직렬 하이브리드 시스템에서 두 개의 전원은 차량을 추진하는 전기 부품에 에너지를 제공하며 엔진과 구동 휠 또는 스프로킷 사이에 기계적 연결이 없다. 따라서 내연 기관은 최적의 범위에서 작동할 수 있으며 더 나은 연비를 달성할 수 있다. 또한, 전기 모터는 전투차량의 견인에 이상적인 토크-엔진 속도 특성이 있다. 즉, 가속, 등반 및 선회에서 높은 토크와 광범위한 고출력의 특성을 가진다. 이러한 이유로 전차에는 직렬 하이브리드 시스템을 더 적합한 것으로 알려져 있다.

〈그림 6.20〉은 T-HEV의 구성 요소 배열 구조이다. 1차 동력원인 내연 기관의 기계적 동력은 3상 교류(AC) 전력을 생성하는 영구자석 동기식 발전기에 의해 전력으로 변환된다. 그다음 AC 전원은 컨버터에 의해 직류(DC) 전원으로 변환되어 DC 전원 버스(600V)로 전송한다. 한편, 2차 전원으로 리튬-이온 배터리는 DC 신호 버스(bus)에 직접 DC 전력을 제공한다. 이 두 동력원의 DC 전원은 결합이 되어 제공된다. AC 전원으로 변환한 후, 이 AC 전원은 추진을 위해 영구자석 동기 모터를 구동한다. 이 모터는 서로 독립적이며 감속 기어와 최종 드라이브를 사용하여 각 궤도를 개별적으로 구동할 수 있다. 여기서 직류 신호 버스는 전자 교환기의 제어 정보 및 데이터 송수신용 신호 버스로, 중앙 처리 장치(CPU)와 주변 장치를 연결하여 디지털 정보를 직접 전달할 수 있게 한다. 그리고 기억 장치 직접 접근(DMA)에 대한 프로그램 제어 버스도 포함한다. 순환 시간은 짧으나 송수신 회로의 전력손실이 크고 선로가 길어지면 전류, 전위가 달라지는 단점이 있는 구성품이다.

23 P. Dalsjo, "Hybrid electric propulsion for military vehicles –Overview and status of the technology," FFI-rapport 2008, Norwegian Defense Research Establishment, 2000.7.

24 P. Sivakumar, R. Reginald, G. Venkatesan, H. Viswanath, and T. Selvathai, "Configuration Study of Hybrid Electric Power Pack for Tracked Combat Vehicles," Defense Science Journal Vol. 67, No. 4, pp. 354-359, 2017.7.

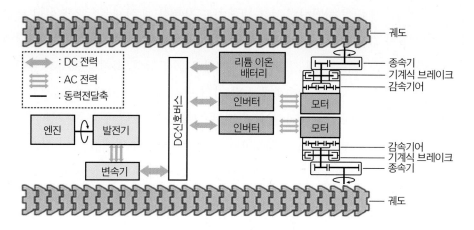

그림 6.20 하이브리드 엔진을 탑재한 궤도 차량의 시스템 구성

일반적으로 선회를 하기 위해서는 선로 차량이 좌우 선로 사이에 속도 차이를 주어야 한다. 기존의 선로 차량은 기계식 변속기로 이러한 차이를 제공한다. 그러나 T-HEV가 선회하면 내측 모터는 지면으로부터의 주행 저항으로 인하여 발전기로 작동하고, 이 생성 된 전력은 속도 차이를 위해 외측 모터에 공급된다. 또한, 기존의 궤도식 차량은 기계식 브레이크만 가지고 있지만, T-HEV는 기계식 브레이크와 전기식 브레이크를 모두 갖추고 있다. 전기 브레이크는 정지 시 모터를 발전기로 사용하여 전력을 재생하는 회생 제동을 함으로써 차량의 에너지효율을 높일 수 있다.

(2) 전투차량에 적용 시 장단점

군사적 측면에서 장단점은 다음과 같다. 먼저 장점은 첫째, 스텔스 기능이다. 하이브리드차는 대부분 짧은 시간 동안 순수 전기 구동으로 주행할 수 있다. 이때 저소음, 낮은 열 신호가 발생한다. 따라서 적이 적외선 탐지장치나 음향 탐지장치 등으로 탐지하기 어렵다는 전술적인 장점이 있다. 둘째, 하이브리드차는 다양한 주행 형태에서 연료 소모량이 적어서 순수 내연 기관 차량보다 군수지원 측면에서 유리하다. 셋째, 발전기와 내부 연소로 충전되는 대용량 온 보드 배터리 팩을 사용하여 전자장비에 전원을 공급할 수 있다. 따라서 내연 기관이나 보조 발전기를 작동할 때 발생하는 소음이나 발열이 거의 없는 상태에서 탐지장치로 적을 감시할 수 있다. 넷째, 무소음 상태에서 외부에 주둔지에 필요한 전력을 제공할 수 있다. 하지만 군사적 측면에서 하이브리드 전기 구동계에는 몇 가지 단점이 있다. 첫째, 가속, 최고속도 및 주행 성능이 비슷하거나 훨씬 더 우수할 수 있으나 무소음 주행 기능을 위해 대용량 배터리 팩이 필요하다. 그 결과 차량의 탑재 중량이 감소하는 단점이 있다. 둘째, 차량 크기에 따라 구성품, 특히 초경량 전투차량이나 1인용 ATV(All-Terrain Vehicle)와 같은 소형 차량의 경우 물리적 공간이 좁다. 셋째, 배터리의 특성은 일반적으로 추운 날씨에서는 성능이 저하된다. 더운 날씨와 추운 날씨 모두에서 배터리 충전과 열 관리 문제가 발생할 가능성이 크다. 넷째, 전기 및 내연 기관 부품과 전력 전자부품이 모두 있어서 차량 내부가 복잡하다. 그 결과 일반적으로 초기 비용을 증가시키고 장기적인 유지 보수가 더 어려우며 비용이 증가한다. 다섯째. 화학 물질의 유형과 전투 사용 가능성에 따라 대부분의 배터리 팩 유형에서 안전 위험이 있다. 따라서 납 배터리는 산에 의해 탑승자에게 피해를 줄 수 있으며, 리튬이온 배터리 팩은 총탄에 의해 구멍이 생기면 화재 위험이 있다. 물론 향후 배터리 기술이 발전하면 이에 대한 문제가 해소될 수도 있으나 그 시기는 2030년대 이후가 될 전망이다.

대표적인 군용 하이브리드차의 개발사례로(〈그림 6.22〉 참조)는 다음과 같은 사례가 있다. 첫째, 1998년에 미국의 고기동성 다목적 차량인 HMMWV XM1124가 있다. 이 차량은 표준 HMMWV(High Mobility Multipurpose Wheeled Vehicle) 차량의 차대(chassis)를 사용하여 구동 시스템만 개선한 차량이다. 그리하여 기존 차량보다 가속 능력과 연비를 향상하였다. 이 차량은 1개, 2개 또는 4개의 전기 모터가 있는 직렬 방식이다.[25][26]

25 J. Giesbrecht, "Feasibility of Hybrid Diesel-Electric Power trains for Light Tactical Vehicles", Defence Research and Development Canada Reference, 2018.6.

26 D. Kramer, and G. Parker, "Current state of military hybrid vehicle development," Int. J. Electric and Hybrid Vehicles, Vol. 3, No. 4, pp. 369-387, 2011.

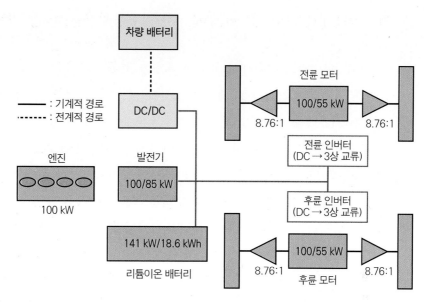

그림 6.21 HMMWV XM1124의 구동 시스템 구성도

❶ CERV 전술차량   ❷ 초경량 전술차량

그림 6.22 대표적인 하이브리드 전술 차량

둘째, 2011년 미국에서 개발한 CERV 차량(Clandestine Extended Range Vehicle)이다. 이 차량은 주로 정찰, 감시, 그리고 구조 임무를 수행할 목적으로 개발하였다. 이 차량은 디젤 기관과 전기장치를 혼합시킨 하이브리드차이며, 최대 출력은 700kg$_f$ · m, 등판능력은 50%, 도하 능력은 수심 50cm, 적재 하중 약 2ton, 최대 속도 130km/h이다. 그리고 구동 방식은 4륜구동 방식이고, 연료 소비는 기존 차량보다 25% 감소하여 항속거리가 1,000km이며, V-22 Osprey 항공기에 탑재할 수 있는 소형 차량이다. 또한, 산악지형

에서 자가 구난이 가능하도록 4.5ton 전기작동용 윈치(winch)가 장착되어 있다.

셋째, 2013년에 미국에서 개발한 초경량 차량(Ultra Light Vehicle)이다. 이 차량은 초경량 장갑 소재와 초경량 휠 그리고 경량의 직렬 방식 하이브리드 구동 시스템을 장착하였다. 주요 제원은 9인승이며, 공차 중량은 2ton이고 적재 하중은 2.3ton, 그리고 항속거리는 400km이다. 이 차량은 UH-60, CH-47 헬기로 공수가 가능한 기동차량이다. 특히 이 차량은 작동의 신뢰성과 폭발에 대한 방호 성능을 강화하였다. 그리고 탑재된 배터리는 리튬인산철(LiFePO$_4$) 배터리(lithium-iron-phosphate batteries)를 장착하였다.

4. 주요 설계 요소

하이브리드차는 여러 가지 변형된 방식이 있으며, 각각 장단점을 갖고 있다. 하이브리드 차량의 일반적인 설계에 반영할 사항은 다음과 같다.

첫째, 내연 기관은 구동력을 사용하거나 전력을 생산하도록 설계한다. 일반적으로 엔진은 동급의 순수 내연 기관 차량에 사용되는 엔진보다 작다. 둘째, 1개 또는 다수의 전기 모터는 중앙, 차축 또는 바퀴에 위치하게 설계한다. 최근 제어기술은 고전압과 고전압 시스템을 동시에 탑재하고 있다. 셋째, 전력 저장용 배터리 팩의 크기와 용량은 무소음 감시와 저소음 구동 기능의 요구 사항을 기반으로 설계가 필요하다. 넷째, 모터의 전류를 조절하는 모터 제어기(MCU, Motor Control Unit), 배터리의 충전 및 방전을 조절하는 배터리 관리장치(BMS, Battery Management System), 발전기와 배터리 그리고 부수 전원의 전압을 변환하는 전력 변환장치(power converter), 환기를 포함하여 구동계의 전기 부품을 제어하는 전력 전자 장치 등의 크기로 인해 물리적으로 큰 부피를 차지할 수 있다. 따라서 이들 구성품의 최적 설계가 필요하다.

5. 하이브리드차의 종류와 특성

　　하이브리드차의 구동 방식은 직렬 방식, 병렬방식, 직렬-병렬 혼합방식이 있다. 이들 방식은 배터리 팩에서 제공되는 전력과 엔진의 구동력을 이용하여 작동한다. 따라서 엔진이 평균 전력 소비량만 수용하면 되기 때문에 순수한 내연 기관 차량보다 엔진을 더 작게 설계할 수 있다.

　　이들 방식의 원리를 살펴보면, 먼저 직렬 방식은 내연 기관을 전기 모터와 배터리에 전력을 생성하는 데만 사용된다. 반면에 병렬방식은 주행상태에 따라서 엔진에서 나오는 동력을 주로 사용하면서 필요시에 배터리에 충전된 전력을 사용하여 전기 모터를 작동시켜 바퀴를 구동시키는 방식이며, 세부내용은 다음과 같다.

(1) 직렬 방식

　　직렬 방식은 〈그림 6.23〉에서 보는 바와 같이, 연료통에서 공급되는 연료에 의해 엔진이 작동된다. 이때 발생하는 동력으로 발전기를 작동시켜 생산된 전기가 충전기를 거쳐서 일부는 배터리에 충전된다. 그리고 배터리나 발전기에서 생산된 전기는 인버터로 전력을 변화시켜 전기 모터가 회전 구동력이 변속기를 거쳐서 바퀴에 전달함으로써 차량이 주행할 수 있다.

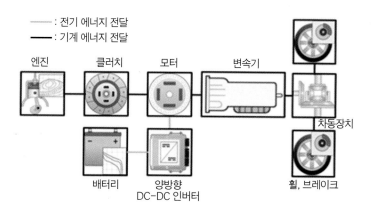

그림 6.23 직렬 방식의 동력전달

이 방식의 휠에 전달되는 구동력은 전기 모터에 의해서만 생산된다. 따라서 차량의 동력 발생 장치와 전달 장치가 간단하다. 또한, 엔진이 가장 높은 효율 지점에서 작동할 수 있으며, 회생 제동(regenerative breaking)을 쉽게 수용할 수 있다. 따라서 최근에 개발되고 있는 군용 하이브리드차에 적용하고 있다. 여기서 회생 제동이란 제동할 때 발생하는 물리적인 힘을 이용하여 발전기를 구동시켜 전기에너지로 에너지 일부를 회수하여 배터리에 저장하는 것으로 하이브리드차나 전기 차량에 적용할 수 있다. 이 방식은 일반적으로 고출력 전기 모터와 고전력 배터리 팩이 필요하다. 그 이유는 가속 또는 경사 지형을 올라갈 때 엔진의 동력을 사용할 수 없기 때문이다. 또 다른 문제는 전기 구동 장치가에 고장이 발생하면 병렬방식과 달리 차량을 움직이게 할 수 없는 단점이 있다. 하지만 직렬 방식은 변속기가 없어도 모든 휠을 구동시킬 수 있는 전륜 구동(all wheel drive systems)이 가능하다. 이 방식은 유연한 전기 케이블로 차축마다 전기 모터를 별도로 장착하여 구동시키는 방법도 가능하다. 또한, 종속기 등과 같은 동력전달장치가 없이 소형 전기 모터를 곧바로 차축에 연결할 수 있는 설계가 가능하다. 그리고 "in wheel hub" 모터를 사용하는 것도 가능하다. 즉 변속기, 부변속기(transfer case), 구동축, 차축, 차동장치 등을 완전히 제거할 수 있다. 그리하여 다른 차량 구성 요소 또는 탑재 하중을 위한 상당한 물리적 공간을 확보할 수 있다. 또한, 차량이 커브를 튼다거나 눈이나 비로 인해 미끄러운 상황에서 미끄러지지 않고 원하는 진행 방향으로 나아가게 하는 견인력 제어(traction control)가 가능하며, ABS(Antilock Brakes System)와 전륜 구동 시스템을 단순화할 수 있는 장점이 있다. 하지만 이러한 "in wheel hub" 시스템은 여러 개의 전기 모터를 사용하기 때문에 비용과 복잡성은 증가할 수 있다.

한편, 현가장치 이송(suspension travel) 거리는 현가장치의 지지대(stanchion)가 최대로 움직이는 이동 거리의 범위이다. 주행거리가 증가할수록 노면으로부터 충격을 더 많이 흡수하고 완화할 수 있어서 험로 주행에 유리하다. 일반적으로 인-허브 설계방법에서 더 길다. 하지만 차량의 현가 하(下) 질량(unsprung mass)을 증가시켜 서스펜션 응답을 감소시킨다. 현가 하 질량은 스프링 아래의 구성품의 질량을 의미한다. 즉, 브레이크, 서스펜션 암(하부 암(lower arm), 스태빌라이저 등), 타이어, 휠의 총질량이다. 반면에 현가 상(上) 질량은 현가 하 질량을 제외한 차체와 구동계 등의 총 질량이다. 현가 하 질량이 가벼우면 지면의 요철이 심한 험로를 주행하더라도 복원력과 관성력도 약하다. 따라서 바퀴가 더 빨리 요철에 따라 움직이면서 지면의 충격을 흡수할 수 있다.

(2) 병렬 방식

병렬 방식은 〈그림 6.24〉에서 보는 바와 같이 전기 모터, 엔진 또는 둘 모두에 구동 휠의 동력을 얻을 수 있다. 엔진은 두 동력원을 분리하는데 사용하는 클러치 또는 기타 메커니즘을 사용하여 휠에 동력을 공급하거나 배터리를 재충전하거나 동시에 둘 다 사용할 수 있다. 따라서 최대 출력은 엔진과 전기 모터의 총 출력으로 공급될 수 있으므로 어느 쪽도 출력이 크지 않아도 되는 장점이 있다. 대부분의 병렬 구성은 전기 모터 또는 엔진이 작동하지 않는 경우도 출력은 약하더라도 작동 상태를 유지할 수 있다. 하지만 이 방식은 내연 기관용 변속기가 필요하다. 직렬 방식과 비교할 때 병렬 방식은 약간 더 복잡하나 최대 성능을 위한 차량 배터리 팩에 대한 수요가 적다. 병렬 방식의 무게와 생산 비용은 표준 내연 차량보다 비싸다. 하지만 직렬 방식은 상대적으로 저렴하다.

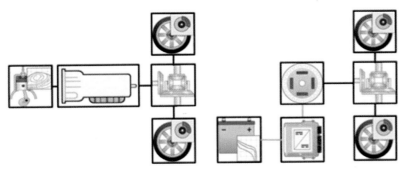

① 엔진 동력 사용 모드　　　② 모터 동력 사용 모드

그림 6.24 병렬 방식의 동력전달

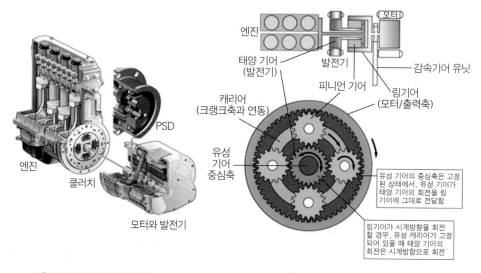

엔진
태양 기어
(발전기)
캐리어
(크랭크축과 연동)
유성
기어
중심축

모터
엔진
발전기
피니언 기어
감속기어 유닛
링기어
(모터/출력축)

유성 기어의 중심축은 고정
된 상태에서, 유성 기어가
태양 기어의 회전을 링
기어에 그대로 전달함

링기어가 시계방향을 회전
할 경우, 유성 캐리어가 고정
되어 있을 때 태양 기어의
회전은 시계방향으로 회전

PSD

엔진

클러치

모터와 발전기

❶ 엔진 동력분할장치(PSD)　　　　　　❷ PSD의 구성과 작동 원리

그림 6.25 동력분할장치의 구조와 작동원리

병렬 방식은 몇 가지 변형된 방식이 있다. 예를 들어, 동력 분할(power split) 또는 직렬-병렬 방식은 동력 분할장치(PSD, Power Split Device) 또는 기타 메커니즘을 사용하여 엔진과 전기 모터 동력을 보다 융통성 있는 방식으로 결합하는 데 사용한다.

PSD는 〈그림 6.25〉에서 보는 바와 같이, 태양기어(sun gear)를 중심으로 유성기어가 주위를 회전하는 형태이다. 그리고 유성기어와 태양 기어의 중심을 연결하는 캐리어(carrier)가 있다. 또한, 기어 열을 구성하기 위하여 링(ring) 기어를 추가하면 유성기어의 운동을 링기어(ring gear) 축의 회전운동으로 변환할 수 있다. 이 장치는 차량이나 헬기 등의 변속장치에 사용하고 있다.

낮은 수준의 하이브리드차 설계는 운전 시 약간의 전력을 지원하거나 배터리용 전기에너지를 생성하기 위해 시동기나 발전기 역할을 하는 소형 전기 모터가 있는 내연 기관을 사용한다. 이 방식은 순수 전기에 의한 무소음 구동은 할 수 없으나 배터리에 충전은 가능한 방식이다. 또 다른 방법으로 무소음 감시용 배터리 팩을 사용하는 방식이다. 이 방식은 내연 기관이 앞바퀴 또는 뒷바퀴를 구동하고, 나머지 바퀴는 전기 모터로 구동하는 방식이 있다. 그 밖에 군사용으로 다양한 방식의 하이브리드 차량을 개발하고 있다.

(3) 직렬-병렬 혼합식

직렬 방식과 병렬 방식을 혼합시킨 직렬-병렬 방식 하이브리드차도 있다. 이 방식은 직렬 방식과 병렬 방식의 장점을 조합한 이 방식이다. 이 방식은 〈그림 6.26〉에서 보는 바와 같이, 주행상태에 따라서 전기 모터만 또는 엔진만으로 구동하는 경우와 엔진과 모터 양쪽으로 구동하는 복합 시스템이다.[27]

작동원리는 주행상태에 따라서 출발, 엔진 시동, 가속페달을 끝까지 밟아서 가속하는 경우, 감속, 후진 등에 따라서 모터와 엔진의 구동력을 다르게 제어한다. 이들 주행조건에 따른 작동과정은 크게 여섯 가지가 있다.

첫째, 차량이 출발할 경우, 〈그림 6.26〉의 두 개의 MG 모터(모터 또는 발전기 기능)만이 구동되고, 엔진은 작동하지 않는다. 모터 1(MG1)은 반대 방향으로 회전하나 전기에너지를 생산하지는 않는다. 따라서 구동력은 축전지, 인

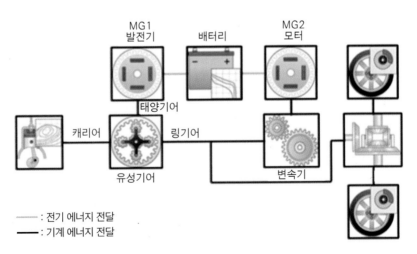

그림 6.26 직렬-병렬 혼합식의 구성도

---

27 https://www.researchgate.net/publication/224309401_Modeling_and_Control_of_a_Power-Split_Hybrid_Vehicle

버터, 모터 2(MG2), 종감속 기어/차동기어, 구동 바퀴(구동륜) 순으로 전달되어 진다. 둘째, 엔진을 시동할 경우, 모터 2에 의해서만 구동되는 동안에, 주행에 필요한 토크가 상승하면 모터 1이 엔진을 시동한다. 그리고 엔진은 배터리의 충전 상태나 온도가 규정 값의 범위를 벗어나면 자동으로 시동이 걸리도록 제어한다. 엔진이 시동이 걸린 후에는 모터 1은 발전기로 전환되어, 생산된 전기에너지는 인버터를 거쳐 배터리에 저장하도록 제어한다. 셋째, 부하가 낮은 상태에서 주행할 경우, 유성기어 장치는 엔진의 구동력을 분할시킨다. 구동력 중에서 일부는 구동 바퀴를 구동시키고, 나머지는 모터 1이 전기를 생산하는 데 사용할 수 있게 한다. 넷째, 운전자가 가속페달을 끝까지 밟아 차량을 가속할 경우, 즉 차량에 큰 구동력이 필요한 상태에서는 엔진도 최대의 출력으로 운전되고 동시에 배터리부터 추가로 에너지를 공급받아 MG2를 최대 구동력으로 구동시켜 구동 바퀴를 구동하게 된다. 다섯째, 차량을 감속시킬 경우, 즉 차량을 제동하면 엔진은 자동으로 작동을 중단한다. 동시에 구동 바퀴가 모터 2를 구동시켜 모터 2에서 발전한다. 모터 2가 생산한 전기는 인버터를 통해 배터리에 충전되며, 규정 값 이상의 고속에서 감속(또는 제동)이 시작되면 엔진은 사전에 규정된 회전속도를 유지하여 유성기어를 보호하게 되어있다. 끝으로 차량이 후진 시에는 모터 2에 의해서만 구동이 이루어지게 되어있다.

참고로 〈표 6.3〉은 하이브리드차의 종류와 특성을 비교한 것이며, 향후 관련 기술의 발전에 따라 달라질 수 있다. 표에서 보는 바와 같이, 직렬-병력 혼합식은 병렬 방식보다 연비를 향상하고자 개발한 방식이며, 엔진과 모터의 특성을 최대한 고려하여 에너지의 효율을 높였다. 직렬 방식이나 병렬 방식 이상의 전자 제어 장치가 필요한 방식이다. 대표적인 사례로 토요타 차량의 동력계통은 〈그림 6.26〉에서 보는 바와 같이 구성되어 있다. 엔진에서 나오는 동력을 동력 분리장치로 전달하고 링기어 또는 태양기어에 의해 발전기와 모터를 선택적으로 작동시켜 차량의 주행상태에 따라 차동장치에 동력을 전달할 수 있게 되어있다.

표 6.3 구동 방식에 따른 특성 비교

방식	작동원리	주요 특성
직렬 방식	내연 기관은 발전기를 구동하고, 발전기에서 생산된 전기로 모터를 구동하는 방식	• 엔진의 최고 효율 상태에서 운전이 가능 • 배기가스 처리가 용이 연비가 향상 • 발전용 내연 기관 선택할 필요 없음 • 버스나 승합차에 적용할 경우 좌석의 높이를 낮출 수 있음
병렬 방식	구동축은 내연 기관 또는 전기 모터로 구동할 수 있다. 내연 기관으로 운전하는 동안 또는 제동 시에는 전기 모터가 발전기로 전환되어 전기를 생산하는 방식	• 차량의 대폭적인 변화가 불필요 • 시스템 효율이 높음 • 구조가 단순해서 신뢰성이 높음 • 한 동력원 고장 시 다른 동력원으로 운전 가능
직렬–병렬 방식	가속페달 센서와 주행속도, 변속기로부터 운전자의 주행 요구를 파악하여 차량의 주행조건을 결정하고, 모터와 엔진의 구동력을 제어하는 방식	• 에너지 유효 활용성이 높음 • 대폭적인 연비 향상이 가능함 • 시스템의 효율이 우수함

6. 동력전달장치의 특징

(1) 무단변속기

1 풀리(pulley) 방식

풀리 방식 무단변속기는 〈그림 6.27〉에서 보는 바와 같이, 두 개의 가변

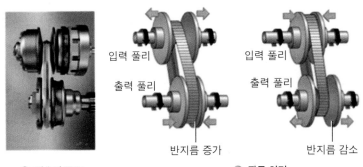

① 변속기 구조   ② 작동 원리

그림 6.27 풀리 방식 무단변속기의 작동원리

지름 풀리 사이에 있는 V 벨트를 사용한다. 풀리는 서로 떨어져 움직이는 두 개의 원뿔 모양의 반쪽으로 구성되어 있으며, V 벨트는 이 두 반쪽 사이를 이어가므로 풀리의 유효지름은 풀리 반쪽 사이의 거리에 따라 달라진다. 벨트의 V 자형 단면은 벨트가 하나의 풀리에서 더 높이 올라가고 다른 풀리에서 낮아지므로 한 풀리의 두 도르래(sheaves)를 더 가깝게 이동하고 다른 풀리의 두 도르래를 더 멀리 이동하여 기어비를 조정하는 방식이다. 벨트가 축 중심으로 접근함에 따라 풀리의 폭을 유압으로 조정하여 변속하는데, 입력 쪽이 넓을 때는 저속, 좁을 때는 고속이 상태가 된다. 따라서 양측 풀리의 폭을 변화시켜 감속 비율을 무 단계로 바꿀 수 있다.

따라서 이 방식은 풀리 사이의 거리와 벨트 길이가 변경되지 않으므로 벨트에 적절한 장력을 유지하려면 두 풀리를 동시에 조정해야 한다. 이 변속기는 수동 변속기보다 변속 효율은 낮으나 차량 속도와 관계없이 엔진 속도를 가장 효율적으로 조절할 수 있다.

2 Toroidal 방식

〈그림 6.28〉은 1999년 닛산 Cedric(Y34)에 적용된 디스크와 롤러(roller)로 구성된 무단변속기의 구조를 나타낸 그림이다. 이 장치의 디스크는 두 부분이 원환체(torus)의 중앙 구멍을 채울 수 있도록 측면을 접시에 담은 거의 원

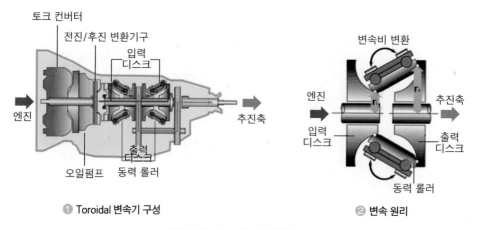

❶ Toroidal 변속기 구성　　❷ 변속 원리

그림 6.28 Toroidal 무단변속기

뿔 모양의 두 부분으로 그릴 수 있다. 한 디스크는 입력축이고 다른 디스크는 출력축이다. 디스크 사이에는 비율을 변경하고 한쪽에서 다른 쪽으로 힘을 전달하는 롤러가 있다. 롤러의 축이 디스크의 축에 수직일 때 유효지름은 입력 디스크와 출력 디스크에 대해 같아서 1:1 구동 비율이 된다. 다른 비율의 경우, 롤러가 디스크의 축을 따라 이동하여 롤러가 더 클 경우나 더 작은 지름의 지점에서 디스크와 접촉하여 1:1이 아닌 구동 비율을 제공할 수 있다. 이 방식은 풀리 기반 CVT(Continuously Variable automatic Transmission)보다 높은 토크 부하를 견딜 수 있다. 그리고 추력 방향이 CVT 내에서 반전될 수 있어서 후진 기어를 위해 외부 장치가 불필요하다.[28]

(2) HSD 시스템

1 기어식과 HSD 시스템의 차이점

기어식 변속기는 수동 변속기와 자동변속기가 있으며, 이들 방식은 모두 엔진과 바퀴가 서로 다른 속도로 회전할 수 있게 되어있다. 운전자는 가속페달로 엔진이 전달하는 속도와 토크를 조정할 수 있다. 그리고 변속기는 현재 기어비와 같게 엔진과 다른 속도로 회전하는 바퀴에 거의 모든 가용 동력을 기계적으로 전달한다. 따라서 운전자가 선택할 수 있는 "기어" 또는 기어비의 수는 제한되어 있으며, 일반적으로 4단에서 6단 기어가 있다. 하지만 무단변속기는 운전자(또는 차량 제어기)가 원하는 속도나 동력에 필요한 최적의 기어비를 효과적으로 선택할 수 있다. 변속기는 고정 기어비로 제한되지 않다. 그리하여 엔진이 최적의 상태로 작동함으로써 연료 소비량이 적은 장점이 있다.[29]

한편 HSD(Hybrid Synergy Drive)는 일반 기어식 변속기를 전자-기계 시스템으로 대체한 방식이다. 내연 기관에서 작은 속도 범위에서 가장 효율적으로 동력을 전달하려면 차량의 바퀴(wheel)는 최대 속도 범위에서 구동되어야

---

28 https://en.wikipedia.org/wiki/Toyota_RAV4

29 https://en.wikipedia.org/wiki/Hybrid_Synergy_Drive

한다. 일반적으로 HSD 차량은 배터리를 충전하거나 차량을 가속하기 위해 동력이 필요할 때마다 최적의 효율로 엔진을 가동하고, 동력이 덜 필요할 때는 엔진 작동을 멈추게 설계되어 있다. 무단변속기와 마찬가지로 HSD 변속기는 엔진 속도를 유지하기 위해 엔진과 바퀴 사이의 유효 기어비를 끊임없이 조정할 수 있다.

② 작동원리

일반적으로 HSD 시스템에는 〈그림 6.29〉에서 보는 바와 같이, 전기 모터-발전기(MG1, MG2) 2개가 있다. 이는 교류 모터의 경우 직류 모터보다 상대적으로 출력이 커서 전기차나 하이브리드차 등의 구동용 모터로 사용되고 있다. 하지만 하이브리드차에는 일반 전기 모터가 아닌 모터-발전기(MG Motor-Generator)라는 특별한 장치를 사용하고 있다. 모터-발전기는 보통 MG라고도 부르고 있다. 기존 전기 모터와 발전기를 합쳐놓은 형태로 작동 상태에 따라 전기 모터로 작동하거나 발전기 역할을 교대로 작동할 수 있다. 하이브리드차는 고전압 배터리를 이용해 전기 모터가 구동력을 발생한다. 하지만 운전자가 감속을 위해 가속페달에서 발을 떼거나 브레이크 페달을 밟게 되면 전기 모터의 운동에너지를 전기에너지로 변환시켜 고전압 배터리를 충전하는 발전기 역할을 한다. MG는 하나의 모터로 발전기와 전기 모터의 역할을 동시에 수행하나 발전용과 구동용 모터를 각각 사용하는 이중 모터시스템(dual motor system)을 적용하는 사례도 있다.[30][31]

한편, HSD 시스템은 기어식 변속기, 교류 발전기 및 시동모터를 다음과 같이 대체한다. MG1, 영구자석 회전자가 있는 AC 모터 발전기는 내연 기관에 시동을 걸 때 모터로 사용하고 고전압 배터리를 충전할 때 발전기로 사용한다. AC 모터/발전기인 MG2는 영구자석 회전자가 있고 주 구동 모터

30 Anh T. Huynh. "2012 Toyota Camry Hybrid XLE: Technology In A Mid-Size Sedan". Tom's Hardware. Retrieved 2014.11.

31 "Toyota infringement of Antonov hybrid technology patents alleged". 2005.9.19.

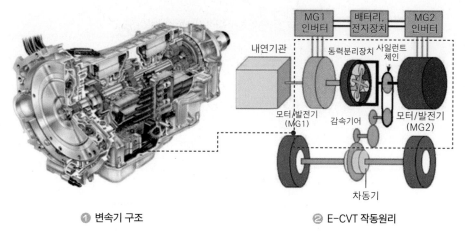

① 변속기 구조　　　② E-CVT 작동원리

그림 6.29 HSD 시스템 구조 및 작동원리

및 교류 발전기로 사용되며, 고전압 배터리로 회생 동력을 전달한다. MG2는 일반적으로 두 모터 발전기 중 더 강력하다. 3개의 DC-AC 인버터와 2개의 DC-DC 컨버터를 포함한 전력 전자 장치 컴퓨터 제어시스템 및 센서가 있다. 고전압 배터리는 가속 시 전기에너지를 공급하고 회생 제동 시 전기에너지를 흡수한다. 전력 분배기를 통해 직렬-병렬 HSD 시스템은 다음과 같은 지능형 전력을 제어한다. 그리고 고전압 배터리에서 나오는 전력으로 MG2가 구동되어 바퀴를 회전시키게 된다. 보통 가속 시 엔진과 모터로 구동하여, 내연 기관의 동력을 MG1, MG2, 바퀴 순으로 전달한다. 고속도로 주행 시 엔진 구동으로 충전하며, 내연 기관으로 바퀴를 구동시킨다. 동시에 MG1을 구동하여 고전압 배터리에 충전한다. 만일 가파른 언덕과 같은 고출력 상황에서는 엔진의 동력으로 바퀴를 구동하고, 동시에 엔진에서 MG1을 구동시켜 고전압 배터리에 충전한다. 그리고 엔진에서 MG1, MG2를 구동력으로 바퀴를 구동한다.

　끝으로 최대 전력에서는 엔진으로 바퀴를 구동하면서 MG1과 MG2 모두 바퀴를 구동시킨다. 고전압 배터리로 MG2를 구동시켜 바퀴를 구동한다. 점차 감속하는 경우에는 바퀴의 회전력으로 MG2를 작동시켜 전력을 고전압 배터리에 충전한다. 바퀴의 회전력으로 MG1을 작동시켜 전자제어

장치(ECU)로 엔진을 제어하게 되어있다.

7. 전기 충전장치

　배터리의 에너지 용량(크기와 무게)은 주행조건에 따라 결정된다. 즉, 더 정숙한 주행과 승차감과 주행 안정성의 향상을 위해서는 더 많은 전력이 더 소모하게 된다. 또한, 배터리의 전력 용량과 전기 모터의 크기는 가속 및 등판 요구 능력에 따라 결정된다. 그리고 배터리 요구 수명에 따라서 결정된다. 일반적으로 배터리 팩은 하이브리드 전기 시스템의 약점으로 작용하고 있다.

　대부분의 최신 팩은 개별 셀의 적절한 충전 및 방전을 유지하고 온도 및 충전 상태를 모니터링(monitoring)을 위해 배터리 관리가 필요하다. 최근 개발된 전기 차량과 하이브리드차에는 에너지 밀도가 높은 리튬이온 배터리(Lithium-ion batteries)를 사용하고 있다. 이 배터리는 기존의 납산 배터리보다 수명이 길고 충전시간이 짧다. 무소음 감시 기능이 필요 없는 하이브리드차의 경우에는 배터리 대신 슈퍼 커패시터(super capacitors)로 전기 모터를 구동시키는 방식을 사용하고 있다. 슈퍼 커패시터는 배터리로 사용하도록 전기 용량의 성능을 중점적으로 강화한 커패시터이다. 일반적으로 교류전원으로부터 공급받아 충전하고 전원이 차단된 경우에 전기 모터에 전기를 공급할 수 있다.

제6절 차량용 방호 시스템

미래 전술 차량은 〈그림 6.30〉과 같이 차체의 무게를 경량화하기 위해 장갑의 두께는 얇게 하되 능동방호 시스템(Active Protection System)이 적용될 것이며, 적의 위협을 사전에 탐지 또는 경고할 수 있을 것이다. 이 시스템은 차체 무게를 약간 증가시키면서도 장갑 방호능력을 크게 높일 수 있다.

능동방호 시스템의 작동과정을 살펴보면 다음과 같이, 3단계 과정이 거의 동시에 작동하며, 세부내용은 다음과 같다.[32]

첫째, 이 시스템에 장착된 레이더는 차량에 접근하는 발사체와 같은 위협요소를 감지한다. 두 번째, 이 시스템에 장착된 여러 개의 광학 센서가 차량에 접근하는 발사체의 형상과 궤적을 감지하여 발사기에 전송하게 된다. 이때 광학 센서의 감응 정밀도는 1cm 이내이다. 마지막으로 발사기는 차량에 접근하는 요격용 발사체를 향해 발사체를 발사시켜 요격하게 된다. 그리하여 공격용 발사체가 차량에 충돌하는 것을 방지함으로써 차량의 주 장갑의 피해를 최소화할 수 있다. 이 방호 시스템은 이미 이스라엘과 미국 등에

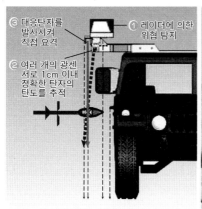

그림 6.30 능동방호 시스템의 작동개념

---

32 http://www.defense-update.com/products/t/trophy.htm

서 개발하여 장갑차와 차량에 일부 적용하고 있다. 그러나 이 시스템을 적용하려면 아직 해결해야 할 문제점이 많다. 하지만 미래의 장갑차 또는 차량 등의 중요한 방호 시스템이 될 것이다. 그 밖에 차량의 스텔스 기능도 갖추게 될 전망이다.[33]

---

33 곽준영, "미래의 무기 연재기사", 국방일보, 2010.; www.Hight3ch.com

1. 아래 그림은 주행 시 차량과 운전자 그리고 주행조건의 관계를 나타낸 그림이다. 만일 귀하가
    운전자라고 한다면 차량에 미치는 각각의 영향요소에 대해 예를 들어 설명하시오.

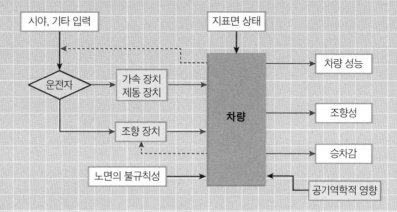

2. 아래 그림은 동력분할장치의 구조를 나타낸 그림이다. 이 그림에 동력분할장치의 작동원리와
    기능을 간략히 설명하시오.

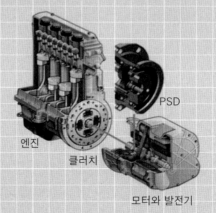

3. 전술 차량의 장애물 극복능력인 축간거리, 접근각, 이탈각, 램프각의 정의와 실제 전력화된 전술
    차량의 제원을 예로 들어 설명하시오. 그리고 이들 요소는 어떤 기준으로 설정하여 전술 차량을
    설계하는가?

4. 전술 타이어와 상용 타이어의 차이점을 비교하여 설명하시오. 그리고 주행 저항의 정의와 발생 요인을 설명하시오.

5. 주행 저항계수의 물리적인 개념과 이에 미치는 영향요소를 간략히 설명하시오. 그리고 타이어 의 스탠딩 웨이브 현상이란 무엇이고 이를 방지하려면 어떻게 해야 하는가?

6. 타이어 공기압 조절장치의 구성과 작동원리를 그림을 그려서 설명하시오. 아래 그림은 타이어 공기압 조절장치를 이용하여 타이어 공기압을 조절했을 때 차량의 하중과 견인력 그리고 타이 어 자국을 나타낸 실험결과이다. 그림을 보고 이들 요소의 상관관계를 분석하여 설명하시오.

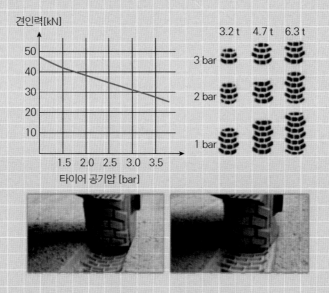

7. 폭발 형태에 따른 차체의 구조와 형상 그리고 좌석의 설계 시 고려해야 하는 요소와 그 이유를 설명하시오.

8. 군용 하이브리드차의 발전과정과 발전추세를 설명하시오. 그리고 하이브리드 엔진을 탑재한 궤 도 차량의 구성과 특징, 전투차량에 적용 시 장단점을 설명하시오.

9. 하이브리드차는 내연 기관 차량이나 전기 차량과 어떤 차이점이 있는가? 그리고 하이브리드차 의 종류와 특성을 구성회로도를 그려서 설명하시오.

10. 전술 차량에 적용된 방호 시스템 중에서 대표적인 사례를 조사하여 설명하시오.

제7장
장갑차

제1절 장갑차의 발전과정

　　장갑차는 〈표 7.1〉에서 보는 바와 같이, 보병의 전투력을 증가시키거나 습격이나 공격 작전 등 독립 작전을 할 때 기동과 화력을 제공할 수 있다. 예를 들어, 소말리아에서 말레이시아와 파키스탄 장갑차량은 특수부대 요원을 구출하는 데 필요한 적의 공격으로부터 보호된 기동성과 화력을 제공했다. 마찬가지로 파나마 침공작전 중에 미군의 중장갑 부대는 일반 보병부대보다 우수한 전투력을 제공했다. 또한, 걸프전 중 미 해병대의 경(輕) 장갑차 부대는 핵심 전력과 정찰 임무를 성공적으로 수행하였다.[12]

표 7.1 현대전에서의 장갑차의 활용 사례

주요 사례	복잡한 지대	군사작전 범위의 지점	작전 유형	장갑차와 기타 전력
스페인 내전 (1936~1939) 동안의 기갑 전투	험준한 산악 지역, 도시 지역	높음	주력 작전 (양측의 외부 지원을 받는 내전)	독일, 이탈리아의 중(中)장갑차 대 소련의 중(重)장갑차 대결
2차 세계대전 중 프랑스 주둔 미국 기갑 사단과 독일군의 전투 (1944~1945)	도시, 숲, 생울타리 (hedgerows)	높음	주력 작전	미국의 중(中) 장갑차 대 독일 중(重) 장갑차 대결
기갑 수색대와 기계화 보병의 베트남전 (1965~1972)	정글	높음	주력 작전 (대반란작전)	미국의 중(中) 장갑차 대 월맹군 대결
체코 슬로바키아 프라하에서의 소련의 공수 작전 (1968)	도시	중간	침략(정권 전복)	소련의 중(中)/중(重) 장갑차 대 체코슬로바키아의 시민군
남아프리카 앙골라 전투 (1975~1988)	미개척 지역	중간	주력 작전(습격)	남아프리카 공화국의 중(中) 장갑차 대 앙골라의 중(重) 장갑차 대결
미국의 파나마 침공작전(1989)	도시	중간	침략(정권 전복)	미국의 중(中) 장갑차 대 파나마의 중(中) 장갑차와 보병의 대결

1　"Interim short-range air defense solution to be Stryker-based". Military Times. 2018.3.

2　https://en.wikipedia.org/wiki/Stryker

주요 사례	복잡한 지대	군사작전 범위의 지점	작전 유형	장갑차와 기타 전력
미국 1 해병 사단 경(輕)장갑 (LAV)에 의한 걸프전 (1990~1991)	사막, 제한된 가시성	높음	주력 작전	미 해병대 경(輕) 장갑차 대 이라크의 중(中)/중(重) 장갑차의 대결
소말리아 모가디슈의 특성부대 작전(1993)	도시	낮음	습격	미군 보병과 말레이시아와 파키스탄군의 중(中) 장갑차 대 소말리아군의 대결
러시아의 체첸 반군 충돌 1차(1994~1996), 2차(1999~2001)	도시, 산악	중간	대반란작전, 테러 와의 전쟁	러시아 중(中)/중(重) 장갑차 대 체첸군의 대결
동티모르에서의 호주와 뉴질랜드	도시, 정글, 미개척 지역	낮음	평화유지 작전	호주와 뉴질랜드의 중(中) 장갑차 대 반란군
미군 SBCT의 이라크전 (2033~2011)	도시	중간	대반란작전, 테러 와의 전쟁	미국의 중(中) 장갑차 대 이라크 원주민, 외국인의 대결

　　미국의 스트라이커 여단 전투단(SBCT, Stryker Brigade Combat Team)은 이라크의 광범위한 작전 지역에서 장갑차가 신속한 대응을 제공할 수 있었다. 그 결과 경보병 부대보다 생존 확률이 높았다. 하지만 중(重)장갑 부대는 인프라가 덜 발달한 지역에서 작전능력이 더 우수하였다. 대표적인 사례로 미군은 파나마 침공작전에서 M551 Sheridans 장갑차를 투입하여 주력 전차가 통과할 수 없는 교량을 통과할 수 있었다.

　　한편 공중이나 해상으로 중(中) 장갑차를 신속하게 배치할 수 있는 능력은 전력을 투사하는 국가로서는 중요한 능력 중 하나이다. 예를 들어 소련군이 체코 슬로바키아와 아프가니스탄에서 수행한 작전에서도 중요한 능력이었다. 미 육군의 Stryker 장갑차량은 부가장갑을 장착하면 C-130급 수송기로 공중 투하를 할 수 없다. 이 경우에는 C-17 또는 C-5 등과 같은 대형 수송기를 이용해야 한다. 따라서 장갑차의 경량화를 위한 연구개발은 계속될 전망이다. 2차 세계대전 중에 미국 중(中)장갑차(Medium Armoured Cars) 부대가 전략 및 작전 상황에 따라 생존 가능성과 치사율이 높은 독일 중(重)장갑차 (Heavy Armoured Cars) 부대와 직접 교전해야 할 의무가 있었다. 이러한 잘못된 교전수칙 때문에 미군 장갑부대에 불필요한 손실이 발생했다.

한편 1980년대 후반에 남아프리카 공화국의 중(中)장갑차 부대는 소련이 제공한 앙골라의 중(重) 장갑차에 대항하여 큰 성공을 거두었다. 따라서 장갑차의 전술개발도 매우 중요하다. 일반적으로 중(中)형 장갑차가 다양한 미래의 전장 상황에 적응성, 전술적 기동성, 생존성(방호), 치명성(화력) 등의 측면에서 유용할 것으로 분석하고 있다.

최근 장갑차는 기동성을 기반으로 다양한 모델로 개발되어 전차나 대공포 등과 대등한 성능으로 발전하고 있다. 예를 들어, 미국은 기존의 단거리 이동 방공 시스템(Interim, Mobile Short Air Defense)을 통합한 Stryker A1 대공용 장갑차를 개발하였다. 이 장갑차는 〈그림 7.1〉에서 보는 바와 같이, 스팅어 대공 미사일, 30mm 기관포, 7.62mm 공축 기관총, 단거리 미사일, 다목적 반구형 추적 및 탐지 레이더, 피아식별장치, 전자광학식 적외선 조준경, 급조 폭발물 탐지장치 등이 탑재되어 있다. 이처럼 장갑차는 다양한 모델로 개발되어 활용될 전망이다.[34]

전자광학식
적외선 조준경(EOVIR)

30mm 기관포
7.62 공축 기관총

스팅어 유도탄 계열
발사관(4개)

장갑판으로 보호된
헬파이어 미사일

다목적 반구형 탐지 및
추적용 레이더 4대

피아식별
장치(IFF)

급조폭발물
탐지 장치

방공지휘통제
제어 시스템
(FAADC2)

그림 7.1 Stryker A1 대공용 장갑차

3   U.S. Army, "Stryker Family of Vehicles" (PDF), 2014.12.

4   Captain S. Lucas, "Hell on Wheels: The U.S. Army's Stryker Brigade Combat Team (PDF)", pp. 1~2, 2002.2.

제2절 장갑차의 구조와 특징

1. 종류와 특징

장갑차는 차량의 용도에 따라서 다양한 형태와 무기와 장비를 탑재하도록 설계되고 있다. 장갑차는 구동 방식에 따라서 차륜형과 궤도형 장갑차로 구분할 수 있다. 대표적인 차륜형 장갑차로 〈표 7.2〉에 제시된 미국의 스트라이커 장갑차가 있다. 이 장갑차는 표에서 보는 바와 같이, 용도에 따라 보병 수송용(ICV, Infantry Carrier Vehicle), 지휘관용(CV, Commander's Vehicle), 화력 지원용(FSV, Fire Support Vehicle), 기동 화포체계(MGS, Mobile Gun System), 박격포 수송용(MMC, Mounted Mortar Carrier), 대전차 미사일 탑재용(ATGM, Anti Tank Guided Missile), 정찰용(RSTA Vehicle), 화생방 정찰용(RV, NBC Reconnaissance Vehicle), 의무 수송용(MEV, Medical Evacuation Vehicle), 공병 분대용(ESV, Engineer Squad Vehicle) 장갑차를 개발하였다.

표 7.2 미국의 스트라이커에 장갑차의 종류와 특징

종류	주요 기능 및 특징	모델
보병 수송용	• 기본 사양의 스트라이커 장갑차 • 12.7mm 중기관총, 40mm 유탄발사기(또는 M240 기관총) • 총 9명의 완전 군장 분대 병력을 수송 및 하차 전투 지원	M1126
지휘관용	• 통신장비와 전투 수행 간 결심 수립을 위한 데이터 통제 기능 • 항공기와도 데이터 교신이 가능하며, WIN-T Inc 2(Warfighter Information Tactical Increment 2) 전술 지휘 통제체계 탑재	M1130
화력 지원용	• 전투용 비화기가 기능이 있는 통신장비 탑재 • 표적획득, 식별 및 추적, 표적 지정 정보 등을 자동으로 사격 부대에 전송이 가능	M1131
기동 화포체계	• M1 Abrams 전차 주포용 105mm 강선포를 장착 • 7.62mm 기관총(공축식), 전차장용 12.7mm 중기관총, M6 연막발사기	M1128
박격포 수송용	• 120mm 무반동체계(Recoil Mortar System) • 고폭탄, 조명탄, 연막탄, 정밀유도탄, DPICM 탄을 사용	M1129

종류	주요 기능 및 특징	모델
대전차 미사일 탑재용	• 대전차 유도 미사일(TOW) 탑재 • 전차포 유효사거리 밖 기갑 자산에 대한 대전차 공격 임무	M1134
정찰용	• 주간 및 야간 감시장비 탑재 • 정찰/감시/표적 획득(Reconnaissance, Surveillance & Target Acquisition)하여 적위 위협을 사전에 예측 및 실시간 상황 인지를 위한 정보수집과 감시 임무	M1127
화생방 정찰용	• 차량의 탐지기를 통해 자동으로 오염 정보를 수집하며, 항법 장비와 기상관측장비를 이용하여 화생방 위험신호를 후속 부대에 전파하는 임무	M1135
의무수송용	• 부상 병력의 긴급 의무후송 임무 • 대대급 부대의 의무시설 역할을 하며, 심각한 부상이나 전문 외상을 치료 가능	M1133
공병 분대용	• 부대의 기동로 확보와 제한적인 적의 대기동 지원 병력수송 • 장애물 제거와 지뢰 제거 등의 임무 수행	M1132

한편 스트라이커 장갑차는 아프가니스탄 전쟁과 이라크 전쟁 등에서 식별된 문제점을 보완하여 다양한 형태로 진화적 개량형 모델이 개발되고 있다. 예를 들어, 이중 V형 바닥 차체(Double V-Hull)의 적용이다. 그 결과 급조폭발물(IED) 공격으로부터 방호 성능을 크게 향상되었다. 이 설계방식은 차체의 하부에 강화 강판을 사용하여 하부 쪽 장갑에 V자형 각도로 보강하여 포탄 공격을 받았을 경우, 포탄이 튕겨 나갈 확률을 높이고, 폭발 시 발생하는 열을 동체 바깥쪽으로 분출되도록 했다. 이대 V자 형태 강판을 두 개를 겹쳐 용접하였기 때문에 통상 이중 V-차체(Double V-Hull)라 부르고 있다.

참고로 〈그림 7.2〉는 이중 V-차체를 적용한 개량형 스트라이커 장갑차이다. 이 장갑차는 2015년에 개발된 모델로 하부 방호 성능을 보강하였을 뿐만 아니라 기동성과 화력을 보강하였다. 포탑에 30mm 기관포를 장착하였고, 전차에 적용하고 있는 주간과 야간 감시장비, 레이저 거리측정기, 전기식 포탑 안정화 장치가 있다. 그리고 탄약은 차량의 좌우에 돌출된 상자에 저장되어 장전, 사격, 추출 및 방출 기능이 자동화되어 있다.

그림 7.2 스트라이커 장갑차(M1296 ICV)에 적용된 이중 V-자 차체

2. 장갑차의 구성과 동력계통

〈그림 7.3〉은 대표적인 보병용 전투차량의 형상과 동력계통을 나타낸 그림이다. 장갑차는 사용 목적에 따라 다양한 종류가 있다. 그중에서 보병용 전투차량은 병력을 수송하거나 병력이 탑승한 상태로 적과 교전을 할 수 있도록 중구경 화기로 무장하고 있고 승하차 전투가 가능하도록 설계된 장갑차량이다. 따라서 〈그림 7.3〉❶에서 보는 바와 같이, 일반적으로 중구경 기관포와 분대급 무장병력이 탑승할 수 있도록 설계되어 있다. 따라서 승무원은 조종수, 포수, 차장(기관총 사수)이 있다. 최근에는 포수와 차장의 임무를

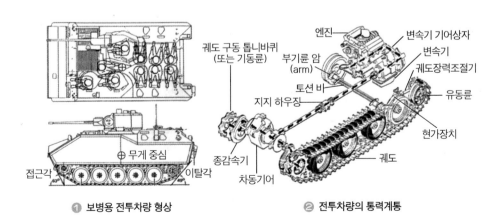

❶ 보병용 전투차량 형상   ❷ 전투차량의 통력계통

그림 7.3 보병용 전투차량의 형상과 동력계통

통합하여 2명 또는 유무인 복합 운용이 가능한 방식으로 발전하고 있다. 한편 장갑차의 무게 중심은 그림과 같이 차량의 중앙부에 위치하도록 설계하며, 수륙양용 상륙용 장갑차량은 선박처럼 부양물체로 가정하여 부력과 중력 그리고 홀수를 고려해야 한다. 특히 수상 도하용 장갑차 설계는 차량의 구성품의 부피와 무게(재질과 구조 등) 등을 고려하여 구성품을 배치하여 도하 시 침수되거나 전복이 되지 않도록 설계할 필요가 있다.

한편 궤도형 장갑차의 동력계통(power train)은 보병용 전투차량뿐만 아니라 대부분 차량이 〈그림 7.3〉 ❷와 같이 되어있다. 그림에서 보는 바와 같이, 궤도 장치는 전차와 거의 같은 구조이다. 다만 장갑차는 전차보다 무게가 가벼워서 보기륜의 수량이 적고, 궤도의 폭이 좁은 차이점밖에 없다. 장갑차량의 동력계통은 엔진에서 발생한 회전 에너지는 그림에 표시된 화살표 방향으로 전달되고 최종적으로 궤도에 도달하게 되어 차량이 움직이게 된다. 즉, 엔진에서 나오는 동력은 변속기, 차동기어, 종감속기, 궤도 구동 톱니바퀴(track drive sprocket), 궤도 순으로 전달된다. 그리하여 궤도 구동 톱니바퀴가 회전하면서 궤도가 움직이게 된다. 차륜형 장갑차는 궤도 구동 톱니바퀴 대신에 휠(wheel)이 있다. 이 휠이 회전하여 바퀴(차륜)가 회전하는 방식일 뿐 기본적인 작동원리는 비슷하다.

한편 수륙양용 장갑차는 일반적으로 〈그림 7.4〉와 같은 형상과 동력계통을 구성하고 있다. 이 차량의 형상은 〈그림 7.4〉 ❶에서 보는 바와 같이, 지상과 수상에서 기동할 수 있도록 차량 앞쪽에는 엔진과 변속기 등 무거운 구성품을 배치하여 무장병력이 모두 승차하였을 경우, 차량의 무게 중심이 중앙에 위치하도록 설계되어 있다. 일반적으로 수륙양용 장갑차는 지상용 장갑차보다 상륙작전을 고려하여 조종수, 기관총 사수, 차장 등 3~4명이 운용한다. 또한, 탑승할 수 있는 무장병력도 일반 장갑차보다 많은 20여 명을 탑승할 수 있도록 설계하고 있다. 그리고 차체는 경량화를 위해 특수알루미늄 합금 재질을 사용하며, 단일 차체방식으로 제작하여 구조적 안전성과 내부공간을 최대한 활용할 수 있도록 설계하고 있다. 결론적으로 수륙양용 장갑차는 지상 기동보다 수상 기동력에 중점을 두고 설계한 특수 선박이라 할

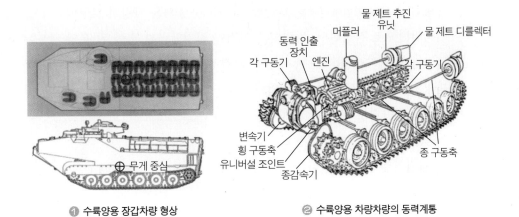

① 수륙양용 장갑차량 형상　　　② 수륙양용 차량차량의 동력계통

그림 7.4 수륙양용 장갑차의 형상과 동력계통

수 있다.

　한편 이 장갑차의 동력계통은 두 가지 구동 방식으로 작동할 수 있도록 설계되어 있다. 지상에서는 일반 장갑차량처럼 궤도에 의해 기동한다. 그러나 수상에서는 궤도에 있는 물갈퀴에 의해 기동하거나 〈그림 7.4〉 ②와 같이, 물 제트(water jet) 추진방식으로 기동한다. 또는 물 제트 유닛 대신 스크루를 장착하여 추진하는 방식도 있다. 참고로 그림에서 각 구동기는 궤도에 전달되는 동력을 종 또는 횡 구동축으로 회전력을 변환시켜 물 제트추진 유닛을 회전시키는 구성품이다. 그리고 물 제트 디플렉터(deflector)는 수상 기동시 장갑차의 방향을 조정하는 장치이다.

3. 차륜형과 궤도형의 기동성

　장갑차 설계 시 차륜형과 궤도형은 플랫폼의 전투 임무와 지형의 프로파일 등의 복잡한 변수에 따라서 결정된다. 차량의 기동성(mobility)은 차량 고유의 임무를 완수할 능력을 보유한 채 한 장소로부터 다른 장소로 이동하는 능력이나 특성을 말한다. 따라서 기동성은 차량이 이동하는 경사도와 해당 지형에서 평균 속도 또는 이동 시간을 측정하여 평가한다. 차량의 총 중량과 차량의 발자국(지면에 영향을 주는 궤도 또는 타이어 영역)은 차량이 토양에 가하는 접지압력으로 결정한다. 차량의 특징적인 접지압력과 결합 된 토양 강도는 차량 원뿔 지수(VCI)라는 매개 변수로 결정하며, 이 값이 기동성의 주요 1차 판별기준이다. VCI 또는 접지압력이 높으면 차량의 기동성이 감소한다. 일반적으로 습하고 온대 지역에서는 접지력 손실(traction loss)로 인해 플랫폼이 기동할 수 없는 지형의 비율이 높다.

장갑차의 기동성은 다양한 토질의 유형(건조한 상태, 습한 상태, 모래 또는 눈이 쌓인 상태 등)에서 차량의 견인력에 따라서 영향을 받는다. 또한, 장애물을 뛰어넘거나 장애물 사이를 돌파하는 경우, 그리고 다양한 초목을 통과할 때 VCI 값이 작아야 기동성이 우수하다. 이러한 지형을 통과할 때 궤도형은 차륜형보다 접지 면적이 넓고 VCI 값이 작아서 유리하다. 최근 미군은 1992년 보스니아 작전 시 차륜형 장갑차가 궤도형 장갑차보다 기동성과 방호측면에서 취약하다는 결론은 얻었다. 하지만 차륜형은 도로주행 시 궤도형 차량보다 고속기동이 가능하다. 그러나 비포장도로 주행이나 비 또는 눈이 내릴 때 기동성이 감소하였다.[5]

미국 육군의 연구결과, 차량의 임무에 60% 이상인 비포장도로 주행이 필요하여 전투차량의 중량이 10ton을 초과할 경우 궤도형이 유리한 것으로 분석되었다. 특히 차량의 총중량이 20ton일 경우에는 전천후 전술작전을 위한 최상의 이동성을 보장받기 위해서 궤도형으로 설계해야 한다는 결론을 얻었다. 하지만 지뢰나 발사체 등에 대한 방호능력, 적으로부터 탐지가 잘되지 않기 위한 은밀성 측면을 고려하면, 〈그림 7.5〉에서 보는 바와 같이, 궤도형을 차륜형보다 소형으로 제작할 수 있다. 그 주된 이유는 현가장치의 간격이 좁고, 변속기 상자가 없고 구동축이 1개만 있어도 된다. 따라서 총중량이 같은 차량일 경우, 비슷한 VCI (또는 접지압력)에 대해 차륜형은 궤도형보다 구동 계통과 현가장치 구성 요소에 대해 최대 6배 더 큰 공간 부피가 필요하다. 이로 인해 같은 내부공간을 확보하려면 차량의 크기(부피)가 최대 28%

---

5   Paul Hornback, "The Wheel Versus Track Dilemma", ARMOR March–April, 1998.

① 차륜형　　　　　　② 궤도형

그림 7.5 차륜형과 궤도형 방식의 구조 비교

정도 증가할 것이다.[6]

　한편, 차륜형은 런플랫 타이어를 장착하면 소구경 탄환이나 전장의 잔해물 또는 파편에 의해서 타이어가 펑크가 나더라도 제한된 거리까지 주행할 수 있다. 반면에 궤도형은 제자리에서 180도 방향 변경이 가능해서 밀폐된 지역이나 좁은 공간에서 생존능력이 높다. 그리고 차륜형은 마찰 손실이 적어서 궤도형보다 연료 소모량이 적어서 군수지원 측면에서 유리하다.[7]

6　Robert F, "Mobility Analysis for the TRADOC Wheeled Versus Track Vehicle Study, Final Report", 1988.1.

7　Hunnicut, "BRADLEY: A History Of American Fighting And Support Vehicles", Presidio Press 505B San Marin Drive, Suite 300 Novato CA 94945-1340, 1999.

제3절 장갑차의 설계 요소

1. 일반 설계 요소

1차 세계대전 이후 전투차량은 일반적으로 다음 역할 중 하나 이상을 수행하도록 설계되었다. 당시 장갑차는 직접 발사 플랫폼(예: 전차)의 기초 역할을 하였다. 장갑차의 활용 분야는 크게 다섯 가지가 있다.

첫째, 보병의 작전을 지원하는 병력수송용 장갑차(APC, Armored Personnel Carrier), 보병용 전투차량(IFV, Infantry Combat Vehicle, Infantry Fighting Vehicle)이 있다. 참고로 IFV는 장갑 방호력과 무장능력이 APC보다 강화된 장갑차량이다. 이 차량은 탑승 병력에 대한 방호와 하차 병력에 대한 화력 그리고 제한된 대전차 전투까지 가능한 차량이다. 일반적으로 탑승 병력은 1개 분대 규모인 9명 내외이고, 구경 30~40mm 중(中)구경 기관포나 대전차 미사일을 장착한 장갑차량으로 경(輕)전차와 비슷한 화력을 갖고 있다.

둘째, 전통적인 수색 임무를 수행할 때 운용한다. 예를 들어 감시, 정찰, 습격, 폭발, 추격 임무가 있다. 셋째, 이동식 대전차 플랫폼을 제공한다. 예를 들어 대포 또는 미사일이 있다. 이러한 기능을 수행하는 차량을 개발할 때 설계자는 치사율, 생존 가능성, 그리고 이동성을 고려하는데 주로 이런 설계 요소는 차량의 무게를 좌우한다. 무게는 배치 가능성, 주행 가능성, 차량 속도이다. 만일 생존 가능성을 높이기 위해 장갑 보호 기능을 추가하면 차량의 무게가 증가한다. 그리고 치명성을 높이기 위해 더 큰 무기를 통합해야 한다. 이러한 설계 요소는 수십 년 동안 장갑차의 성능에 영향을 주었다.

아프가니스탄과 체첸 전투에서 사용된 소련의 장갑차는 NATO군에 대한 재래식 전투, 즉, 직접 사격 교전에서 정면 대결 전투를 위해 설계되었다. 따라서 정면 장갑이 중요하고 전차포가 표적과 수평면의 훨씬 위 또는 아래와 교전할 필요 없다. 따라서 이러한 차량이 산악 지역이나 협곡 또는 도시에서 사용되었을 때 이러한 차량 중 상당수는 위, 측면 및 후방에서의 공격에 취약하며 표적과 교전할 수 없었다. 최근 미 육군은 전투차량은 C-130

화물기로 운송할 수 있고 14.5mm 기관총으로부터 차량을 보호하기에 충분한 장갑으로 설계하고 있다.

2. 핵심 설계 요소

전장에서 전차나 장갑차의 기동성과 생존을 보장해야 한다. 본 절에서는 기동무기의 기동과 대기동 그리고 생존에 필요한 전술과 기술 그리고 절차 및 절차는 다음과 같다.

(1) 기동력

기동성은 적보다 유리한 위치로 먼저 기동할 수 있는 능력의 척도이다. 공격 작전에서 기동을 방해하는 적의 장애물이나 요새를 제거해야 한다. 따라서 장애물과 지뢰를 식별하려면 사전에 기동로에 대한 정찰이 필요하다. 그리고 개활지는 항공기의 착륙장소로 적합하나 지반이 착륙하기에 적합한 조건을 갖추고 있어야 한다. 또한, 개활지는 적의 장애물을 우회 기동하기에 유리하나 교전 지역이 될 가능성이 있다. 그리고 적이 사전에 살포한 살포식 지뢰에 대한 대책이 필요하다. 그리고 전술적 기동 간 지휘관들은 가장 좋은 위치선정을 해야 한다. 접근로가 장애물을 가로지르는 곳을 절대 통과하지 말아야 한다. 적은 이러한 지점에 사전에 계획된 대-장갑 무기를 배치할 가능성이 크다.[8]

(2) 생존성[9]

전투 시 장갑차의 위치는 생존하는데 중요한 요소이다. 특히 초목이 부족하고 자연적인 은신처가 없는 곳에서 더욱 중요하다. 장갑차의 위치는 주(主)진지, 예비진지, 추가 진지가 있으며, 위치의 유형은 차체 노출(body down

---

8   U.S Army, FM 3-90-1 "Offense And Defense Volume 1", 2013.3.

9   https://www.globalsecurity.org/military/library/policy/army/fm/90-3/Ch3.htm

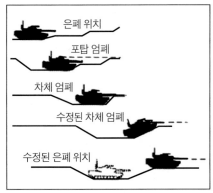

① 전투 장갑차량의 위치

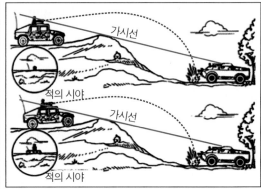

② 전술 차량의 위치

그림 7.6 장갑차와 전술 차량의 위치선정

position), 포탑 상부 노출(turret down position), 급조 위치가 있다. 그리고 무기와 차량의 우선순위와 전투 위치는 생존에 큰 영향을 미친다. 이를 세부적으로 살펴보면 〈그림 7.6〉에서 보는 바와 같다. 장갑차를 설계할 때 〈그림 7.6〉 ① 와 같은 전술 상황을 고려하여 차체 또는 포탑의 높이 크기와 형상 등을 고려한 설계가 필요하다. 또한, 〈그림 7.6〉 ②와 같이 전술 차량의 위치를 고려한 설계가 필요하다. 이런 상황을 전술과 예상되는 전장의 지형과 적군의 무기의 성능을 고려한 설계가 필요하다.

따라서 장갑차는 적과 효과적으로 교전할 수 있고, 차량 간 지원이 쉽고,

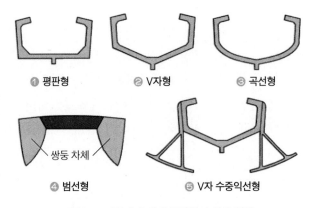

① 평판형   ② V자형   ③ 곡선형

쌍둥 차체

④ 범선형   ⑤ V자 수중익선형

그림 7.7 지상과 수상의 장갑차의 차체 형상

예상되는 전장에서 무기를 효과적으로 사격할 수 있도록 설계되어야 한다. 또한, 생존을 위한 적절한 방호장갑의 최적 설계가 필요하다.

한편 장갑차의 차체는 사용 목적과 전장 상황 등을 고려하여 〈그림 7.7〉과 같이 다양한 형상으로 설계하고 있다. 일반적으로 지상용 장갑차는 지뢰 폭발을 대비하여 〈그림 7.7〉 ❷와 같은 구조나 이를 변형시켜 설계하고 있다. 하지만 수륙양용은 〈그림 7.7〉 ❶과 같은 평판형이나 〈그림 7.7〉 ❸과 같이 곡선형 설계를 적용하고 있다. 그 밖에 이들 형상을 변형시킨 형상으로 설계에 반영하고 있다.[10]

3. 장갑차의 활용 사례

장갑차의 치명성과 생존 가능성은 장갑 설계와 밀접한 관련이 있다. 전투차량의 치명성은 적을 살상하거나 무력화하는 능력이다. "먼저 보고, 결심하고 타격하는 능력"을 갖춘 장갑차는 치명성과 생존 가능성이 증가할 것이다. 따라서 장갑차는 이러한 개념을 기반으로 발전해왔다. 예를 들어, 치명성과 생존 가능성 사이의 연관성에 대한 가장 확실한 사례로 2차 세계대전에서 미국과 독일 간의 교전 사례가 있다. 당시에 기갑 부대는 주포와 전면 장갑에 따라서 우위를 결정하였다. 그리고 미국의 중형 전차는 훨씬 더 긴 유효사거리를 가진 독일의 전차포에 취약했다.

장갑차나 전차와 같은 장갑화된 기동무기의 생존 가능성은 적의 기동무기 공격 능력에 영향을 받는다. 그리고 가장 약한 부분은 차량의 측면이나 상부, 그리고 후면이다. 따라서 일반적으로 장갑차(중(中) 장갑 및 중(重) 장갑)는 휴대용 대전차 무기와 지뢰에 의한 근거리 공격에 취약하다. 이러한 무기를 사용하는 적들은 산림이나 계곡, 시가지 등과 같은 복잡한 지형에서 기갑 부대를 먼저 관측하고 공격할 수 있다. 따라서 장갑차나 전차는 이러한 위협

---

10 David E. Johnson etc, "An Assessment of Medium-Armored Forces in Past Military Operations", RAND Corporation, W74V8H-06-C-0001, 2008.10.

에 대처하기 위해 추가 장갑판을 용접하거나 판금으로 제작하여 전투 현장에서 개량시킨 사례가 많다.[11][12]

한편, 장갑차나 전차가 복잡한 지형을 통과할 때 기동속도가 느려진다. 그리고 일반적으로 복잡한 지형은 방어부대에 유리하고 공격부대는 종종 생존성이 취약해지는 문제를 발생한다. 그 이유는 살펴보면 다음과 같이 크게 세 가지로 요약할 수 있다.

첫째, 장갑차는 대부분 중(中)형급이며, 다른 장갑차량과 정면 교전을 하거나 정면에서 가장 격렬하게 공격할 수 있도록 설계되어 있다. 따라서 장갑차의 전면 장갑이 가장 두껍다. 그러나 복잡한 지형에서는 직접 사격에 의한 공격은 근거리에서 자주 발생하며 전면보다 취약한 측면, 후방 또는 차량의 상단 등을 공격할 수 있다. 그리고 지뢰나 급조 폭발물(IED) 등 은폐하기 쉬운 무기에 의해 공격을 받을 가능성이 크다. 따라서 복잡한 지형을 통과하는 것보다 원거리 사격하는 것이 유리하다.

둘째, 대도시와 협곡에서 보호된 발사 위치(매우 높은 고도에서)에서 무기를 사용할 수 있는 능력이 중요하다. 이는 러시아군이 건물 상층부에서 체첸 전투기와 교전하기 위해 결국 방공포를 배치해야 했던 그로즈니에서 특히 두드러졌다. 또한, 아프가니스탄에서 소련군의 전투방법의 특징으로 하는 산악지형에서 중요한 고려 사항이었다.

셋째, 도시 및 산악지형에서의 작전에는 이동 중에 발사할 수 있고 정확한 발사 속도를 제공하며 폭발성 탄약을 사용할 수 있는 중구경(20~35mm)의 무기가 필요하다.

참고로 걸프전과 이라크전에서 사용하였던 주요 장갑 전투차량은 〈표 7.3〉에서 보는 바와 같다.[13]

11 www.army-technology.com/projects/stryker-armoured-combat-vehicle/

12 https://asc.army.mil/web/portfolio-item/gcs-stryker-family-of-vehicles/

13 Frank N. Schubert and Theresa L. Kraus, eds, "The Whirlwind War, Washington, D.C.: Center of Military History", U.S. Army, pp. 271~275, 1995.

표 7.3 걸프전과 이라크전에 사용되었던 주요 장갑차량 제원

장갑 전투차량	개발 국가	중량 (ton)	주 무장과 부무장	최대 장갑 (mm)
LAV-25 장갑차	미국	14.10	기관포: 25mm(체인건) 기관총: 구경 7.62mm	10
LAV-AT 장갑차	미국	13.83	기관총: 구경 7.62mm 대전차 미사일(ATGM)	10
LAV-M 장갑차	미국	13.35	주포: 81mm 박격포 기관총: 구경 7.62mm	10
LAV-C2 지휘 장갑차	미국	13.53	기관총: 구경 7.62mm	10
LAV-L 보급수송차 LAV-R 정찰 장갑차	미국	14.10	기관총: 구경 7.62mm	10
T-54/55 전차	소련	39.00	주포: 구경 100mm 기관총: 구경 12.7mm, 7.62mm	203
T-62 전차	소련	44.00	주포: 구경 115mm 기관총: 구경 12.7mm, 7.62mm	242
T-72 전차	소련	48.90	주포: 구경 125mm 기관총: 구경 12.7mm, 7.62mm	N/A (복합/강철판)
PT-76 정찰 장갑차	소련	16.06	기관총: 구경 12.7mm, 7.62mm	14
BMD-1 공수용 장갑차	소련	8.20	기관포: 구경 73mm 기관총: 구경 7.62mm 3정	23
BMP-1 보병용 전투차량	소련	14.80	주포: 구경 73mm 기관총: 구경 7.62mm 대전차 미사일(ATGM)	33
BMP-2 보병용 전투차량	소련	15.70	기관포: 구경 30mm 기관총: 구경 7.62mm 대전차 미사일(ATGM)	N/A (이중 강철판)
YW-531계열 병력수송 장갑차	중국	13.90	기관총: 구경 7.62mm,	10
EE-9 Cascavel 장갑차량	브라질	14.80	주포: 구경 90mm 기관총: 구경 7.62 또는 12.7mm	N/A (이중 강철판)
AML 90 장갑차	프랑스	6.00	주포: 구경 90mm 기관총: 구경 7.62mm	12
VCR 병력수송 장갑차	프랑스	8.70	기관총: 12.7mm, 대전차 미사일(ATGM)	12

제4절 장갑차의 설계

1. 차량용 의자의 현가장치 설계

(1) 차량-의자와 차량 진동

일반적으로 진동은 인간에게 심각한 문제를 일으킨다. 17세기에는 일부 능동 소음 및 진동 제어시스템이 사용되었다.[14] 인체에 해로운 진동 중 하나는 특히 저주파 영역에서 차량 바닥에서 차체로 전달되는 진동이다.

장기적으로 저주파 진동은 척추를 손상하고 소화작용에 문제를 일으키거나 심장 박동을 증가시킬 수 있다. 트랙터, 불도저, 로더 등과 같은 대형차량 운전자의 척추는 더 많은 위험에 직면한다. 따라서 현가장치는 차량 운전자에게 전달되는 수직 힘을 최소화할 수 있어야 한다. 대부분 차량-의자 현가장치는 노면의 불규칙성으로 인한 차량 진동으로부터 인체를 분리하기 위해 수동식 메커니즘을 사용한다. 일반적으로 기존 시스템과 같은 수동식 현가장치는 원하지 않는 저주파 진동을 줄이기 위해 일정한 댐핑 충격 흡수장치가 있는 스프링 질량(sprung mass)을 이용한다. 수동형 방식의 단점을 극복하기 위해서는 적절한 제어방식으로 지능형 능동제어 현가장치 설계를 사용하는 능동 비포장 주행용 차량-의자 현가장치(Active Off-Road Seat Suspension System)가 필요하다. 능동형 진동 제어시스템은 외부 진동원(source of vibration)을 사용하여 원치 않는 진동원의 영향을 제거한다. 하지만 무거운 힘이 가해질 때 제어를 위해서는 고주파 진동에 대한 능동형 의자 현가장치가 필요하다.[15]

---

14 Tokhi MO and Veres SM, Active sound and vibration control: theory and applications, Institution of Engineering and Technology, London, 2002.

15 Mohammad Gohari, Mona Tahmasebi, "Active Off-Road Seat Suspension System Using Intelligent Active Force Control", Journal Of Low Frequency Noise, Vibration And Active Control, pp. 475-490, 2015.8.

(2) 종류와 제어 원리

1 수동식과 능동식 장치의 구성과 기능

수동식 현가장치(passive suspensions system)에는 진동 에너지의 소산과 저장 요소인 댐퍼(damper)와 스프링이 포함되어 있다. 하지만 능동식과 반-능동식 현가장치(Active and semi-active suspension system)는 제어를 통해 원하지 않는 진동을 줄이기 위해 현가장치에 외부 에너지를 사용하여 작동할 수 있다. 수동식 현가장치와 비교하여 능동식 현가장치는 액추에이터를 사용하여 스프링이 없는 질량(mass)을 차체에 연결하여 차체 움직임과 타이어 변형 동작을 제어할 수 있다.

능동식 차량-의자 현가장치는 주행 성능을 향상하려고 일정한 댐퍼 스프링과 병렬로 액추에이터를 사용한다. 능동식 차량-의자 현가장치는 다양한 조건에서 진동을 적절하게 제어하고 액추에이터는 의자를 수직 위치로 유지하는 데 적절한 힘을 계산하여 적절한 힘을 제공하는 역할을 하게 된다. 그리고 도로 프로파일(노면의 굴곡 상태)에 따라 액추에이터를 통해 작동한다. 능동 차량-의자 현가장치는 효율성과 정확성을 향상하려고 퍼지 로직 또는 신경망(fuzzy logic or neural network)과 같은 최신 제어의 지능형 방법과 결합하는 사례도 있다. 신경망 기술은 잠재적인 정확성과 적응성으로 인해 차량 현가장치에 적용되고 있다.

2 현가장치의 제어 이론

트랙터(tractor), 대형 트레일러, 중형 전술 차량 등과 같이 부하량이 큰 경우에는 차체 무게를 받쳐 주는 장치인 1차 현가장치(suspension)가 없는 차량도 있다. 이때 타이어는 타이어의 변형과 에너지 감소에 대한 공기 특성으로 인해 스프링 완충 제동장치(spring-dashpot) 역할을 한다. 일반적으로 의자-서스펜션은 지면 요철로 인해 전달되는 진동을 제어하기 위해 차체에 설치하고 있다.[16]

---

16 Mailah M, Hewit JR etc, "Active force control applied to a rigid robot arm", Journal of Mechanical

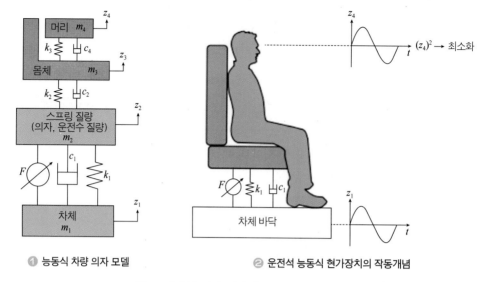

① 능동식 차량 의자 모델   **②** 운전석 능동식 현가장치의 작동개념

그림 7.8 능동식 차량-의자 현가장치의 동역학적 원리

　　일반적으로 반-능동식 차량-의자 현가장치는 〈그림 7.8〉 **①**에 나타낸 모델에서 보는 바와 같이 여기 가속(excitation acceleration)은 차체에서 나오며 스프링 질량은 의자와 운전자의 몸무게를 합친 것이다. 이 의자-현가장치 모델은 3 자유도이며, 액추에이터를 사용하여 의자의 수직 위치를 제어할 수 있게 설계된 장치이다.

　　한편 현수장치의 운동은 뉴턴의 제2 운동 법칙을 적용하여 식 [7-1], [7-2], [7-3]과 같이 나타낼 수 있다.

$$F - c_1(\ddot{Z}_2 - \ddot{Z}_1) - k_1(Z_2 - Z_1) + k_2(Z_3 - Z_2) + c_1(\dot{Z}_3 - \dot{Z}_2) = m_2\ddot{Z}_2 \quad \cdots \cdots \text{[7-1]}$$

$$k_3(Z_4 - Z_3) + c_3(\dot{Z}_4 - \dot{Z}_3) - k_2(Z_3 - Z_2) - c_2(\dot{Z}_3 - \dot{Z}_2) = m_3\ddot{Z}_3 \quad \cdots \cdots \cdots \text{[7-2]}$$

$$-k_3(Z_4 - Z_3) - c_3(\dot{Z}_4 - \dot{Z}_3) = m_4\ddot{Z}_4 \quad \cdots \cdots \cdots \cdots \cdots \cdots \cdots \cdots \text{[7-3]}$$

2(2) pp. 52~68, 1996.

여기서 Z_1은 도로 요철로 인한 의자 기준의 운동과 차체 바닥의 변위이고, Z_2는 의자 하부 구성품의 변위이다. 스프링 상수는 k_1, 댐핑 계수는 c_1, (Z_2-Z_1)은 의자 현가장치의 처짐에 대한 변위이다.

한편 차량이 주행할 때 운전자가 느끼는 진동은 최종적으로 머리의 수직 방향의 변위 Z_4의 크기에 따라서 결정된다. 따라서 〈그림 7.8〉 ❷와 같이, 이 변위 값을 최소화할 수 있는 능동 또는 반-능동 현가장치가 필요하다.

2. 장갑차의 방호설계

(1) 설계 시 고려 요소

평화 유지작전, 특수작전 임무 수행에서 지상군은 다양한 지뢰나 급조 폭발물 등의 위협에 노출되어 있다. 실제 지뢰는 동등한 TNT 충전량으로 포함된 폭발물의 양에 따라 분류한다. TNT가 아닌 다른 폭발물로 채워진 지뢰의 경우 폭발물 충전량은 사용 가능한 계수와 함께 TNT 등가물로 변환된다. 차량 구조에 대한 폭발파 효과에 영향을 미치는 몇 가지 매개 변수가 있다. 이는 충전물의 모양, 케이싱, 매설 깊이, 토양 유형 및 차량 바닥과 지면 사이의 거리인 지상고(ground clearance) 등이다.

장갑차의 차체에 미치는 위협은 기본적으로 폭발성 폭발 압력과 운동에너지 발사체(질량, 파편)에 의한 요소가 있다. 예를 들어, 압력식 지뢰는 궤도와 바퀴 아래에서 기폭이 되지만 자기식 또는 와이어 인계식 지뢰는 장갑차 차체 밑바닥에서 폭발이 시작될 수도 있다. 따라서 지뢰 방호설계는 공격 구역(하단부)을 강화할 뿐만 아니라 안전한 방식으로 완전한 구획을 설계해야 한다. 지뢰 지역에서 효과적으로 기동하려면 차량의 밑바닥 구조를 그대로 유지해야 한다. 이것은 필요한 첫 번째 조건이다. 하지만 외부에서 폭발이 발생하면 차량을 통해 국부 또는 차체 전체에 응력이 전파된다. 그리고 차체의 구조물에서 높은 응력이 발생할 경우, 고정 영역에서 국부적인 재료 붕괴로 이어지며 내부 장치와 장비가 2차 발사체가 될 수도 있다. 지뢰 방호는 차량의 바닥, 승무원실, 탑승자의 대응을 고려한다. 국소 변형이 최대 200m/s의 속도이면 탑승자와 직접 또는 간접(예: 좌석 구조를 통해) 접촉하는 경우 중요한 위협이다. 따라서 방호설계는 차량 전체적인 구조를 분석하여 국부와 전체 지뢰 영향을 최소화하고 차량 승무원의 생존 가능성을 보장하도록 설계할 필요가 있다.

(2) 지뢰 폭발이 차량의 구조와 탑승자에서 미치는 영향

지뢰 방호측면에서 보면 차량의 하부는 구조적으로 결함이 없어야 한다. 이는 탑승자 보호에 매우 중요한 요소이다. 높은 충격 가속으로 인해 탑승자에게 심각한 외상이나 부상을 유발하기 때문이다. 따라서 높은 응력을 받는 구조에 탑승자가 직접 접촉을 피할 수 있도록 설계를 해야 한다. 탑승자와 접촉 할 가능성이 있는 모든 구조 부품은 주응력(main stress) 단계에서 허용 가능한 가속 수준 내에서 유지할 수 있어야 안전하다.

매우 중요한 기준은 폭발 지점의 바로 위의 동적 굽힘(dynamic bending) 현상이다. 일반적으로 1ms에서 2ms 이내의 매우 짧은 시간에 최대 160m/s에 도달하는 고속의 국부적인 굽힘이 내부 구조와 직접 접촉하면서 다른 구성품에 전달된다. 그리고 이 변형은 방호 최적화 중에 최소화해야 하는 매개 변수이다. 2차 접촉의 경우, 순간적으로 볼록하게 튀어나오는 속도, 즉 동적 굽힘 속도는 구조적 응력 전달의 주요 매개 변수이다. 따라서 접촉을 피할 수 없는 경우 속도가 이미 더 낮게 떨어졌을 때 "늦은" 시점으로 이동해야 한다. 폭발 구역 바로 위의 구조 가속도는 100,000g 이상의 높은 충격으로 인한 손상으로 인해 거의 측정이 불가하다. 따라서 가속도는 고속카메라로 촬영하여 동적인 굽힘을 계산할 수 있다.

〈그림 7.9〉는 장갑차의 하부에 지뢰가 폭발하였을 경우, 장갑차의 위치에 따라서 수직 가속도와 목에 가하는 충격을 측정한 결과이다. 〈그림 7.9〉 ❶은 장갑차의 단면과 인체 모형에 헬멧을 착용시켜 수직 방향의 충격 하중을 측정하는 장치를 나타낸 그림이다. 〈그림 7.9〉 ❷는 폭발 후 경과 시간에 따른 차량 내부 천장, 측면 벽, 내부 바닥에서의 가속도의 변화를 나타낸 그림이다. 그림에서 보는 바와 같이, 폭발 원점에서 가까울수록 충격 가속도가

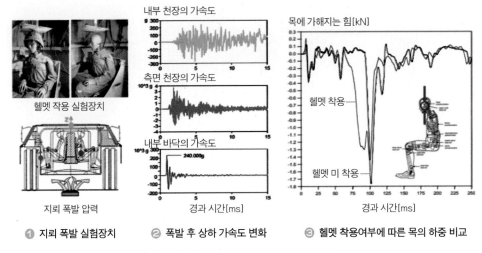

헬멧 작용 실험장치

지뢰 폭발 압력

내부 천장의 가속도

측면 천장의 가속도

내부 바닥의 가속도

경과 시간[ms]

목에 가해지는 힘[kN]

헬멧 착용

헬멧 미 착용

경과 시간[ms]

❶ 지뢰 폭발 실험장치   ❷ 폭발 후 상하 가속도 변화   ❸ 헬멧 착용여부에 따른 목의 하중 비교

그림 7.9 장갑차의 지뢰 폭발에 의한 영향

먼저 도착한다. 그리고 충격 가속도, 즉 충격을 받는 시간은 폭발 원점에서 멀수록 강도는 약하나 지속시간은 길게 나타난다. 그리고 헬멧을 착용하면 〈그림 7.9〉 ❸에서 보는 바와 같이 충격이 먼저 인체에 도착하나 최대 충격은 감소하고 변동 폭도 감소한다. 따라서 헬멧을 착용하는 것이 더 안전하다.

(3) 지면의 상태에 따른 지뢰 폭발과 장갑차

충격 폭발 하중(impulsive blast loading)은 차체 모양, 폭발 거리, 폭발 하중 및 기타 등에 따라서 영향을 받는다. 실제, 다양한 매개 변수가 지뢰 폭발에 노출된 의자에 착석한 탑승자에게 전달되는 충격 하중에 영향을 미친다. 이 영향요소는 지뢰의 크기(TNT 환산 무게), 토양 상태(밀도, 수분, 지뢰 매설 깊이), 차체 크기와 모양(V자형, 지상고, 차체 폭), 차량의 스프링 질량, 무게 중심에 상대적인 폭발 위치, 차량의 흔들림 등이다.

일반적으로 장갑차의 차체는 〈그림 7.10〉에서 보는 바와 같이, 차체 하부의 형상에 따라 평판형, V자형, V자 연통형이 있다. 만일 차량 밑에서 지뢰가 폭발하면 그림과 같이 평판형은 모든 폭발 충격 하중이 밑면에 작용한다. 하지만 V자형은 폭풍이 화살표 방향처럼 분산되어 차체에 수직 충격은 상대적으로 약하게 작용한다. 하지만 V자형보다 V자 연통형이 실제 차체에

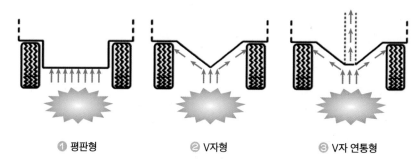

① 평판형   ② V자형   ③ V자 연통형

그림 7.10 지뢰 폭발과 장갑차의 차체 형상 비교

가해지는 폭발 충격은 약하다. 〈그림 7.10〉 ❸과 같이 폭풍이 차체를 수직으로 관통하는 연통으로 배출되기 때문이다. 하지만 차량 내부공간의 활용 측면에서는 평판형, V자형, V자 연통형 순으로 넓다. 최근에는 V자형이 두 개로 이어진 W자형 차체도 많이 채택하고 있으며, 하부가 돌출부가 많으면 차체를 높여야 하는데 이는 차체의 주행 안정성, 적에게 노출로 인한 방호성 약화 등의 측면에서 불리하다. 따라서 차량의 사용 목적과 전장 환경, 수송성, 기동성 등 다양한 요소를 고려할 필요가 있다.

〈그림 7.11〉은 두 가지 극단적인 경우를 비교한 그림이다. 〈그림 7.11〉 ❶은 매우 높은 충격 폭발 하중이 발생하고, 〈그림 7.11〉 ❷는 매우 낮다. 일반적으로 높은 충격 폭발 하중은 차체의 폭이 넓고 지상고가 낮은 평평한 바닥의 차량과 관련이 있다. 이 차량은 폭발물(폭발로 인해 흩어지는 흙)을 많이 차단하여 지면에 반사하게 된다. 지뢰가 축축하고 밀도가 높은 토양(젖은 점토

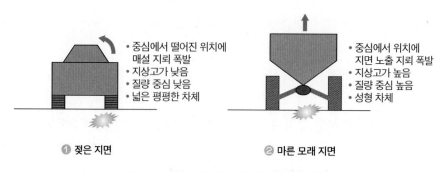

• 중심에서 떨어진 위치에 매설 지뢰 폭발
• 지상고가 낮음
• 질량 중심 낮음
• 넓은 평평한 차체

• 중심에서 위치에 지면 노출 지뢰 폭발
• 지상고가 높음
• 질량 중심 높음
• 성형 차체

① 젖은 지면   ② 마른 모래 지면

그림 7.11 차량과 지뢰의 폭발 조건에 따른 비교

등)에 매설되어 있으면 더 많은 폭발 에너지와 운동량을 위쪽으로 전달하여 충격 폭발 하중이 더 증가한다. 또한, 무게 중심에서 한쪽으로 치우친 곳에서 폭발하면서 생긴 폭풍이 차량을 더 높이 들어 올리게 된다. 반대로 낮은 충격 폭발 하중은 지상고가 높고 차체 폭이 좁은 경우에 차체의 형상과도 관련이 있다. 즉, 반사된 충격 하중이 수직이 아닌 경사 방향으로 향하게 하여 충격 폭발 하중을 감소시킨다. 그리고 건조한 모래 지표면에 매설된 지뢰는 젖은 점토에 묻힌 같은 크기의 지뢰보다 충격이 훨씬 약하게 발생한다. 왜냐하면, 지뢰 위에 차량에 던질 재료의 양이 적고, 옆과 아래 방향으로 모래를 밀어내는데 폭발 에너지가 많이 소요되기 때문이다. 또한, 차량은 무게 중심의 바로 위에서 폭발이 발생하면 비틀림 동작을 하지 않는다. 그리고 차량이 무거울수록 지면에서 더 느리게 들어 올려져 충격 폭발 하중이 더 약하다.

끝으로 전투차량이 지뢰가 매설된 지점에서 거의 주차할 가능성이 없다는 점을 설계에 고려해야 한다. 일반적으로 차량이 움직이는 동안 폭발이 발생한다. 예를 들어, 승무원이 폭발 순간에 그의 좌석에서 아래로 튕겨서 폭발로 인해 생성된 속도를 더 빠르게 할 수 있다.

일반적으로 주어진 차량에 생성되는 충격 폭발 하중 V_o은 폭발물의 질량 M_E[kg]와 비례하고, 차량 스프링 질량 M_V[ton]과 반비례한다. 이를 식으로 나타내면 식 [7-4]와 같다. 이 식에서 비례 상수 K는 차체 하부의 모양, 차체의 크기 및 지상고에 따라 다르다.[17]

$$V_o = K\left(\frac{M_E}{M_V}\right)R + V_{auto} \quad\text{...} \quad [7-4]$$

여기서 K는 차체 및 토양 매개 변수의 크기와 모양을 고려하는 상수이다. R은 차량의 회전 가능성을 고려하는 매개 변수이고, V_{auto}는 좌석에 앉아 있는 승무원의 초기 차량 부하를 고려하는 상수이다.

---

17 James Eridon, "Analysis of Spinal Compression and Energy-Absorbing Seats in Blast Environments", General Dynamics Land Systems, Sterling Heights, Michigan Conference Paper, 2018.5.

일반적으로 R은 폭발 위치와 차량의 관성 모멘트에 따라 1.0에서 2.0 사이에 있어야 한다. 예를 들어, 무게 중심과 일치한 위치에서 폭발하면 $R = 1$이다. 그리고 V_{auto}의 값은 차량 현가장치의 특성, 도로 상태, 주행속도 및 기타 요인에 따라 다르다. 승무원이 폭발 전에 위아래로 움직일 수도 있으므로 V_{auto} 값은 음(-)수 값과 양(+)수 값을 모두 가정할 수 있다. K는 가장 복잡한 요소이다. 이 값은 토양의 속성, 차체의 크기 및 모양, 지상고의 크기에 의해 결정된다. K는 식 [7-5]와 같은 경험 방정식으로 나타낼 수 있다.

$$K \propto \cos^2\theta \left(\frac{W_{1/2}^2}{W_{1/2}^2 + C_{edge}^2} \right) \quad\text{..}\quad [7\text{-}5]$$

여기서 바닥이 급격히 각 이진 모양의 차체인 경우 K 값은 차체의 너비의 절반이고($K_{1/2}$), θ는 V자형 하부의 경사도이고, C_{edge}는 차체의 가장자리에서 지면까지의 거리를 나타낸 것이다.

결론적으로 충격 폭발 하중은 식 [7-5]를 식 [7-4]에 대입하면 식 [7-6]과 같이 나타낼 수 있다.

$$V_o = K_o\cos^2\theta \left(\frac{W_{1/2}^2}{W_{1/2}^2 + C_{edge}^2} \right)\left(\frac{M_E}{M_V} \right)R + V_{auto} \quad\text{..............................}\quad [7\text{-}6]$$

여기서 K_o는 토양 효과와 폭발물의 에너지 함량을 나타낸 계수이다.[18][19][20][21][22]

---

18 https://www.un.org/disarmament/convarms/ieds

19 https://www.witpress.com/Secure/elibrary/papers/SU06/SU06008FU1.pdf

20 https://reliefweb.int/sites/reliefweb.int/files/resources/Full_Report_2353.pdf

21 https://usmcofficer.com/wp-content/uploads/2014/02/Improvised-Explosive-Devices.pdf

22 http://www.bits.de/NRANEU/others/jp-doctrine/JP3-15.1%2812%29.pdf

제5절 장갑차의 발전추세

1. 설계방법의 적용

기본 차량의 설계는 특수 임무 주요 부품으로 분리하고 모듈화 설계를 하는 추세이다. 그리고 설계의 접근 방식은 전술적, 군수지원 측면과 생산비율의 효율성을 반영하고 있다. 기본 차량은 모든 변형에 공통적인 차체 및 이동성 어셈블리와 보호 구성 요소로 구성된다. 그런 다음 기본 차량에 추가하여 임무 수행에 적합한 키트(kit)를 탈부착할 수 있게 설계하는 추세이다.[23]

차체와 차대가 하나로 된 구조인 단일구조 차체(monocoque body)로 설계하여 무게를 줄이고 최대한 내부공간을 크게 하고 생산 비용을 절감하는 방식을 채택하는 추세이다.

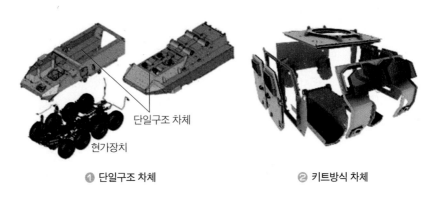

단일구조 차체

현가장치

❶ 단일구조 차체   ❷ 키트방식 차체

그림 7.12 단일구조 차체와 키트방식 차체

2. 포탑의 유무에 따른 설계방법

임무용 키트는 주로 포탑이 장착된 포탑식과 포탑이 없는 박스 형식이 있다. 포탑식은 주로 보병용 전투차량과 같이 전차보다는 약하나 장갑차나

---

23 https://www.globalsecurity.org/military/systems/ground/m1296.htm

경전차와 교전할 수 있는 화력이 필요한 경우에 적용하고 있다. 반면에 박스 형식은 주로 인원 수송용, 지휘 통제용, 정찰용, 구급용, 정비지원용, 구난용 등에 적용하고 있다.

한편 포탑식은 이미 개발된 무기와 신형 무기를 모두 장착하여 사용할 수 있도록 모듈화 및 무인 포탑 설계방법을 적용하는 추세이다. 차량 내부의 인원과 탄약은 별도의 공간에 위치할 수 있게 설계하며, 이들 공간은 각각 방탄과 방폭 기능이 있도록 설계하여 생존능력을 높이는 추세이다. 이러한 설계방식으로 기본 설계 변경을 하지 않아도 다양한 주포를 장착할 수 있다.

3. 포탑에 탑재하는 장비

포탑은 차량이 정지되어 있거나 이동 중일 때 정지 또는 이동 표적을 매우 정확하고 신속하게 명중시킬 수 있는 사격통제장치와 포신 안정화 장치를 장착하고 있다. 그리고 지휘관과 사수가 각각 이중 제어기와 다기능 디스플레이를 사용하는 전투 관리 시스템(battle management system)을 장착하는 추세이다. 이 시스템으로 지휘관과 사수가 다기능 전시기를 공유하면서 전투 임무를 수행할 수 있다.

포탑에 통합된 광전자 및 사격 통제 시스템(FCS)을 장착하는 추세이다. 이들 구성품은 다음과 같은 장치로 구성되어 있다. 첫째, 레이저 거리측정기와 사격 통제시스템이 통합되어 있고 안정화 기능이 있는 전자-광학 센서 시스템이 있다. 둘째, 주포(무장장치)와 전자-광학 센서 시스템에 의한 연동장치가 있다. 셋째, 레이저 경고 시스템(laser warning system)이 있어서 휴대용 미사일 등의 공격을 탐지할 수 있다. 넷째, 음향 사격 위치 탐지시스템(acoustic shot locator system)이 있다. 다섯째, 주간과 야간에 감시할 수 있는 상황 인식 시스템(SAS)과 자동표적 인식 시스템이 있다. 여섯째, 주간과 야간에도 포탑 승무원은 자동으로 표적을 감지, 인식 및 식별하여 사격이 가능한 조준 시스템이 있다. 끝으로 식별된 표적은 무선 네트워크로 전투 관리시스템

(Combat Management System)에 연결되어 있다. 그리고 원격으로 제어할 수 있도록 설계하는 추세이다.[24]

4. 차체의 형상[25]

2003년 이라크전쟁 등 최근 전쟁에서 대전차 지뢰와 IED에 의해 수천 명이 사망했다. 이에 대한 대응으로 서방국가들은 MRAP(Mine-Resistant Ambush Protected) 차량 등 최신 장비를 도입했다. 이 차량의 특징은 V자형 차체로 차량 내부에 있는 인원의 폭발에 의한 피해를 줄여줄 수 있다. 그러나 V자형 차체는 차량의 높이가 더 커야 한다. 이는 일반 차량보다 더 무게 중심이 높아서 기동성을 감소시킨다. 이는 전장에서 승무원의 부상뿐만 아니라 적의 공격에 위험하게 노출되는 요인이다. 이러한 단점이 있어서 IED 위협 수준이 높은 반군 소탕 작전 시에는 일반 차량을 운용하는 사례가 많다.

한편 영국군은 2040년까지 수명을 연장하기 위해 바닥이 평평한 전투차량을 성능개량하고 있다. 또한, 미군은 브래들리(Bradley) 장갑차를 납작한 차체로 교체할 가능성이 크다. 따라서 차체의 밑면의 형태는 V자형과 평면형의 채택에 관한 논쟁은 획기적인 기술이 개발되기 전까지 계속될 전망이다.

5. 차체의 재료

차체의 형상에 관한 설계에는 논쟁은 있으나 차체의 제작 시 사용되는 경량소재를 사용하는 것은 의견이 일치하고 있다. 차체의 경량화는 항공 및 우주 부문과 마찬가지로 복합 재료는 무게를 줄이면서도 방호하기에 적합하다. 일반적으로 비슷한 방호 특성을 가진 강철보다 복합소재를 사용하면

---

24 http://www.rheinmetall-defence.com/

25 https://www.army-technology.com/features/feature-the-future-armoured-vehicle-technology/

무게를 50% 줄일 수 있다. 복합소재를 사용할 경우 경량화로 인해 더 많은 연료, 탄약, 병력을 수송할 수 있다. 또한, 차량의 유지비는 줄이고 사용 수명은 연장할 수 있다. 그 이유는 복합소재는 부식되거나 금속 소재처럼 피로 파괴가 거의 없기 때문이다.

6. RPG 공격을 대비한 장갑

아프가니스탄과 이라크에 배치된 차량에는 주 장갑에서 수 인치의 위치에서 폭발할 때, 휴대용 대전차 로켓탄(RPG, Rocket-propelled grenade)의 성형 작약이 폭발하지 않도록 설계된 슬랫 장갑이 장착되어 있다. 그러나 이 장치는 무게가 무거워 기동성이 떨어지는 단점이 있다. 하지만 슬랫 장갑을 복합재로 만들면 무게를 감소시킬 수 있다. 그리고 더 많은 연료, 탄약 그리고 병력을 운반할 수 있다. 따라서 각국에서는 금속 슬랫 장갑 대신에 복합소재나 섬유 기반 소재를 사용하는 추세이다. 대표적인 사례가 덴마크에는 RPG 위협에 대한 방호력을 강화하고 성능을 향상하기 위해 단일 장갑체계로 암세이프(AmSafe) 회사의 타리안(Tarian) 방호 시스템이 있다.[26] 이 방호 시스템은 2009년 아프가니스탄전쟁에서 최초 운용되었다. 이후 2012년 이후부터 영국군의 다양한 전술 차량에 장착하였다. 이 체계의 RPG 무력화 메커니즘의 핵심요소는 고강도 직물로 제작한 초강도 직물 망으로, 손상에 대한 취약성을 줄이면서 거친 차량 운용조건을 견딜 수 있도록 장갑차량에 부착하는 부가장갑 중 하나이다. 전통적인 철망형 장갑보다 RPG 방호 성능이 뛰어나고, 무게가 10%에 불과하여 차량의 적재량을 증대시킬 수 있고 연비를 낮출 수 있다. 이러한 특성 때문에 소형 전술 차량과 같은 경량 차량에도 장착할 수 있고, 누구나 신속하게 장갑을 분해하여 평평한 상태로 접을 수 있다. 그리하여 장갑을 운송하기 위해 제거할 필요가 없다.[27][28]

---

26 https://amsafebridport.com/

27 https://www.globalsecurity.org/military/ops/soda-mountain.htm

28 https://en.wikipedia.org/wiki/Rocket-propelled_grenade

7. 시스템과 센서

미래의 차량은 병사들에게 다른 군사 자산과 네트워크로 연결되어 전천후 운행이 가능하게 될 것이다. 이는 전투원에게 전장에 대한 실시간 상황 인식과 획기적인 명령 및 제어기능을 제공할 수 있는 시스템이 있기 때문이다.

대표적인 사례로, 미 육군의 XXI Battle Command, Brigade-and-Below(FBCB2) 통신 플랫폼이 있다. 이 시스템은 이라크에서 처음 사용되었으며, 차량 지휘관이 이 시스템을 통해 아군과 적군의 위치를 실시간으로 볼 수 있었다. 이 정보는 터치식 전시기에 나타난 디지털 지도 위에 정확한 위치가 표시되며, 다른 차량에 장착된 전시기와 이메일 등 통신이 가능하다. 그 후 이 플랫폼은 성능이 개량되어 위성 통신과 무선 태블릿과도 연결할 수 있다. 그 결과 전투원이 네트워크를 대기동(Counter-Mobility) IED(급조폭발물, Improvised Explosive Device) 위치, 의료지원 요청 등을 문자 메시지를 보낼 수 있는 등 정보 가용성이 크게 향상되었다.

8. 광학 장비

FBCB2이나 영국 육군의 Bowman 같은 시스템이 제공하는 상황 인식 기능에는 고급 광학 장치가 장착되어 있다. 이 장치는 운전자에게 잘 보이지 않는 조건에서 탁월한 시야를 제공한다. 대표적인 사례로 적외선 카메라와 운전자 전시기로 구성된 영국 BAE Systems 회사가 개발한 DVE(Driver's Vision Enhancer) 장치가 있다. 이 장치는 야간이나 먼지 속에서도 운전자가 차량 주위를 선명하게 볼 수 있다. 그리고 FBCB2와 연결하여 지휘관에게 전장을 실시간 보여줄 수 있다. 이 시스템은 장파 적외선(야간 투시 장비에서 크게 향상됨)을 이용하기 때문에 차량 전시기로 IED와 차량을 공격하는 발사체의 열 신호를 포착할 수도 있다. 그 결과 승무원의 생존 확률을 높일 수 있다.

9. 첨단 휠과 타이어 기술의 응용 확대

차륜형 차량은 소형 화기와 파편 등에 취약하다. 따라서 런플랫 타이어 (run flat tire) 기술 등을 채택하고 있다. 타이어는 차량이 고속으로 탈출하거나 하나 또는 모든 타이어가 펑크 난 상태에서 임무를 완수할 수 있어야 한다. 런플랫 타이어는 펑크가 났을 때 타이어가 미끄러지는 것을 방지한다. 운전자는 외부로 나갈 필요 없이 차량 내부의 압력을 변경하여 비포장 도로주행에서 주행 성능을 최적화할 수 있다. 즉, 비포장도로에서는 타이어의 공기를 빼고 일반 도로를 사용할 때는 공기를 주입하여 타이어 공기압을 높일 수 있다. 오늘날 대부분의 차륜형 장갑차에는 이 기술이 표준으로 장착되어 있다.

10. 하이브리드 엔진의 탑재

장갑차와 전차는 일반적으로 연료통이 있다. M1A1 Abrams 전차는 1마일을 가려면 2갤런의 연료가 필요하다. 하지만 미래 전차에는 연료 소모가 적으면서 유해 배기가스를 줄일 수 있는 친환경 기술을 적용할 전망이다. 특히 연료 소모량을 감소시키면 전술적으로 유리하기 때문이다.

대표적인 사례로 2011년 미 육군 TARDEC(Tank Automotive Research Development and Engineering Center)에서 개발한 하이브리드차인 초경량 차량 (Ultra Light Vehicle)이 있다. 이 차량은 2개의 전기 모터와 경량 디젤 기관으로 구동된다. 이 차량의 주요 제원은 5.84m³의 넓은 내부공간에 4명의 무장 병력이 탑승할 수 있다. 차량의 길이는 5.05m, 폭은 2.4m이고, 공차 중량은 6.3ton이고 전투중량은 8.26ton이다. 그리고 탑재 중량은 1.95ton이다. 특히 저속에서 토크가 크며, 전기 모터에 의해 스텔스 기동이 가능하다. 하부 차체가 IED나 지뢰 폭발에도 견딜 수 있도록 설계되어 MRAP 차량과 비슷한 보호 기능을 갖추고 있다. 이 차량은 첨단기술과 기존의 상용 차량용 부품을 대부분 사용함으로써 성능과 경제성을 높인 것이 특징이다.

11. 원격 제어 무기

아프가니스탄전과 이라크전 이후에 차량의 유인 무기에서 새로운 원격 제어시스템으로의 상당한 변화가 있었다.

대표적인 사례로는 〈그림 7.13〉과 같은 영국의 BAE 사에서 개발한 원격 무인 시스템이 있다. 이 시스템의 특징은 다양한 무기를 지원할 수 있는 모듈식 시스템인 전술 무인 포탑(Tactical Remote Turret)이다. 그리고 포탑은 하나의 포탑에 있는 다중 무기 시스템으로 기관포 (보통 20mm, 30mm, 35mm)와 공축 기관총 및 대전차 유도 미사일을 포함하여 기존 시스템보다 여러 가지 장점이 있다. 특히, 전자광학식 조준기를 사용하면 적은 최대 3km 떨어진 곳에서, 적외선으로 야간에는 거의 8km 떨어진 곳에서 사격할 수 있다.

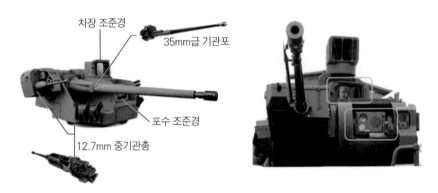

차장 조준경
35mm급 기관포
포수 조준경
12.7mm 중기관총

그림 7.13 원격 무인 시스템의 개발사례

12. 모듈화 설계의 가속화

모듈형 차량은 상대적으로 저렴한 비용으로 장착하거나 제거할 수 있는 '작동 키트'를 사용하여 다양한 용도로 활용이 가능하다. 예를 들어, 〈그림 7.14〉와 같이 다축 차륜형 장갑차를 모듈화 방식으로 설계 및 제작하면 차량의 용도에 따라서 변형이 가능한 장점이 있다. 또한, 고장이나 전투에서 일부가 파손되었을 경우 차량을 신속하게 변형하여 차량을 활용할 수도 있

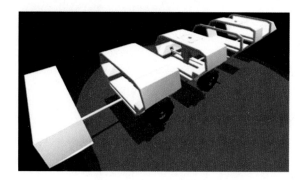

그림 7.14 모듈식 차륜형 장갑차의 설계 사례

다. 이러한 설계기법은 미래무기에 다양하게 적용될 것이다.

13. 비행 전술 차량의 등장

미국 DARPA(Defense Advanced Research Projects Agency)에서 2010년부터 개발하고 있는 DARPA TX 또는 Transformer라는 전술 차량이 있다. 이 차량은 수직 이착륙이 가능하며, 가솔린 기관이 장착되어 있으며 최대 460km까지 기동할 수 있다. 2015년에 첫 시험비행을 했으며, 미래에 전력화가 가능할

그림 7.15 미국의 수직 이착륙 비행 항공차량의 개념도

것이다.[29]

　〈그림 7.15〉는 미국 Lockheed Martin사가 개발하고 있는 비행이 가능한 고기동성 소형 전술 차량이다. 이 차량은 4인승이며, 비포장도로 주행이 가능하고 소구경 화기 공격에도 방호할 수 있고, 수직 이착륙과 조종사 교육을 받지 않은 인원도 비행이 가능하며, 신속하게 비행 모드로 전환하도록 설계 되었다.[30][31][32][33][34][35]

29 https://www.nextbigfuture.com/2012/03/darpa-flying-hummer-should-have-phase-2.html

30 https://www.darpa.mil

31 https://lockheedmartin.com/en-us

32 https://www.pageng.com/peiprojects/tx-transformer/

33 https://www.globalsecurity.org/.../systems/ground/fbcb2.htm

34 https://www.darpa.mil/news-events/2014-02-11

35 https://www.lockheedmartin.com/us/products/ares.html

1. 장갑차는 용도에 따라서 보병 수송용, 지휘관용, 화력 지원용, 기동 화포체계, 박격포 수송용, 대전차 미사일 탑재용, 정찰용, 화생방 정찰용, 의무수송용, 공병 분대용 등으로 구분할 수 있다. 이들 장갑차의 공통점과 차이점을 구체적인 사례를 들어 설명하시오. 그리고 만일 무인화를 추진한다면 어떤 기준으로 어떤 장갑차에 적용해야 하는지를 논하시오.

2. 아래 그림과 같이 장갑차를 V형 내부 차체로 설계하는 이유를 설명하시오. 그리고 이러한 설계의 장단점을 비교하시오.

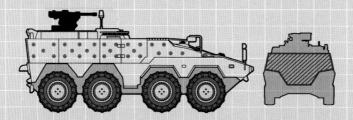

3. 보병용 전투차량과 수륙양용 장갑차의 형상과 동력계통의 공통점과 차이점을 비교하여 설명하시오. 그리고 차륜형과 궤도형 장갑차는 기동성 측면에서 어떤 방법이 유리한가? 그리고 그 이유는 무엇인가?

4. 장갑차 설계 시 고려해야 할 일반 요소와 핵심요소를 기동과 생존 측면에서 설명하시오. 그리고 장갑차와 전술 차량의 활용 사례를 비교하여 설명하시오.

5. 능동식 차량-의자 현가장치의 동역학적 원리를 회로를 그려서 설명하시오. 그리고 능동식과 수동식의 장단점을 비교하시오.

6. 지뢰 폭발이 차량의 구조와 탑승자에게 미치는 영향을 단계별로 설명하시오. 이때 승무원의 부상을 줄이기 위한 또 다른 방법이 있다면 그 방안을 설명하시오.

7. 지뢰 폭발과 장갑차의 차체 형상과 지면의 상태에 따른 폭발 현상을 비교하시오. 그리고 충격 폭발 하중이란 무엇이고 이를 줄이려면 어떻게 차량을 설계해야 하는가?

8. 장갑차의 발전추세를 기동, 방호, 화력 측면에서 예를 들어 설명하시오.

찾아보기